明日——真正改革的和平之路

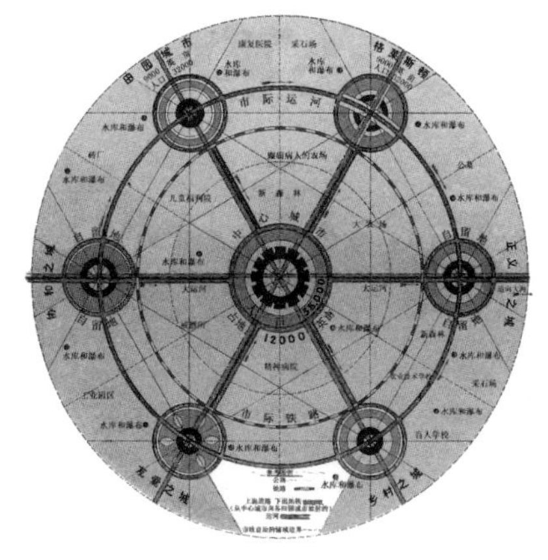

[英]埃比尼泽·霍华德　著

[英]彼得·霍尔　丹尼斯·哈迪　科林·沃德　评注

包志禹　卢健松　译

吴家琦　校

中国建筑工业出版社

著作权合同登记图字：01－2011－5818 号

图书在版编目（CIP）数据

明日：真正改革的和平之路 /（英）埃比尼泽·霍华德著；（英）彼得·霍尔，（英）丹尼斯·哈迪，（英）科林·沃德 评注；包志禹，卢健松译．—北京：中国建筑工业出版社，2019.10

书名原文：To-morrow：A Peaceful Path to Real Reform

ISBN 978-7-112-24367-9

Ⅰ. ①明… Ⅱ. ①埃…②彼…③丹…④科…⑤包…⑥卢… Ⅲ. ①城市规划－研究 Ⅳ. ① TU984

中国版本图书馆 CIP 数据核字（2019）第 233342 号

To-Morrow: A Peaceful Path to Real Reform / Original edition with commentary by E. Howard, Peter Hall, Dennis Hardy & Colin Ward，9780415561938

责任编辑：董苏华
责任校对：姜小莲

明日——真正改革的和平之路
[英]埃比尼泽·霍华德 著
[英]彼得·霍尔 丹尼斯·哈迪 科林·沃德 评注
包志禹 卢健松 译
吴家琦 校
*
中国建筑工业出版社出版、发行（北京海淀三里河路9号）
各地新华书店、建筑书店经销
北京雅盈中佳图文设计公司制版
北京中科印刷有限公司印刷
*
开本：787×1092毫米 1/16 印张：17¼ 字数：314千字
2020年1月第一版 2020年1月第一次印刷
定价：**98.00**元
ISBN 978-7-112-24367-9
（34829）

明日
——真正改革的和平之路

埃比尼泽·霍华德的《明日——真正改革的和平之路》（以下简称《明日》）是现代城市规划史上当之无愧最有名的著作。本书1898年出版后，以一个更广为人知的标题《明日的田园城市》（Garden Cities of To-Morrow）不断再版，并被译作多种语言。1899年，霍华德创立了田园城市协会（Garden City Association），即现在的城乡规划协会（Town and Country Planning Association）；并掀起了一股风潮，法国、阿根廷、德国、日本、俄罗斯和美国，一系列田园城市和田园郊区纷纷兴起。在《明日》的故乡，田园城市影响了二战之后的政府，出资兴建了近30个新城镇，其中包括著名的斯蒂夫尼奇（Stevenage）、哈洛（Harlow）和米尔顿凯恩斯（Milton Keynes）。

然而，从那以后，《明日》一书的第一版就再也没有出版过——部分的原因是它包含制作精美、价格高昂的彩色插图，这些插图对于理解霍华德的核心思想至关重要，但在后来的版本里面都没有收录。这部分地导致了霍华德的思想被误解和歪曲。最值得注意的是，大多数评论者认为，他主张在偏远的乡村兴建孤立的田园城市，而真相正好相反：他主张建设庞大的、经过规划的多中心城市簇群，这些思想包含在本书第13章"社会城市"（Social Cities）被删掉的插图里。另一个核心概念——社区（community），应该适度支付土地租金给那些远走他乡（并且还有人在陆续离开）的土地所有者——同样被人误解，因为另一插图——"地主租金的消亡"（The Vanishing Point of Landlord's Rent）* 也不知所踪。

现在，为了庆祝第一个田园城市莱奇沃思（Letchworth）100周年华诞，城乡规划协会为全球规划界出版了《明日》一书原版的珍本影印版。其中，对文本的学术性评析注解、新的导言和评注者后记，由彼得·霍尔（Peter Hall）、丹尼斯·哈

* 第一版第4帧插图。——译者注

迪（Dennis Hardy）和科林·沃德（Colin Ward）三位评注者执笔——这本书为19世纪90年代的伦敦以及影响霍华德创作这部杰作的人们提供了新的视角。《明日》一书的这一影印版，图文并茂，将是规划学界治学严谨的学生和从业者，以及现代社会、经济和政治史师生们的必读之书。

彼得·霍尔爵士（Sir Peter Hall）是伦敦大学学院（University College London）的巴特雷特（Bartlett）建筑与规划学院规划教授，社区研究院院长。他是《明日之城》（Cities of Tomorrow）、《文明中的城市》（Cities in Civilization）和《社会城市》（Sociable Cities，与Colin Ward合著）等36本城市规划与发展书籍的著者或编者。

丹尼斯·哈迪（Dennis Hardy）已有多本有关规划历史的著作，其中包括两卷本的城乡规划协会官方历史的图书。他是米德尔塞克斯大学（Middlesex University）的发展战略主任，也是一名研究型教授。

科林·沃德（Colin Ward）著有古尔本基安（Gulbenkian）报告——《新镇，新家：经验教训》（New Town，Home Town：the Lessons of Experience），并且是伦敦经济学院的100周年访问学者。他是非官方环境学（unofficial environment）的史学家；最新著作是《农舍与寮屋：住宅的隐蔽历史》（Cotters & Squatters：Housing's Hidden History）。

目　录

前 言

本书是自 1898 年的斯旺·索南夏因（Swan Sonnenschein）版本以来，埃比尼泽·霍华德《明日——真正改革的和平之路》（以下简称《明日》）一书原版的第一次再版。评注者有教授彼得·霍尔爵士（Sir Peter Hall）——城乡规划协会（TCPA）现任主席，该学会成立于 1899 年，旨在宣传霍华德的理念；科林·沃德（Colin Ward），介绍内文，并对语境和内容作了注解；丹尼斯·哈迪（Dennis Hardy），城乡规划协会的历史学家，在文末作了“评注者后记”。这一切快速、直接而深刻——1903 年，第一个田园城市在莱奇沃思（Letchworth）问世，紧接的是一战之后 1919 年的韦林（Welwyn），几乎在同时类似的情形在许多国家出现，最有名的是德国和法国。

奥斯本（F. J. Osborn）是霍华德在韦林的代理人，后来担任城乡规划协会的全职负责人，《明日》一书通过奥斯本不懈的宣传，促成了英国《1946 年新镇法》（UK New Towns Act 1946）的颁布。通过该法案，国家收购了“非新镇”价值的土地，并为大不列颠的近 28 座新城镇和北爱尔兰的 4 座新城镇打下必要的基础。这个庞大的政府投资项目已经连本带利全部还清。新城镇全体民众——大约 200 万人——在大多数情况下，过着一种高品质的生活。这种经过精心规划的可持续发展的英国模式已被复制到世界各地。

霍华德这些创造性的理念组合，也激起了英国公众对于土地使用规范和设计的呼声，最终导致通过了《1947 年城乡规划法》（Town and Country Planning Act 1947），该法案将土地开发权收归国有。虽然规划许可审批打消了土地价值的上涨预期，但是这个法案造就了现代英国，而且为大多数发达国家的城镇规划体系提供了参照标准。

本书的出版，是为了庆祝第一个田园城市落户于莱奇沃思。这也标志了新城镇运动在《明日》这本书故乡的再生，当时英国政府为安置 20 万个家庭，在英国东南部规划了 4 大片地区。因此这个版本远远不止是规划史上的一次实践：其间所有的新城镇规划，不论是英国的还是世界各地的，都将从这本《明日》的新版本中获益匪浅。他们寻找的答案就在字里行间。

戴维·洛克（David Lock）
城乡规划协会主席
2003 年 3 月

致　谢

莱奇沃思田园城市遗产基金会（http://www.lgchf.com），是一家慈善性质的产业和互助会（Industrial and Provident Society），目前管理着5300英亩的莱奇沃思田园城市产权。基金会资助出版霍华德这本重要著述的新版本，是莱奇沃思田园城市庆祝百年华诞活动的一部分。

另外，玛格丽特·奥斯本·帕特森女士信托基金会（Lady Margaret Osborn Paterson Trust）也是资助者。城乡规划协会（TCPA）感谢这两家机构，没有它们的襄助，就不会有这个影印版本的面世。协会（TCPA）还要感谢彼得·霍尔、丹尼斯·哈迪和科林·沃德所作的评注。尤其是彼得·霍尔，他和安·拉德金（Ann Rudkin）一起不断地完善评注内容，挑选插图，检查底稿，校对清样。

最后，我们对安·拉德金（Ann Rudkin）深表感谢，他指导本书的整个出版过程，包括插图甄选的关键任务，还有排版书稿的理查德·伯顿（Richard Burton）。我们要特别致谢安·拉德金、理查德·伯顿和彼得·霍尔的紧密合作，在一个紧迫的时间里面编排了这本书，为了按时付梓，他们连复活节周末都在忙碌。

吉迪恩·阿莫斯（Gideon Amos）

城乡规划协会理事长

2003年，复活节后的星期一

插图致谢

评注者和出版社感谢所有惠允我们使用插图的个人、图书馆、机构和组织。我们已经尽力联系每一帧图片的版权所有者，辨别来源。如果依然还有挂一漏万的情形，希望能在下一版中订正。但是，在下面的这些插图之外，未列入的插图版权，都被假定为属于公有版权（public domain）。

评注者导言

Ebenezer Howard (TCPA collection)
Frederic Osborn (TCPA collection)
John Stuart Mill (By courtesy of The Warren J. Samuels Portrait Collection at Duke University)
William Light's 1837 Plan for Adelaide (By courtesy of Planning South Australia)
Housing at Bournville (Sir Peter Hall's collection)
William Hesketh Lever's Port Sunlight (Sir Peter Hall's collection)

原著扉页

Portrait of Ebenezer Howard (TCPA collection)

第 1 章

George Bernard Shaw (By courtesy of Welwyn Garden City Library)
Boundary Street (Sir Peter Hall's collection)
Ben Tillett (Copyright the National Portrait Gallery)
Tom Mann (Copyright the National Portrait Gallery)
Three Magnets Diagrams (Ebenezer Howard Archive, Hertfordshire Archives and Local Studies, Hertfordshire County Record Office)
The Master Key (Ebenezer Howard Archive, Hertfordshire Archives and Local Studies, Hertfordshire County Record Office)
Elizabeth Howard (By courtesy of Letchworth Garden City Heritage Museum)
Where town and country meet (TCPA Collection)

第 2 章

John Ruskin (Copyright the National Portrait Gallery)
Peterborough's shopping mall (TCPA colletion)
Clarence Stein's neighbourhood unit (New York Regional Survey)
Prospect Park (By courtesy of National Park Service, Frederick Law Olmsted National Historic Site)
Pierre-Charles L'Enfant's 1791 plan for the City of Washington (Library of Congress collection)

第2章（续）

Beatrice and Sidney Webb (Copyright the National Portrait Gallery)
Late nineteenth-century harvest scene. (By courtesy of the Rural History Centre, University of Reading)
Sir Benjamin Baker (By courtesy of The Gazetteer for Scotland)
The rural estate at Letchworth. (By courtesy of Hertfordshire Archives and Local Studies, Hertfordshire County Record Office)

第3章

Milton Keynes Central Business District (Copyright English Partnerships)
Letchworth Council Offices and cinema (TCPA collection)
Houses in the residential neighbourhood of Willen (Copyright English Partnerships)
Central Milton Keynes Shopping Centre (Copyright English Partnerships)

第4章

Forest Hills Gardens today (Sir Peter Hall's collection)
Typical nineteenth-century working-class inner-city area (TCPA collection)
Edward I's Winchelsea reconstructed from the rent roll of 1292 by W.M. Holman (By courtesy of Winchelsea Museum)
Milton Keynes Central Station (Copyright English Partnerships)
Gridlock in Bethnal Green (Sir Peter Hall's collection)
Charing Cross Road (Sir Peter Hall's collection)

第5章

Terraced housing under construction (By courtesy of Alan A. Jackson: *Semi-Detached London*)
Belle Vue Road, Ealing (By courtesy of Alan A. Jackson: *Semi-Detached London*)
St Christopher School, Letchworth (TCPA collection)
Howard Park, Letchworth in the 1930s – children in the paddling pool (TCPA collection)
Letchworth Library and Museum (TCPA collection)
A London tram, Greenwich (By courtesy of Dewi Williams, Ottawa, Canada)

第6章

The Board of Directors of Letchworth (TCPA collection)
Joseph Chamberlain (Copyright the National Portrait Gallery)
Letchworth Fire Brigade (By courtesy of Letchworth Garden City Heritage Museum)
Wyndham Thomas CBE (TCPA collection)
The team of surveyors who surveyed the site of the First Garden City (By courtesy of Letchworth Garden City Heritage Museum)

第7章

Welwyn Stores in the 1930s (TCPA collection)
Today's farmers' market in Ealing (Sir Peter Hall's collection)
Leys Avenue, Letchworth (By courtesy of Letchworth Garden City Heritage Museum)
The former Royal Arsenal Co-operative Society in Woolwich (By courtesy of Ron Roffey)
The Skittles Inn (By courtesy of Letchworth Garden City Heritage Museum)
The Three Magnets Free House (Dennis Hardy's collection)

第8章

Brentham residents outside the Haven Arms (By courtesy of Brentham Heritage Society)
Anchor Tenants Building Department 1909 (By courtesy of *Leicester Mercury*)
Arthur James Balfour (Copyright the National Portrait Gallery)
Members of the Letchworth building department (By courtesy of Letchworth Garden City Heritage Museum)

第9章

The page from *Chambers's Book of Days* (By courtesy of University of Wisconsin Library)
Members of the First Letchworth Urban District Council (By courtesy of Letchworth Garden City Heritage Museum)

第10章

Guildsmen working in Chipping Camden (By courtesy of Guild of Handicraft Trust)
Topolobampo: May party at Guyamas (By courtesy of Topolobampo Collection, Special Collections Library, California State University, Fresno)
La Logia Fiesta (By courtesy of Topolobampo Collection, Special Collections Library, California State University, Fresno)
Hellerau (Sir Peter Hall's collection)
Block printing chintzes at Merton Abbey (By courtesy of William Morris Gallery)

第11章

Edward Gibbon Wakefield (Copyright the National Portrait Gallery)
Housing at Bournville (Sir Peter Hall's collection)
New Earswick (By courtesy of Letchworth Garden City Heritage Museum)
Herbert Spencer (By courtesy of The Warren J. Samuels Portrait Collection at Duke University)
Men marching to the fields at Hadleigh Farm Colony (By courtesy of Peter Howard)
James Silk Buckingham (Copyright the National Portrait Gallery)

第12章

Versions of the Three Magnets (By courtesy of Hertfordshire County Archives and Local Studies)
Staff outside the Spirella Corset Factory (By courtesy of Letchworth Garden City Heritage Museum)
The Spirella Corset Factory today (Sir Peter Hall's collection)
Portrait of Robert Blatchford (By courtesy of Working Class Movement Library)
Cover of December 1895 issue of *The Scout* (By courtesy of Working Class Movement Library)
The 'drift south'. London's congested streets (TCPA collection)
Henry George (By courtesy of The Warren J. Samuels Portrait Collection at Duke University)

第13章

Adelaide from North Adelaide (Sir Peter Hall's collection)
Howard's Social City as seen from the air today (Sir Peter Hall's collection)
Sheffield's tram outside the cathedral (By courtesy of Andrew Drucker)
The Opening of the Central London Railway (By courtesy of London Transport Museum)
The growth of London 1800–2000 (Sir Peter Hall's collection)
Abandoned house at Beswick (Sir Peter Hall's collection)
The 1905 Cheap Cottages Exhibition (By courtesy of Letchworth Garden City Heritage Museum)
Nevells Road (By courtesy of Letchworth Garden City Heritage Museum)

第14章

John Burns (Copyright the National Portrait Gallery)
Queen's Road, Ealing (Sir Peter Hall's collection)
Abandoned terraced housing in Beswick, Manchester (Sir Peter Hall's collection)
A rundown London mews (TCPA collection)
Lichfield Street, Birmingham *c.* 1870 (By courtesy of Birmingham City Library Services)
Corporation Street, Birmingham *c.* 1899 (By courtesy of Birmingham City Library Services)

附录

Fox Reservoir (Sir Peter Hall's collection)

评注者后记

Celebration of Letchworth Garden City Opening Day in 1903 (TCPA collection)
Station Road, Letchworth (By courtesy of Letchworth Garden City Heritage Museum)
Food Reform Restaurant and 'Simple Life Hotel'(By courtesy of Letchworth Garden City Heritage Museum)
Central Hotel (By courtesy of Letchworth Garden City Heritage Museum)
Ebenezer Howard speaking at the Coronation Pageant for George V (TCPA collection)
Parkway, Welwyn Garden City (TCPA collection)
Parkway, Welwyn Garden City more than sixty years later (Sir Peter Hall's collection)
Life in Welwyn in the 1930s (TCPA collection)
Garden Cities and Town Planning Association members on a visit to Stuttgart before the First World War (TCPA collection)
Greenbelt, Maryland (Sir Peter Hall's collection)
Frederic Osborn (TCPA collection)
New housing at Stevenage (TCPA collection)
Peterlee under construction in 1951 (TCPA collection)
Milton Keynes from the air in 1979 (TCPA collection)
Xscape, Milton Keynes at night (Copyright English Partnerships)
Lightmoor (TCPA collection)
TODs (By courtesy of Peter Calthorpe)
City of Mercia (By courtesy of Sir Peter Hall and Colin Ward)
Letchworth housing and High Street (Sir Peter Hall's collection)

评注者导言 1

《明日——真正改革的和平之路》(To-Morrow：A Peaceful Path to Real Reform)(以下简称《明日》)无疑是现代城镇规划史上最重要的学术著作单行本。它在1898年10月出版，对于出版商斯旺·索南夏因来说，销路还是不错的，所以他们决定再出版一批简装本。差不多在两年时间里，这两个版本一共销售了3000册(Fishman，1977，p54；Beevers，1988，pp43，57，104)；1902年再版时，改名为《明日的田园城市》(Garden Cities of To-Morrow)，后来又有了1946年版和1985年版(Howard，1902，1946，1985)；不到10年时间，多个外文译本也开始出现。不单如此，1903年第一个田园城市在莱奇沃思开工建设；此外，德国的田园城市正在规划之中，第一座田园城市——德累斯顿(Dresden)郊外的黑勒劳(Hellerau)也破土动工。不到50年间，霍华德掀起的这场运动促成了一项国家级议会法案(Act of Parliament)，经过规划的28个英国新城镇和4个北爱尔兰新城镇相继落成。

可是，当它第一次出版时，似乎前途未卜。作者埃比尼泽·霍华德，当时是一名议会速记员，48岁，不得不从一个美国朋友那里借了50英镑才使本书得以付梓。他

《明日》一书付梓之际，埃比尼泽·霍华德(Ebenezer Howard，1850—1928年)年事已高

2 弗雷德里克·奥斯本（Frederic Osborn，1885—1978 年），摄于他最积极参与的田园城市运动时期

的一位追随者和忠实助理弗雷德里克·奥斯本（Frederic Osborn）说，就个人而言，霍华德是“最温和、最没有架子的人……萧伯纳先生（Bernard Shaw），非常敬重他的所作所为；当他谈起他这位‘神奇的人’看起来像一个‘微不足道的老头’时，稍稍夸张了一下，‘股票交易所可能会把他当作一个无足轻重的怪人而辞退’。”（Osborn，1946，p22—23）但“他的嗓音优美浑厚，不足为奇，他年轻时曾经是一位非常受欢迎的莎士比亚话剧的业余演员。”（Osborn，1946，p23）

奥斯本比旁人更了解他，说道，“我要强调一下，霍华德不是政治理论家，不是梦想家，而是一个发明家。”（Osborn，1946，p21）“田园城市”是一种创新，就像霍华德的另一个想法，一种经过改进的、间距可调的打字机，虽然打字机这事没有开花结果（Beevers，1988，p12），但是“田园城市”却截然不同。

1850 年 1 月 29 日，霍华德出生在伦敦市巴比肯区（Barbican）一户做小买卖的人家，在英国南部县城的小镇——萨德伯里（Sudbury）、伊普斯威奇（Ipswich）、切森特（Cheshunt）长大——这也许可以解释为什么他这么热爱乡村。15 岁的时候，他辍学了，去城里找到一份雇员的工作。21 岁，他去了美国，在内布拉斯加州（Nebraska）成为一名开垦荒地的拓荒农民。事情后来起了一些变故：一年之后，他在芝加哥找了一份速记员的差事，一做就是 4 年。虽然后来他排除了所有纷扰，但他一定是在那里拟好了“田园城市”这个名称，也许还形成了这个理念（Osborn，1950，p226—227；Stern，1986，p133—134；Beevers，1988，p7）。1876 年，他回到伦敦，从格尼斯公司（Gurneys）那里谋得了一份差事，官方的会议记录者；此后的余生岁月，他都是速记员，“他的一生总是在辛苦地工作，收入却很微薄。”（Osborn，1946，p19）但是，这份工作能让他接触到当时社会主要话题的各种论点（Beevers，1988，p7）。

霍华德出生并长期居住和工作的伦敦这个城市，是孕育一系列激进运动和“各种事业”的温床（Hardy，1991a，p30）。威廉·莫里斯（William Morris）和海因德曼（H.M. Hyndman）分道扬镳（参见本书第 149 页），为社会主义同盟（Socialist League）创立了《公共福利》（Commonweal）周刊；无政府主义者获得了彼得·克鲁泡特金王子（Prince Peter Kropotkin）的赞助，创立了刊物《自由》（Freedom）；另一份期刊，《今天》（Today），

由亨利·钱皮恩（Henry Champion）和休伯特·布兰德（Hubert Bland）（MacKenzie and MacKenzie，1977，p76—77）在打理。大家都在期盼一个新的社会秩序，却没人能说得清楚。1879 年秋天，霍华德加入了一个面向自由思想者的辩论团体，名为“探索学会”（Zetetical Society）；其中有萧伯纳（George Bernard Shaw）和西德尼·韦伯（Sidney Webb）（参见本书第 45 页），霍华德很快就和他们建立起良好的关系。霍华德博览群书，《明日》一书里面援引的作者就超过 30 位，从威廉·布莱克（William Blake，参见本书第 33 页），到英国德比郡（Derbyshire）的一位主管健康医疗事务的官员；他阅读报纸上的各种报道、皇家委员会（Royal Commission）的报告、发表在《双周评论》（Fortnightly Review）的文章、费边社* 的论文（Fabian Essays）、约翰·斯图尔特·穆勒（J. S. Mill），以及最重要的赫伯特·斯宾塞（Herbert Spencer，参见本书第 137 页）的论著。斯宾塞可能给了霍华德某种关键性的影响。霍华德还参加那些非英国国教的礼拜堂（Dissenting chapels）活动。这种广泛的阅读涉猎，来自一种惯常的叛逆行为，这已经成为一种传统（Beevers，1988，p13—14，19，23）。值得注意的是，除了只有克鲁泡特金是唯一的例外，似乎没有来自欧洲大陆的其他人物能打动霍华德，甚至连马克思也没有（Beevers，1988，p24）。

到了 19 世纪 80 年代后期，霍华德开始重点关注土地问题。土地问题是那个年代的主要话题：英国农业深陷结构性危机（Fishman，1977，p62）；发生在爱尔兰的“土地战争”（Land War）对英国政治的冲击仅次于“爱尔兰自治运动”（Irish Home Rule）；亨利·乔
治（Henry George）1881 年出版的《进步与贫困》（Progress and Poverty，参见本书第 155 页）， 3
一共售出 10 万册；受此激励，英国土地储备联盟（English Land Restoration League）在 1883 年成立，它的目的是把税收的征缴完全转移到土地价值上面来，并做到把全部的土地租金都面向公共用途。这项运动在 1888 年获得了一份新发行的并且获得巨大成功的伦敦晚报——《星报》（The Star）的大力拥护；1889 年，在伦敦郡议会（London County Council）的第一次选举当中，根据土地价值进行征税的议题把几位持激进观点的候选人送进了议会；从 1894 年开始，伦敦郡议会就急于进行土地价值的评估，其他郡也随之跟进；1901 年，负责地方税务的皇家委员会（Royal Commission on Local Taxation）则在这个问题上发生了严重的意见分歧（Douglas，1977，p44—45，47，113，118—119）。

更有甚者：1881 年，土地国有化协会（Land Nationalization Society）渐渐成型，制作了许多宣传小册子。该协会的关键人物是杰出的科学家阿尔弗雷德·拉塞尔·华

* 费边社（Fabian Society），为英国社会改良主义团体。——译者注

莱士（Alfred Russel Wallace），他呼吁提供独资经营的小农场，让人们回归田间。他和霍华德熟稔，该协会后来支持霍华德于1899年创立的田园城市协会（Douglas，1977，p45—46，48；Hardy，1991a，p30；Aalen，1992，p45—47）。举足轻重的政治人物约瑟夫·张伯伦（Joseph Chamberlain，参见本书第91页），1883年到1885年发表了一系列文章，主张“三英亩地一头牛”（three acres and a cow）的理念，并因此而险胜（Douglas，1977，p48—49）。它帮助自由党赢得1885年大选，因为这个主张打动了新近获得选举权的农村劳动力；但是，正如政治家亨利·拉布歇尔（Henry Labouchère）所指出的那样，自由党缺少“一头城市里的牛”（an urban cow，Douglas，1977，p53）。

因为他们无法回答这场在伦敦占主导地位的争论中的另一面：住房问题（Osborn，1950，p228—229），大批来自农村地区的农场人口涌向首都，增长速度极快。1871—1901年间，伦敦人口每10年增加大约100万，从390万增加到660万，几乎翻倍。与此同时，城市正在经历改造——拆除住房区域，腾出来建设办公楼、铁路设施等，许多人被困在了贫民窟（Douglas，1977，p72，p105—106；Beevers，1988，p9—10）。

霍华德尝试发展自己的解决方案。他萌生的土地国有化的想法，来源自赫伯特·斯宾塞（Beevers，1988，p20，参见本书第137页）。但他发现了一个更好的方案，是一个不起眼的北部激进人士托马斯·斯彭斯（Thomas Spence，参见本书第137页）1775年发表的小册子，1882年这份小册子由英国社会民主联盟创始人海因德曼

阿尔弗雷德·拉塞尔·华莱士（Alfred Russel Wallace，1823—1913年）。1858年，他发表《论控制新物种引入的法则》（On the law which has regulated the introduction of new species）一文，确立了他和查尔斯·达尔文是进化论的共同发现者（左）
约翰·斯图尔特·穆勒（John Stuart Mill，1806—1873年）（右）

（H. M. Hyndman）重印：每个教区应该成为一个公司，并抓住曾经失去的权利把土地集中起来收租，用作公共目的（Beevers，1988，p21—23）。斯彭斯无法解释人们怎么可以占有土地，但霍华德萌生了另一种思路。约翰·斯图尔特·穆勒的《政治经济学原理》（Principles of Political Economy）建议有计划地殖民化，这个思想和早在 40 年前由爱德华·吉本·韦克菲尔德（Edward Gibbon Wakefield）的建议一样（参见本书第 133 页），并且要有计划地融合城镇和农村。针对失业人士的“家园殖民”（home colonies）是当时普遍的想法；它的主要倡导者是托马斯·戴维森（Thomas 4
Davidson），新生活联谊会（Fellowship of the New Life）的创始人之一，费边社（Fabian Society）正是发源于它。但霍华德抓住核心问题，就是那头“城市牛”（urban cow）：那些失业的伦敦人并不是那么容易地转向农业生产，他们需要的是工业生产线上的工作（Beevers，1988，p25—26）。

霍华德从经济学家阿尔弗雷德·马歇尔（Alfred Marshall）1884 年的一篇文章里找到了答案：“……伦敦的人口中有一些阶层非常庞大，让这些人迁移到农村，从长远来看，对经济有利——这对迁出的人和留下的人双方都有好处。”（Marshall，1884，p224，参见本书第 55 页）铁路、便宜的邮政（penny post）、电报、报纸等可以让工业离开大城市，特别是如果它们不依赖于固定的自然资源，譬如煤炭；如果他们的劳动力搬走了，它们也会跟着走。而且，劳动力正在向外迁移：居住在伦敦的总人口里面，有 1/5 已经迁出了（Marshall，1884，p223—225，228）。于是，马歇尔说：

> “……无论这个总体规划是否刻意为讨好某个委员会而设计，这个总体规划的形态应当能打动委员会的委员们，看得到将来安置移民的那些地方会远离伦敦的雾霾。当他们可以在那里设法建造或者购买合适的住宅以后，他们便会主动地跟雇佣大量廉价劳动力的雇主进行沟通。”（Marshall，1884，p229）

至此，霍华德已经有了自己的关键构思，但是他还不能把这些构思整合到一起。1888 年初，他读到了爱德华·贝拉米（Edward Bellamy）的畅销小说《回望》（Looking Backward，Beevers，1988，p26—27）。故事主人公服了安眠药，醒来的时候已是进入公元 2000 年的波士顿。它是一个规划优美、没有雾霾的城市，街道绿树成行，广场开阔，景观怡人。庞大的产业大军，在大型的工厂上班，工厂具有令人难以置信的生产力；没有贫困、犯罪、贪婪和腐败（Mullin and Payne，1997，p17—20）。

从贝拉米那里，霍华德汲取了“社会主义社区”的理念，这样的社区拥有全部的土地，包括农村用地和城市用地（Osborn，1946，p21）；他在英格兰推广了贝拉米的理念，为牵头成立一个社团——“劳工国有化协会”（Nationalization of Labour Society）提供一臂之力（Hardy，1991a，p31）。但他很快就认清贝拉米理念是专制的（Meyerson，1961，p186；Fishman，1977，p36）。他开始转变观点，1888—1890 年间，他一定读到了流亡英格兰的俄国无政府主义者——彼得·克鲁泡特金在《19 世纪》（The Nineteenth Century）杂志上发表的一系列文章，这些文章后来汇辑成为《田野、工厂和作坊》（Fields，Factories，and Workshops）一书。克鲁泡特金展现了一幅基于电气化的“工业村庄”（industrial villages）视觉景象（Fishman，1977，p36）。霍华德后来把克鲁泡特金称作有史以来，“所有含着金汤匙出生的人里面最伟大的民主主义者”。自打那以后，霍华德的愿景便打上了无政府主义者的烙印（Fishman，1977，p37，引自霍华德尚未完成的自传初稿）。

当时，克鲁泡特金是知识界中具有重要影响力的人物。但是，霍华德一直把自己看作是一个发明者，不停地寻找各种实践的模型。他也曾在其他地方找到过这些模型。约翰·斯图尔特·穆勒曾经推荐过的，韦克菲尔德那个有计划的殖民地方案，已经在南澳大利亚州落地，在威廉·莱特上校（Colonel William Light）为南澳大利亚州首府阿德莱德（Adelaide）所作的规划中就有相关内容。方案的基本概念是，当一个城市达到一定规模的时候，城市规划者就应该通过绿带（green belt）来阻止其蔓延，并启动开辟下一个城市——这就是霍华德的“社会城市”（Social City）概念的原型。1849 年，詹姆斯·西尔克·柏金汉（James Silk Buckingham）曾经做过一个标准城镇的规划设计，霍华德把其中的一些特点用在了田园城市示意图里面：例如，有限的规模，向心性场地，放射形道路，沿着城市外围布置的产业，环绕的绿带，以及在不远的地方连续启动下一个定居点的概念（Buckingham，1849；Wakefield 1849；Ashworth，1954，p125；Benevolo，1967，p133）（参见本书第 141 页）。19 世纪 80 年代和 90 年代的工业村，都位于开阔的农村——像乔治·卡德伯里（George Cadbury）在伯明翰城外建造的伯恩维尔区（Bournville）；威廉·赫斯基思·利华（William Hesketh Lever）在利物浦附近建造的阳光港（Port Sunlight）——这些都为霍华德提供了真实的范本。“回到乡间”（back-to-the-land）的乌托邦式社区肯定
5 萦绕在霍华德心田，完全是以乡村面貌出现的（Darley，1975，chapter 10；Hardy，1979，p215，p238；Hardy，2000，俯拾皆是）。此外，当时威廉·莫里斯和约翰·拉斯金（John Ruskin）倡导的运动受到建筑师雷蒙德·昂温（Raymond Unwin）和巴里·帕克（Barry Parker）的热情拥戴（Hall，2002，p101），反对工业化、回归手工艺和推

威廉・莱特上校肖像
(Colonel William Light，1786—1839 年)

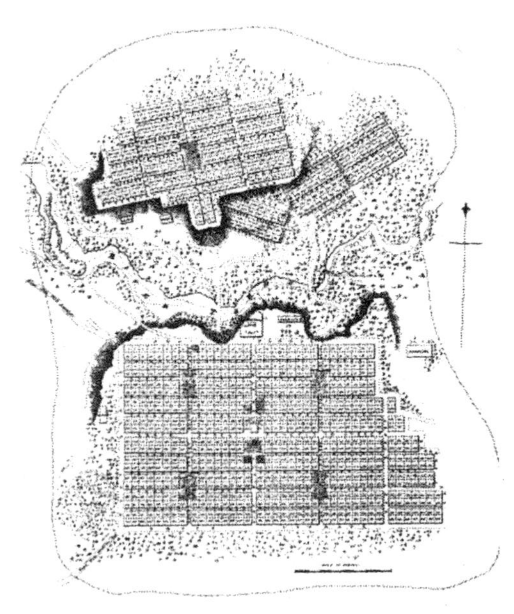

1837 年，威廉・莱特的阿德莱德规划。
1839 年，他卒于此，并葬于此

崇社区的主张无处不在。霍华德愉快地旁征博引（Osborn，1950，p230）；他也承认，除了把它们捏在一起，他的主张没有真正的新东西。

如同本书中著名的第 11 章标题所宣称的那样，霍华德说自己就是对“各种主张的巧妙组合”（A Unique Combination of Proposals），他汇集了从韦克菲尔德和马歇尔的有组织迁移理论，到斯彭斯和斯宾塞的土地使用权体系，以及经威廉・莱特之手得以阐明的柏金汉与韦克菲尔德的标准城市形式（参见霍华德原著第 103 页）。通过把它们糅合在一起，霍华德认为他已经找到了解决方案：如何实现一个理想的社区，那就是可以把社区创造出来的土地价值拨还给社区自身，这种土地增值是通过社区本身的存在和各种努力而得来的，一步一步地实现土地国有化。也许其中最新颖的是，资本家将会受邀在这个过程中充当主要的中介。

至少从 1892 年开始，霍华德就把他的想法介绍给相关的一些伦敦进步团体。1893 年，与“土地国有化协会”一脉相承，他建议形成“土地合作社”（Co-operative Land Society）。他原本支持企业的市政自治所有权，但后来他修改了这个想法，转而赞成各种形式的所有制。他已经看清楚了，为了自己的方案，他得低头向权贵们借钱，并要通过一家有限股息公司的方式（Beevers，1988，p34）。

霍华德在《明日》一书发表的最终方案有两个主要特点：其具体物质形式及其创

新模式。它们是理想化的。事实证明，实现它们要比纸上谈兵难得多，诚如丹尼斯·哈迪（Dennis Hardy）在本书“评注者后记”中所言。

6 霍华德是从自己那个著名的“三磁铁”示意图开始入手的。这幅图和他在本书中的其他插图一样，都配有维多利亚时期那种华丽精美的手写字体——显然是霍华德亲自绘制的。在现在重新出版的霍华德原著中，这些插图的印制很精美，有点像彩色粉笔的颜色——带有一种古风。但是，细看之下，这是一幅充满了智慧的概括示意图，包含了维多利亚时代晚期英国城市和英国农村的许多优点和缺点。城市有经济和社交方面的各种机遇,但是那里住房拥挤,实体环境恶劣。农村有开阔的田野和清新的空气，但是工作机会和社交生活太少；还有一点，听起来让人难以置信，但是实际情况的确如此，那就是无论在哪里，普通工人的居住条件总是那么的破败糟糕。除了在维多利亚时代的语境之外，是无法理解这种差异的：为期 20 年的农业大萧条，引发了大规模的人口迁徙，人口从农村涌入城市，与此同时这些城市正在经历轰轰烈烈的改造——

伯恩维尔区（Bournville）的住宅

威廉·赫斯基思·利华（William Hesketh Lever）的阳光港，现状

拆除住房，腾出来建设办公楼、铁路和码头——这么一来，把蜂拥而至的穷人逼进了贫民窟出租房。那么，问题是如何让这种迁移潮流反过来。

种种迹象表明，或许可以创造出居住形式和生活方式的第三种类型，优于城市和农村的任何一种：即第三种磁铁。这样将会解决两难之局：既获得城市的所有机会，也获得乡村的所有好处，而不作任何程度的牺牲："城市和乡村'必须联姻'，这种两情相悦的结合将迸发出一种新的希望、一种新的生活、一种新的文明。"（参见霍华德原著第 10 页）可以通过一种全新的城镇来实现，它在农村里面，远离城市范围，那里的土地将以低迷的农业土地价格购得——即田园城市。它会设定一个上限——霍华德建议，城市用地范围为 1000 英亩（405 公顷），人口为 32000。在它的边缘是一个产业 7
地带，霍华德曾详细地描述过：那里安置一些后来被称为轻工业的那些行业，因为被吸引到这里的工厂都是一些离不开优秀工人的产业——正如霍华德本人也特别强调的那样；先驱者已经指明了方向，例如伯恩维尔区的卡德伯里公司和阳光港的利华公司那种做法。田园城市将被一个巨大的永久性绿带包围，而这个绿带占地也是作为整个购买清单中的一部分，由田园城市管理部门购置，并且今后一直自己持有——霍华德的建议是 5000 英亩（2235 公顷）——绿带当中不仅有农场，还有类似于城市或准城市的各种机构，像教养院和疗养院等，把这些机构设置在乡间也会让它们从中受益。

它将是小（略大于伦敦城）、密（像伊斯灵顿市，而不是坎伯利市那样的）和紧凑的。拿一个过度使用的当代术语来说，它是城市可持续发展的一个缩影。"霍华德的规划令人惊讶，它极度吻合规划好不好、百年见分晓的规划箴言：这是一个步行尺度的住区，在里面，任何一处都无须开车；密度以现代标准来衡量也是高的，从而能节省土地；还有，整个住区里里外外都是开放空间，因此保持一种自然栖息地的状态。"（Hall and Ward，1998，p23）

这里可以清楚地看到霍华德怎样处理他的田园城市的增长方式。当它到达人口 32000 的规划极限时，下一个田园城市就将在不远的地方启动；一个接一个，创建的不是一个田园城市，而是多中心的簇群，每个田园城市都提供一些工作和服务，由快速交通系统连接，从而产生和大城市总量相当的经济和社会机会。他称之为"社会城市"。很遗憾，这幅图在第二版和后续的版本中都被删去了，本书在这里重新印制这幅图。社会城市占地 66000 英亩（29500 公顷），比霍华德那个时代的伦敦郡议会辖区的面积略微小一点，它的人口总数为 25 万，相当于当时英国一座区域性主要城市的人口规模，例如当时的赫尔（Hull）或者诺丁汉（Hall and Ward，1998，p23—25）。事实上，这样的社会城市很明显可以无限制地生成，一直到它成为覆盖乡村大部分地区的基本住区形式。由于这幅图在后续版本中的缺失，大多数读者并不能掌握这个问题的精髓，霍华德的愿景是社会城市，并不是一座座孤立的田园城市。

因此，田园城市物质形态的表达样式是全新的，和以往的形式完全不同。但同样全新的是其创造的模式。每个田园城市及其周边绿带的土地约6000英亩（2700公顷），这些土地的购置是通过公开市场交易完成，土地价值都是原来农业用地贬值之后的价格：每英亩40英镑（每公顷100英镑），共计240000英镑，通过4%利息的抵押债券筹集而来的，土地经过法律程序归入4位绅士的名下，“他们负责任、有地位、正直可靠、德高望重，他们通过信托的方式对土地代为监管，首先，对于债券持有人来说，他们是担保人；其次，对于拟在此地建设田园城市的民众来说，他们是托管人。”（参见霍华德原著第12–13页）很快，田园城市的增长会带动土地价值的提高，因此各种租金也会水涨船高。整个财政的基础就在于租金将定期上调，同时那4位“负责任的绅士”不仅要还清抵押贷款债务，而且随着时间的推移，要产生出资金服务于各种的社会目的：即当地的福利；根本不需要依靠地方税收或中央政府的税收支持，并直接对当地的市民负责。

今天的读者或许会因为这本书里面包含了这么详细的财务计算内容而觉得不可思议。一个充分的理由是：霍华德这么做的目的就是把这些数据摊开在那些精明现实的维多利亚商人面前，他们需要保证自己的钱是安全的。并且，成功的机会越大，钱款的增值就越容易。

对霍华德来说，田园城市远不止是一座城镇：它是第三种“社会－经济”体系，
8 既优于维多利亚时代的资本主义，也优于官僚体制的集权社会主义。“三磁铁”图的下方有“自由－合作”的字眼，绝不仅是华丽的修辞手法。每个田园城市都将是地方自治的一次演练尝试。“这是一幅无政府主义者之间合作的愿景，一种不需要大规模的集权政府部门介入和干预的合作模式。这正是霍华德向克鲁泡特金的致敬。田园城市的实现就是通过每个人的努力进取来完成的，而在这样的努力进取过程中，个人主义与集体合作将被愉悦地联姻在一起。”（Hall and Ward，1998，p28）。这幅愿景究竟有多么的激进，实践证明究竟有多么的漫长，将留给本书读者来判断。

明 日
——真正改革的和平之路 10

11

埃比尼泽·霍华德（Ebenezer Howard），斯宾塞·普赖斯（Spencer Price，1881—1956年）绘画

12

明 日
——真正改革的和平之路

埃比尼泽·霍华德 著

新岁赋新责，岁去换旧符；
见贤欲思齐，吾辈须上进；
真理之篝火，熠熠在召唤！
当作朝圣者，自启五月花；
寒冬涉险海，手中桨紧握；
不依血锈钥，勇启未来门。
——J·R·洛威尔（J. R. Lowell），《当前的危机》

伦敦
斯旺·索南夏因出版公司
主祷文广场
1898 年

TO-MORROW:

A Peaceful Path to Real Reform

BY

E. HOWARD

"New occasions teach new duties;
Time makes ancient good uncouth;
They must upward still, and onward,
Who would keep abreast of Truth.
Lo, before us, gleam her camp-fires!
We ourselves must Pilgrims be,
Launch our Mayflower, and steer boldly
Through the desperate winter sea,
Nor attempt the Future's portal
With the Past's blood-rusted key."
—"The Present Crisis."—*J. R. Lowell.*

LONDON
SWAN SONNENSCHEIN & CO., LTD.
PATERNOSTER SQUARE
1898

13

《明日》一书扉页上的这首诗，是霍华德节选自詹姆斯·拉塞尔·洛威尔（James Russell Lowell，1819—1891年）于1844年发表的诗歌《当前的危机》（The Present Crisis）。洛威尔是一个狂热的废奴主义者，他的主张很可能符合霍华德关于节制的观点。1855年，洛威尔成为继亨利·沃兹沃思·朗费罗（Henry Wadsworth Longfellow）之后又一位哈佛大学的现代语言学教授，并担任《大西洋月刊》（Atlantic Monthly，1857—1861年）第一任主编，并继续编辑《北美评论》（North American Review，1864—1872年）。他的后半生，是作为美国驻外代表度过的——先是担任美国驻西班牙法院的部长（1877—1880年），后来转任伦敦圣詹姆斯法院（Court of St James，1880—1885年），直到1885年。洛威尔余生的大部分时光，是在伦敦或者约克郡的惠特比（Whitby in Yorkshire）度过的。我们不知道霍华德是否真的见过洛威尔。

CONTENTS

LIST OF ILLUSTRATIONS

16（1）*

原著导言

“新的力量，新的渴望，新的目标，都已悄悄地汇集在保守的硬壳下，骤然爆发，跃入视野。”

——J·R·格林，《英国人民简史》(J. R. Green，*Short History of the English People*)，第十章

“许多情况下，大量的辩论和群情激奋之后，改变会趋于完善，而人们并不察觉的是几乎每件事情都会潜移默化。第一代人眼里无可争议的制度，第二代中的勇敢者会对它发起攻击，而第三代中的勇敢者会为之辩护。此一时，即便真的被允许发言，最具说服力的论据也无济于事。而彼一时，即便最幼稚的诡辩，也足以使它受到谴责。此一时，这种制度，虽然在纯粹理性之下可能站不住脚，却符合社会的意识习惯和思维模式；而彼一时，连最深刻的分析可能也无法解释的一些影响，改变了这种制度，不费吹灰之力就足以摧枯拉朽。”

——《泰晤士报》(The Times)，1891 年 11 月 27 日

这些日子，在强烈的党派意见里面，在激荡的社会议题和宗教议题里面，无论政党，不分派别，或许都能同意，似乎很难找出一个对国家生活以及个人福祉都有重大影响的问题了。

* 本书页边码对应原书所在页码。其中，括号“( )”内的页边码数字，对应作者霍华德 1898 年原著（即加线框的内容）页码，与本书 pp194—201“原著索引”页码一致；不带括号“( )”的页边码数字，对应的是 2003 年版本原书的页码，与 pp231—236“索引”一致。——译者注

原著导言评注 17

萧伯纳（George Bernard Shaw，1856—1950 年）在他位于赫特福德郡阿约特圣劳伦斯（Ayot Saint Lawrence，Hertfordshire）的家中可移动的写作小屋

约翰·理查德·格林（John Richard Green，1837—1883 年）是一名牧师，他的职业生涯因肺结核而中断，“一切活跃的工作都不可能完成”；于是，他从撰写巨著《英国人民简史》（Short History of the English People，1874 年）开始，接着撰写了多卷本的《英国人民史》（History of the English People，1877 年）和《英格兰的征服》（The Conquest of England）。在格林逝世后，他的妻子最终完成了《英格兰的征服》。这些著作合在一起，形成了辉格党人一种普及的历史观，它将历史描述成为自由主义和民主精神的力量积累而成的胜利。

> 《泰晤士报》领导人回忆萧伯纳（George Bernard Shaw）的格言，“所有伟大的真理都以亵渎神灵开始。”（All great truths begin as blasphemies）虽然这句格言可以追溯到 1917 年（Shaw，1919，p262），但是萧伯纳似乎有可能回忆起他年轻时读过的一段话。

霍华德的写作，是在紧张乃至痛苦地争论了 10 年之后开始的，主题涉及那些根本性的政治问题，诸如土地问题［与爱尔兰紧密联系，格莱斯顿（Gladstone）* 在 1886 年、1892 年和 1893 年，试图争取爱尔兰自治，均以失败告终］、住房问题［在伦敦格外严峻，以至于在 1884—1885 年成立了一个“工人阶级住房事务皇家委员会”（Royal

* 威廉·尤尔特·格莱斯顿（William Ewart Gladstone，1809—1898 年），曾四次出任英国首相（1868—1874，1880—1885，1886，1892—1894 年）。——译者注

18左（2） 说到禁酒的原因，你会听到约翰·莫雷（John Morley）先生说它是“废除奴隶制运动以来最大的道德运动”；但是布鲁斯勋爵（Lord Bruce）会提醒你“这桩生意国家每年获得4000万英镑的收入，这样一来，它实际上维持了陆军和海军，并使数以千计的人得以就业。”——譬如，“即便是滴酒不沾的人也欠着那些带有酒类执照的供应商很大一个情，要不是他们，水晶宫里茶点酒吧早就关门了。”说到鸦片贸易，一方面，你会听到鸦片迅速腐蚀中国人的“士气”；另一方面，有人会说这纯属误解，中国人多亏了鸦片，才能做欧洲人根本不可能胜任的工作，拿英国最不讲究的人也会嗤之以鼻的食物来果腹。

宗教问题和政治问题也往往把我们分成敌对阵营；因此，在这里，沉着冷静的思考和纯粹的情感，是迈向正确信仰和行为准则的要领；聒噪的争锋使人们群情鼎沸，左右了旁观者的视线，掩盖了对真理的挚爱和对国家的热爱，使人无所适从。

然而，有一个问题，人们的意见出奇的一致。几乎普天之下的人，不分党派和立场，
18右（3） 不仅是英国人，也包括其他欧洲国家的人、美国人，以及我们海外殖民地的人，大家都认为，大量人口源源不断地涌入早已拥挤不堪的城市的确是一种深深的悲哀，其结果也将进一步损害乡村地区。

几年前，伦敦郡议会主席罗斯伯里勋爵（Lord Rosebery）对此特别强调：

> “一想到伦敦，我脑海中没有什么值得自豪的。伦敦的糟糕始终困扰我：非常严峻的事实是，几百万人在此落脚，它会有危险，在这条高贵的河流两岸，人们各自按部就班地工作，栖身斗室，彼此不了解，彼此不闻不问，彼此没有丝毫的关心——无数冷漠的受害者。60年前，一个伟大的英国人科贝特（Cobbett）*，称之为赘疣。如果那时候是赘疣，那么现在是什么呢？一种肿瘤，一种对农村地区敲骨吸髓的象皮病。”

约翰·戈斯特爵士（Sir John Gorst）道出症结所在，给出补救措施：

> “要想一劳永逸，治病就得除根；必须逆转人们涌向城市的潮流，并让他们回到田野乡间。城市自身的利益和安全也就迎刃而解。”
>
> ——《每日纪事报》（Daily Chronicle），1891年11月6日

* 威廉·科贝特（William Cobbett，1762—1835年），英国散文作家、记者，政治活动家和政论家，小资产阶级激进派的代表人物。——译者注

皮博迪信托大楼（Peabody buildings），布莱克弗赖尔斯路（Blackfriars），伦敦，由亨利·达比希尔（Henry Darbishire）设计

边界街（Boundary Street），贝斯纳尔格林区（Bethnal Green）

Commission on the Housing of the Working Classes），并且在 1885 和 1890 年颁布了《工人阶级住房法》（Housing of the Working Classes Acts）]，以及穷人的生活状态问题（Hall，2002，第 2 章，俯拾皆是）。

霍华德凭借多年在官方团体会议中担任速记员的经验，非常擅长从公众人物和公 19
众会议中选取适当的语录来支持他的结论。伦敦郡议会成立于 1888 年，旨在整饬其所辖的分散小教区的无政府状态，然而在 1891 年 3 月，第一任主席罗斯伯里勋爵，就已经有说服力地提出和霍华德同样的问题：即城市内部拥挤混乱，与此同时英国农村地区人口大幅减少。当进步党（Progressives）赢得伦敦郡议会的控制权之后，他们开始着手一项整治贫民窟和建设市政住房的计划。亚瑟·莫里森（Arthur Morrison）在他的著名小说《贾哥之子》（A Child of the Jago，1896 年）中描述过一个地方叫肖尔迪奇（Shoreditch），早在 1883 年就遭到卫生官员的谴责，但在 1896 年，该地区已被清理，并被伦敦郡议会的界线地产公司(Boundary Estate)在那里为 5500 人所造的公寓所取代。但这一切，连同一些例如皮博迪信托（Peabody Trust）等慈善机构当时修建的地产项目，却加剧了周边地区的城市过度拥挤状况问题。

约翰·莫雷（John Morley，1838—1923 年），作家和记者，1883 年当选自由党下院议员。他观点激进，支持爱尔兰自治（Irish Home Rule），反对战争，对布尔战争（Boer War）和第一次世界大战都持反对态度。

罗斯伯里勋爵（Lord Rosebery，1847—1929 年），1889 年和 1892 年当选为伦敦郡议会主席，同时担任外交大臣。1894 年，他继格莱斯顿之后担任首相。

法勒教长说：

“遍地都将是大城市。村庄凋零、衰败；城市如雨后春笋。如果大城市真的越来越多，成了我们民族肉身的最后归宿，那么当我们看到，房屋被毫无顾忌地糟蹋得这么乱、这么脏，污水横流时，我们是否会对此感到奇怪呢？”

罗德斯医生（Dr. Rhodes）在人口统计会议上，提醒“来自英语农业地区的移民
20左（4） 在持续增长。兰开夏郡（Lancashire）和其他工业地区，60岁以上的人占35%，而农业地区竟占60%以上。许多农舍状况堪忧，难以称之为房屋，人们体质恶化，无力承担健康人的工作。若不采取某些措施来改善众多农业劳动者的处境，这种成群撤离还将继续，未来究竟如何，难以断言。”（《泰晤士报》，1891年8月15日）

新闻界、自由党、激进党和保守党，都看到了当代的这种严重症状，并发出同样的警告。1892年6月6日的《圣詹姆斯公报》（St. James's Gazette）评论：

“怎样针对现实的最大危险，妥善地对症下药，是一个有积极意义的问题。”

1891年10月9日《星报》说：

“怎样遏制来自农村的迁移是当今的主要问题之一。劳动力也许能够返乡，但是农业将如何回归英格兰的乡间呢？”

《每日新闻》（The Daily News），在几年前发表了一组文章：“我们的乡村生活”，谈到了同样的问题。工会的领导人也提出同样的警告。本·蒂利特先生（Ben Tillett）说：

“工作不多，人手闲置；劳力不足，土地撂荒。”

汤姆·曼（Tom Mann）先生观察到：

“大城市劳动力过剩，主要是由于有地待种的农村地区人口外流。”

20右（5） 因此，大家都认同问题的紧迫性，都想要找到解决方案；虽然要对可能提出来的

约翰·埃尔登·戈斯特爵士（Sir John Eldon Gorst，1835—1916 年），是一名非常具有独立思考能力和才能的国会议员，他遵循托利民主制（Tory democracy）的原则，在整个从政生涯中，表现出对贫困人口住房、其子女教育，以及普遍社会问题的积极兴趣。

弗雷德里克·威廉·法勒（Frederick William Farrar，1831—1903 年），热衷于主张完全禁欲，1895 年当选为坎特伯雷教区主教。

这里，霍华德让人想起英格兰在 19 世纪 80 年代和 90 年代存在的两个并列的问题： 21
一个是众所周知的伦敦和其他大城市的贫民窟问题，另一个是很少有人还记得的农村住房和农村人口减少问题。由于一系列的低产歉收，以及随着美洲、大洋洲新土地的开放而来的激烈海外竞争，使英格兰和威尔士的谷物种植面积在 1879—1900 年间减少了至少 25%，最终导致严重的农业大衰退，农田租金减少 50% 以上。马堡公爵（Marlborough）说，1885 年，只要有任何实际的购买需求，英格兰一半的土地将在市场上出售；即使到了 1902 年，赫特福德郡（Hertfordshire）估计有 20% 的农田处于闲置状态（Fishman，1977，p62，引自 Hall and Ward，1998，p8）。讽刺的是，这不仅鼓励了像罗斯柴尔德家族（Rothschilds）那样的伦敦富商将大片的农村土地全部买下，建造乡村庄园，也让霍华德的第一田园城市有限公司（First Garden City Company）* 以他书中设想的非常有利的价格，购买了莱奇沃思的田园城市土地：距离伦敦 34 英里（55 公里）的地方，严重贬值的 3817 英亩（1545 公顷）农业土地，

本·蒂利特（Ben Tillett），红粉笔肖像画，作者 Ivan Opffer（左）

汤姆·曼（Tom Mann），红粉笔肖像画，作者 Ivan Opffer（右）

* 第一田园城市有限公司是 1903—1962 年间的莱奇沃思监管机构。——译者注

对策取得基本一致的评价无疑是异想天开，但是人们普遍认为这是一件极其重要的事情，至少表明它很要紧，我们在一开始就有这样的共识。这个问题的答案，我会在本书中条分缕析，当答案浮出水面时，将是一个更值得注意、更有希望的信号；比起至今仍使我们时代最伟大的思想家和改革者绞尽脑汁的其他问题，这个当代最紧迫问题之一的答案,相对容易一些。是的,解决问题的一把钥匙是怎样才能让人们重归土地——那是我们美丽的土地，苍穹盖之，清风拂之，煦阳照之，雨露泽之——体现了神对我们人类的爱——是一把真正的“万能钥匙”，它是开启一扇大门的钥匙，即使大门几乎还是虚掩微启，但透过这道窄窄的门缝，将会看到阳光倾泻进来，照耀在放纵、苦役、无尽焦虑、贫困交加这些问题上——这些问题正是政府干预的真正范围，啊，甚至是人与上苍的关系。

有人会认为，要想解决问题——怎样让人们回归土地——第一步就要认真思考人们至今仍在涌向大城市的各种原因。如果真是这样，就有必要在一开始就打算进行旷
22左（6）日持久的调研。幸好对作者和读者而言，这里没有必要作这种分析。理由很简单，也许可以这么说:不论过去还是现在吸引人们来到城市的原因是什么，都可以概括为“吸引力”；而且很显然，如果不给人们，至少是一部分人们，大于现有城市的“吸引力”，就会无计可施，因而，必须创造“新吸引力”来克服“旧吸引力”。每个城市好比一块磁铁，每个人好比一枚针；从这个角度来看，就会立刻明白，我们无非就是要找到一种方法，建造出一种比我们现有城市更具吸引力的磁铁，这样它就可以有效地重新分布人口数量，而且分布方式更加自然、更加健康。

这个问题初看之下颇为棘手，如果不是不可能，就是解决不了。有些人可能会倾向于提出这样的问题，“可以做些什么，让终日劳作的人们觉得乡村比城镇更有吸引力呢？——让人们在乡村挣到的工资比城里多一点，或者至少在物质上的舒适标准比城里高一点；确保在乡村可以得到和城市相同的社会交往机会，让普罗大众享有和我们大城市不说更优越的但起码一样的、不断提升的前途？”这个话题经常以另一种十分相似的形式出现。这个主题一直以各种形式在公共报刊上讨论，仿佛人们，或者至少是劳动者，现在没有，甚至从来也没有任何的选择或者取舍；但要么他们抑制了对人类社会的向往——仅在比一个孤独的村落生活稍广一点的交往上——要么他们几乎彻
22右（7）底放弃对乡村所有的热忱与纯真的喜爱。问题在于人们似乎都认为，劳动人民现在不可能，而且永远不可能住在农村而从事农业之外的职业；仿佛人满为患的、不健康的城市是经济科学的结论；仿佛目前这种把工业和农业截然分开的产业形式是必然的和永久的。这种谬论非常普遍，全然罔顾固有成见之外的各种可能性。事实上并不像人

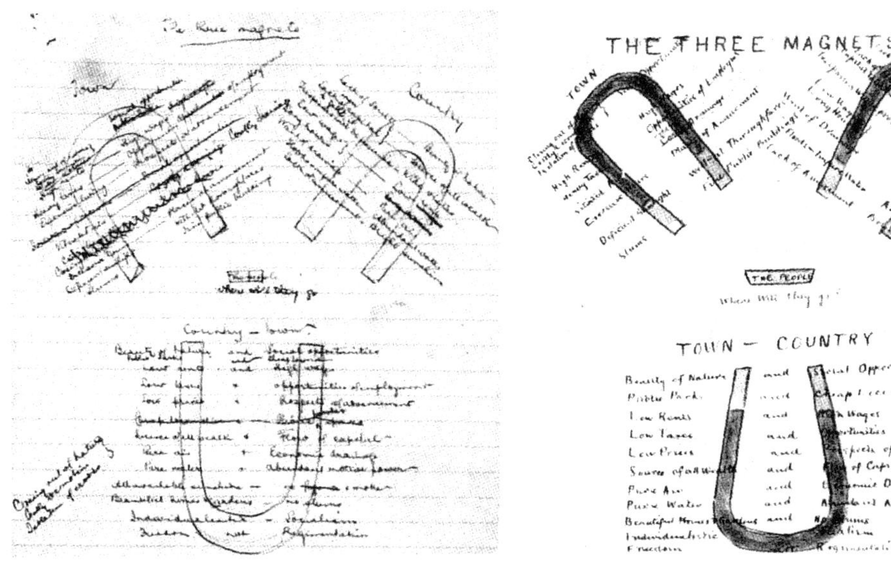

霍华德《明日》一书第一份手稿中的“三磁铁”图　　霍华德《明日》一书打印稿中的“三磁铁”图

1903 年只需要 155587 英镑就能买下（Hall，2002，p98）。

本 · 蒂利特先生（Ben Tillett，1860—1943 年），1889 年伦敦码头罢工运动领导者之一（码头工人在罢工中提出的主要要求得到了满足），费边社会员，工党创始人之一 [尽管他没有继承主要领导人詹姆斯 · 凯尔 · 哈迪（James Keir Hardie）和拉姆齐·麦克唐纳（Ramsay MacDonald）的事业]。汤姆·曼（Tom Mann，1856—1941 年）也是费边社成员，伦敦码头罢工运动的另一位领导人。罢工运动之后，他担任新成立的普通劳动者联盟主席（本 · 蒂利特为秘书长）。他们后来都将余生献给了社会主义和工会事业。

这里,霍华德第一次在城镇和乡村中引入“磁铁”这一概念,提出了著名的第一幅图。 23
在接下来的世纪，它成为世界上被复制和翻译得最广泛的城市规划文献。

霍华德开始运用经济学的均衡分析语言，可能是由于他与《经济学原理》（Principles of Economics，1890 年）作者阿尔弗雷德·马歇尔（Alfred Marshall）相识，该书是对新古典主义理论的经典阐释（参见本书第 55 页）。霍华德认识马歇尔，是通过马歇尔在议会委员会，尤其是在 1887—1888 年的金银委员会和作为 1891—1894 年分管劳工事务的皇家委员会成员的所作所为认识他的（Keynes，1933，p196），当时霍华德可能担任速记员。重要的是，他坚决主张地理位置因素不能成为在城市扎

24右（8）

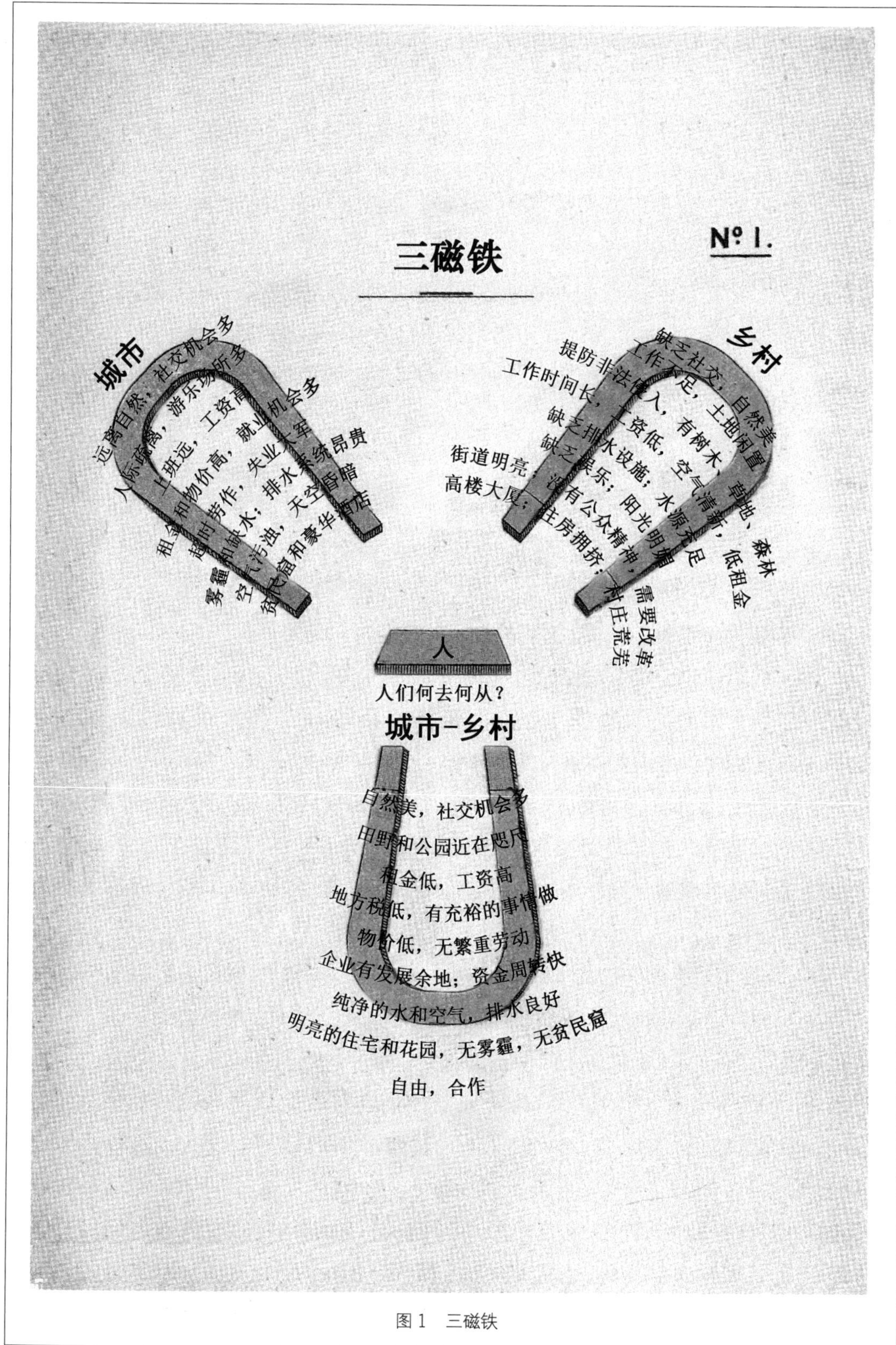
三磁铁
№ 1.
城市
乡村
街道明亮
高楼大厦
需要改革
村庄荒芜
森林
低租金
人
人们何去何从？
城市-乡村
自然美，社交机会多
田野和公园近在咫尺
租金低，工资高
地方税低，有充裕的事情做
物价低，无繁重劳动
企业有发展余地；资金周转快
纯净的水和空气，排水良好
明亮的住宅和花园，无雾霾，无贫民窟
自由，合作

图 1　三磁铁

堆的先决条件。马歇尔在《经济学原理》第 4 卷第 10 章充分论述了这个观点，尽管后来新古典主义经济学者们对地理位置问题失去了兴趣。有趣的是，马歇尔当时就预言，就业的真正增长将在服务业；而他认为这将导致越来越多的城市聚集（Marshall，1920，p230）。

有人认为“三磁铁”图是“一个对规划目标非常简明和精彩的陈述（这是一个有 25
趣的实践，试着用充满隐语、抽象现代的语言，将事物用图像表达出来；同样的事情如果用语言来说清楚将会是连篇累牍的，而霍华德用一张简单的图就全部解决了）。”（Hall，2002，p31）在本质上，霍华德主张现有的城市和乡村是不可分割、优劣互补的混合体。城市的优势在于便利地提供各种就业和城市服务的机会；而劣势可以归结为贫困人口所导致的自然环境恶化。相反，乡村有很棒的环境，实际上却没有任何经济和社交机会。

在接下来的年代，许多类似的差异开始消弭。虽然汽车尾气污染依旧存在，但是干净的空气、城市的更新和有效的规划，几乎抹去了城市更深的罪孽。更加引人注目的是，农村生活的缺陷几近全部被新技术所悄然取代，其中包括霍华德写到的电气化、通信和内燃机。然而，有意思的是，这种转变，也在彼得·克鲁泡特金的《田野、工厂与工作坊》（Fields，Factories，and Workshops）一书中预见到了，该书比《明日》出版晚了一年，而赫伯特·乔治·威尔斯（H. G. Wells）*《预测》（Anticipations）的出版则是 3 年以后的事情了（Hall，2002，p91，295—296）。

威廉·钱德勒·罗伯特－奥斯汀（William Chandler Roberts-Austen，1843—1902 年，霍华德在记录中省略了连字符），1880—1902 年间，担任皇家矿藏学院（Royal School of Mines）冶金学教授，晚年出任皇家铸币厂副厂长。

* 赫伯特·乔治·威尔斯（H. G. Wells，1866 年 9 月 21 日—1946 年 8 月 13 日），英国作家，与儒勒·凡尔纳（Jules Verne）等人被称为科幻小说开创者。——译者注

们通常所假定的那样，只有两种选择——城市生活和乡村生活——而是有第三种选择，在这种选择里面，城市生活所有的最有生机和活力的优势，和乡村生活所有的欢愉和美景，也许可以完美结合；确保能过上这样一种生活将成为一种磁力，它将结出我们正在为之奋斗的果实——让人们自发地从拥挤的城市投入慈祥和蔼的大地母亲的怀抱，那也是我们生命的源泉、幸福的源泉、财富的源泉和力量的源泉。因此，城镇和乡村，可看作是两个磁铁，各自都在尽力吸引人口——然而，兼备这两者特性的一种新生活方式加入了竞争。可以用“三磁铁”图来说明。图中，城镇和乡村的主要优点和缺点一览无余，而城镇和乡村之间的类型，则没有这些缺点，优点一目了然。

可以看到，城镇的磁铁，与乡村的磁铁相比，优点是工资高、就业机会多、前景诱人，
24左（8） 但是，这些都被高地租、高物价大大抵消了。其社交机会和游乐场所很有诱惑力，但劳作时间太长、上班距离太远、人际关系疏离，这些往往大大减少了这些好东西的价值。明亮的街道的确令人向往，尤其是在冬天，但是阳光日益昏暗，空气糟糕，那些精致的公共建筑，像一群麻雀，很快落满了煤灰，甚至连雕像都看不清了。[1] 堂皇的大厦和凄惨的贫民窟是与现代城市相伴的怪象。

乡村磁铁自称是一切美好和财富的源泉；但是城市磁铁调侃她，说她社交生活单调平淡，因拮据而寒酸。乡村有宜人的景致，开阔的园林，紫罗兰芬芳的树林，清新的空气，潺潺的流水，但随处可见“擅入者将被起诉”的警告。按面积计算，租金确实很低，不过，这么低的租金是低工资的自然产物，而不是因为实惠舒适；长期的劳
26（9） 作和休闲活动的匮乏，让明媚的阳光不能洒向心田，清冽的空气不能沁人心脾。单一的产业，也即农业，并不总是风调雨顺；时涝时旱，有时候，连饮水也不能保证。[2] 乡村有益身心的自然特色，也因排水等卫生条件不佳而大为逊色，所以，有些地方几乎被人遗弃，而有些地方则人满为患，犹如城市的贫民窟。

1 “去年，马格达拉的纳皮尔勋爵（Lord Napier of Magdala）骑马雕像上的镀金层，披上了一件天鹅绒外衣，但成了一种黑色、绿色的色调，没有那种本应出现在这里的那种细腻、天鹅绒般的棕色。实际上，这位勇士的态度似乎承认这样一个事实，他挪走了手上的望远镜，视线从雅典娜神殿俱乐部（Athenaeum Club）离开，好像完全意识到伦敦的现状空气超出了他的科学手段，很快将会变成沾满煤烟子的漆黑一团，就像相连基座上的那些东西。”——罗伯特·奥斯汀（Roberts Austen，C. B.，F. R. S.）教授，《艺术学会杂志》（Journal Society of Arts），1892 年 3 月 11 日

2 德比郡议会卫生医务负责人巴怀斯医生（Dr. Barwise），为了回复 1873 号议题，在 1894 年 4 月 25 日，就《切斯特菲尔德（Chesterfield）煤气和水议案》，向下议院的一个小型特别委员会作证的时候说到：“在布里明顿公学（Brimington Common School），我见到几个满是肥皂泡沫的浴盆，这就是全体学童不得不用的全部洗澡水。他们必须一个挨一个地用同一盆水洗澡。当然，只要有一个孩子患有金钱癣之类的病症，就会传染给所有的孩子……女教师告诉我，她看见玩得满头大汗的孩子跑过来喝这些脏水。实际上，他们也没有别的水可以解渴。”

霍华德认为，乡村地区天然的健康状况在很大程度上是由于卫生条件差和清洁水 27
源供应得不到保证；20 世纪，所有研究农村健康和住房的历史学者都强调了这个观点。

二战后，研究农村生活的历史学家埃文斯（George Ewart Evans）移居英国萨福克（Suffolk）的一个村庄，因为他妻子去那里当了乡村教师。他们全家经常肠胃不舒服，后来才知道，Blaxhall 村 * 大部分新来的人都有同样的遭遇。一些孩子由于食物中含有井水而夭折。一些富人把持着村委员，他们可以从自己的深井中获得干净的水，而埃文斯却因为提倡将自来水引入村子而招来怨恨（Evans，1983）。

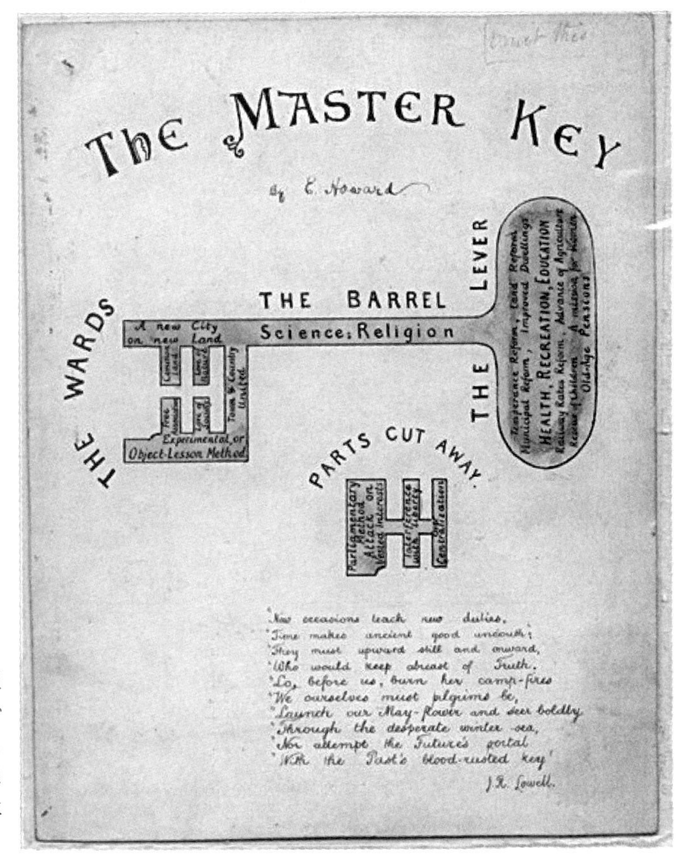

这是霍华德在其《明日》1898 年版本第 5 页所指的“万能钥匙”（Master key），但从来没有出版过。画上有注释，还包括引自詹姆斯·拉塞尔·洛威尔的一段诗歌（即《明日》1898 年版本扉页上的那首诗）

---

* Blaxhall，英国萨福克郡（Suffolk）海岸区的一个村庄和民政教区，民政教区是英格兰地方最小的行政单位。资料来源：http：//en.wikipedia.org/wiki/Blaxhall。——译者注

但是，城镇磁铁和乡村磁铁都不能全面反映大自然的用心。人类社会和自然美景本应兼而有之。两块磁铁必须合而为一。正如男人和女人互补才智一样，城镇和乡村亦应如此。城镇是一个社会的象征——是互相帮助和友好合作的象征，是父亲、母亲、兄弟、姊妹的象征，是人与人之间广泛关系的象征——是宽广的、博大的同情心的象征——是科学、艺术、文化、宗教的象征。乡村亦如此！乡村是上帝关爱人类和眷顾人类的象征。我们以及我们所拥有的一切都来自乡村。我们的肉身藉之而来，又藉之
28左（10）而归。我们靠它吃，靠它穿，靠它挡风，靠它避雨。我们在它的怀抱里。它的美是艺术、音乐、诗歌的灵感。它的力量推动各行各业的脚步。它是一切健康、财富、知识的源头活水。但是，它并没把自己的欢愉和智慧完全展现给世人。这种该诅咒的社会和自然的畸形分隔再也不能继续下去了。城镇和乡村“必须联姻”（must be married），这种两情相悦的结合将迸发出一种新的希望、一种新的生活、一种新的文明。本书的目的就是展示在这条路上怎样迈出第一步，即构建一个“城镇－乡村”磁铁。我希望让读者相信，无论从道德的角度还是经济的角度，此时此地，这都是可行的，这些原则都是最健全的。

接下来，我将负责向大家证明，在“城镇－乡村”中，跟熙熙攘攘的城市比起来，人们如何做到享有平等的，甚至更好的社交机会，与此同时，每一位居民可以沉浸和沐浴在自然的美景之中；证明如何做到提高工资与降低租金、降低地方税兼容共存；证明如何做到让每一个人都有大量的就业机会和光明的发展前途；证明如何引进资本和创造财富；证明如何做到让人羡慕的卫生条件；证明令农民绝望的过量雨水是如何用来发电照明和驱动机械运转的；证明如何让空气远离雾霾；证明如何做到让家园和田园处处美丽动人；证明如何做到拓宽自由的界限，并且让一群幸福的人们通过协调和合作，收获最佳的结果。

28右（11）建设这样的一种磁铁，它将会影响、带动其他磁铁的建设，绝对能解决前面我们提到的约翰·戈斯特爵士提出的问题：“怎样逆转人们涌向城市的潮流，并让他们回归到土地上。”

以下各章的主题就是这种磁铁的详细说明及其建设模式。

这里，霍华德把城镇和乡村的联姻，以一种别致的性别 29
隐喻，推向一种圣洁的仪式。重要的原因在于霍华德是一名虔诚的公理会教友和布道者，他与第一任妻子丽莎（Lizzie）和 4 个孩子彼此之间真挚奉献；按照雷蒙德·昂温（Raymond Unwin）的观点，霍华德非常依赖妻子，以至于妻子去世之后，他依然试图通过巫术的媒介跟妻子交流（Beevers，1988，p37，43，83）。霍华德写作著书的那几年，基于在公理会和一些其他集会上对自己理论的不断阐述，行文风格是雄辩的（Beevers，1988，p30—37）。

霍华德第一任妻子，伊丽莎白（Elizabeth）

城镇与乡村的交汇——莱奇沃思郊区一座工厂，约 1920 年

30左（12）

第 1 章　城镇 – 乡村磁铁

“我绝不平息斗志，
也不让刀枪入库，
直到在英格兰怡人的绿野上
我们建起耶路撒冷。”
——布莱克（Blake）

30右（12）

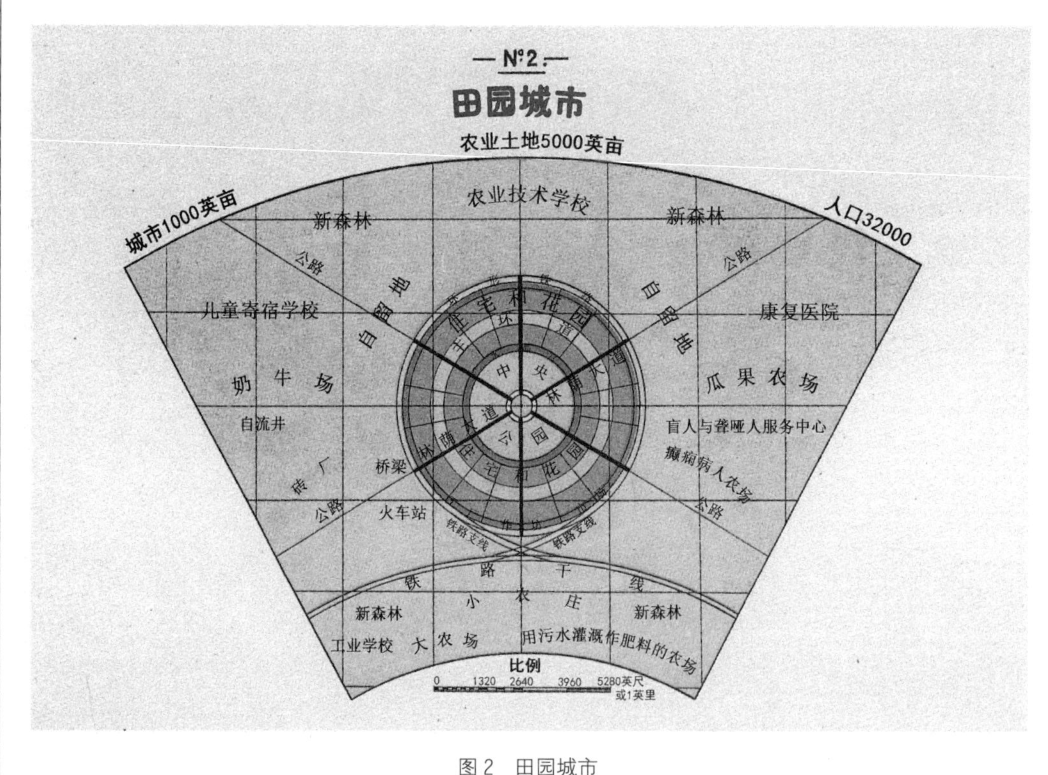

图 2　田园城市

城镇 - 乡村磁铁 31

霍华德引用布莱克的原因显而易见。诗人、画家和雕刻家威廉·布莱克（William Blake，1757—1827 年）痛恨工业革命所带来的影响，期待在“英格兰怡人的绿野上”建立一个新的耶路撒冷。

约翰·拉斯金（John Ruskin，1819—1900 年）的著作《给这最后来的》（Unto This Last）由 4 篇论文组成，抨击了自由主义经济和维多利亚时代的商业道德。它们和其他社会主义者的作品不仅影响了霍华德，还影响了贸易工会成员，以及一些政治活动家例如汤姆·曼和本·蒂利特等（参见本书第 23 页）。

这里，霍华德提出了他的主要观点：即单纯由城市社区存在而带来的地价上涨，应归属于该社区，而不属于那些不在本地生活的贵族，这些贵族的祖先因为支持一个到处征服的国王或是强盗掠夺式的工商业巨头而获得了这块土地。

战后英国许多新城镇成功的众多原因之一（却很少提及）是其地价的增加，这些地价的增值部分，由新城镇公司（New Town Corporations）获得，并通过委任新城镇及其后继委员会的手段，返回中央政府。正如雷·托马斯（Ray Thomas）所描写的那样，如果不是财政部突然查抄了资金，这些新城镇公司规模可能会更大（Thomas，1996）。

霍华德的计算是正确的，但他的目标是，一旦最初的贷款还清了，由地产收入给 33
新城镇带来的增值应该回馈社区，通过公共管理，社区改善了当地的福利，促成了这些获益。而在莱奇沃思，这只让人沮丧，因为霍华德的董事们面对田园城市在吸引人才尤其是吸引产业方面的失败，引入了一套长期租金体系，却没有定期向上修正来反映不断上涨的土地价值，而这正是霍华德方案中的核心要素（Creese，1966，p316；Hall and Ward，1998，p34—35）。

“纯粹的景色不会始终让人愉悦，除非四下都是快乐劳作的人们——良田平整；花园怡人；硕果累累；房舍整洁、温馨恬美、人来人往；鸟语虫鸣，生机勃勃。甜蜜的气氛不是沉静，而是轻声细语、浅吟低唱——鸟儿的啁啾，昆虫的呢喃，人们的低语，孩子的嬉笑。生活的艺术是后天学得的，最终人们会发现所有美好的东西都不可或缺——既要有路边的野花，也要有栽培的庄稼；既要有放牧的牛羊，也要有林中的走兽和丛中的野鸟。因为人活着，不只需要面包，还需要荒漠里的甘露；需要上帝的每一句箴言和每一次神迹。”

——约翰·拉斯金（John Ruskin），《给这最后来的》（Unto This Last）

请读者设想，这里有一块 6000 英亩的土地，这块土地目前是纯农业用地，在公开市场上以每英亩 40 英镑的价格购得，总计 24 万英镑。购地资金通过发行抵押债券
32（13）来筹措，平均利率不超过 4%。这块土地经过法律程序归入 4 位绅士的名下，他们负责任、有地位、正直可靠、德高望重，他们通过信托的方式对土地代为监管。首先，对于债券持有人来说，他们是担保人；其次，对于拟在此地建设田园城市（即城镇－乡村磁铁）的民众来说，他们是托管人。这个计划的一个重要特点在于所有的土地租金都应该交给托管人，土地租金将取决于每一年度的土地价值，托管人在支付了利息以及偿债基金后，把余额交给这个新市政自治机构（municipality）[1] 的中央议会（Central Council），这些余额将交由这类议会使用，用以建设和维护所有必需的公共工程——诸如公路、学校、公园等。

购置土地的用意可能是多方面的，但在此说明几个主要目的就足够了：对劳工阶级来说，为产业人口找到“较高购买力”工资的工作、安全健康的环境和更多的就业机会。对有抱负的制造商、合作社团、建筑师、工程师、建筑工人、各种机械师，以及从事各行各业的人们来说，为他们的资金和才学提供新的、更好的就业保障；而对目前在这块用地上的农民以及即将移居到此的人们来说，购置土地的这个安排，可以开创一个家门口的新市场。简而言之，它的目标是提高所有真正劳作者的健康水平和舒适度，无论他们的水平是什么——实现这些目标的方式，是在这块由市政自治机构拥有的土地上，实现城乡生活结合，那种健康的、自然的和经济的结合。

34t 左（14） 田园城市中的城镇，将建在 6000 英亩地的中央，占据 1000 英亩的土地，即 6000 英亩的六分之一；倘若是圆形，中心到边界为 1240 码（3/4 英里）（图 2 是整

1 “市政自治机构”（municipality）一词，不是技术层面上使用的涵义。

战后英国，曾经 3 次尝试把地价上涨的利益返给民众——1947 年城乡规划法案（Town and Country Planning Act 1947）、1967 年土地委托法案（Land Commission Act of 1967）和 1975 年社区土地法案（Community Land Act of 1975）（Hall and Ward，1998，p172—174）。三部法案都由工党政府通过，但接下来在保守党政权执政的时期，都被立刻废除。无论如何，它们却曾试图为中央政府把握住土地的价值。1975 年的法案中，还包含允许地方政府分利的某项规定。

霍华德的示意图（图 2，“田园城市”；图 3，“分区和中心”）充分体现了他的巧思和创造性。那些并不理解他的批评者，想当然地认为他主张极低的人口密度。但是根据刘易斯·芒福德（Lewis Mumford）在 1946 年再版的第二版中强调的，霍华德关于人口密度的假设“还是趋于保守的；事实上，它们遵循了从中世纪就流传下来的传统，当然，也许有人会进一步批评，霍华德过于亦步亦趋了。”（Mumford，1946，p30—31）诚如芒福德所说，人口净密度将达到每英亩 90—95 人（220—235 人 / 公顷），几近今天的城市定义。这部分是由于维多利亚晚期户均人口数较大。因此，田园城市是一个紧凑城市的典范——圆形，从中心到边缘半径，只有四分之三英里（1.2 公里）。

1881 年的约翰·拉斯金，T. A. & J. Green 铂金版印刷

中央公园占地 150 英亩（67 公顷），大致相当于海德公园（Hyde Park）和肯 35
辛顿花园（Kensington Gardens），“为足球、板球、网球和其他户外运动提供了充足的场地。”它的灵感可能来自华盛顿特区的中心地带，丹尼尔·伯纳姆（Daniel Burnham）正准备恢复这块区域昔日的光彩，通过国会大厦、白宫以及其他大型公共建筑，与巨大的纪念性开放空间相映衬。霍华德的灵感，更有可能来自绿树成荫的圣詹姆斯公园（St James's Park）两端的皇家骑兵卫队校场（Horse Guards）和白金汉宫（Buckingham Palace）。关键的一点——就像 3 个世纪前的亨利八世（Henry VIII）一样——霍华德能无拘无束地把公园放到城镇的中心，是因为他没有被传统观念中城市地价高昂的成见所累。

个市政自治辖区的用地规划，城镇位于中心；图 3 是城镇的一个分区，用以描述城镇本身）。

6 条壮阔的林荫大道——每条宽 120 英尺——从中央通往四周，将镇区等分为 6 个分区。中央是一个占地 5 英亩半，直径 185 码的用地，将会规划成一个灌溉充裕、景色怡人的花园；环绕这个花园，大型公共建筑——市政厅、音乐厅和演讲厅、剧院、图书馆、博物馆、画廊和医院等占地宽裕，巍然耸立。剩下的大片空地，是由“水晶宫”（Crystal Palace）环绕的开放公园，占地 145 英亩，它是每个人都可以方便享用的游憩场地。

环绕中央公园（不包含被林荫大道穿过的部分）的一条宽敞的玻璃连廊，就是“水晶宫”。这个建筑在下雨的时候就会成为大家最喜欢的休闲去处之一，当大家知道一个明亮的遮蔽物就在公园边上，哪怕是在最忐忑不安的天气里，人们依然会乐意去中央公园。在这里，工厂生产的各种商品陈列待售，满足人们不同层次的比价、甄选的淘货乐趣。然而，水晶宫所构成的空间，要比满足用途的需求大出很多，而且它的很大一部分空间是用作冬季的花园——而整个建筑则作为一个永久性展品，呈现出最具魅

34右（14）

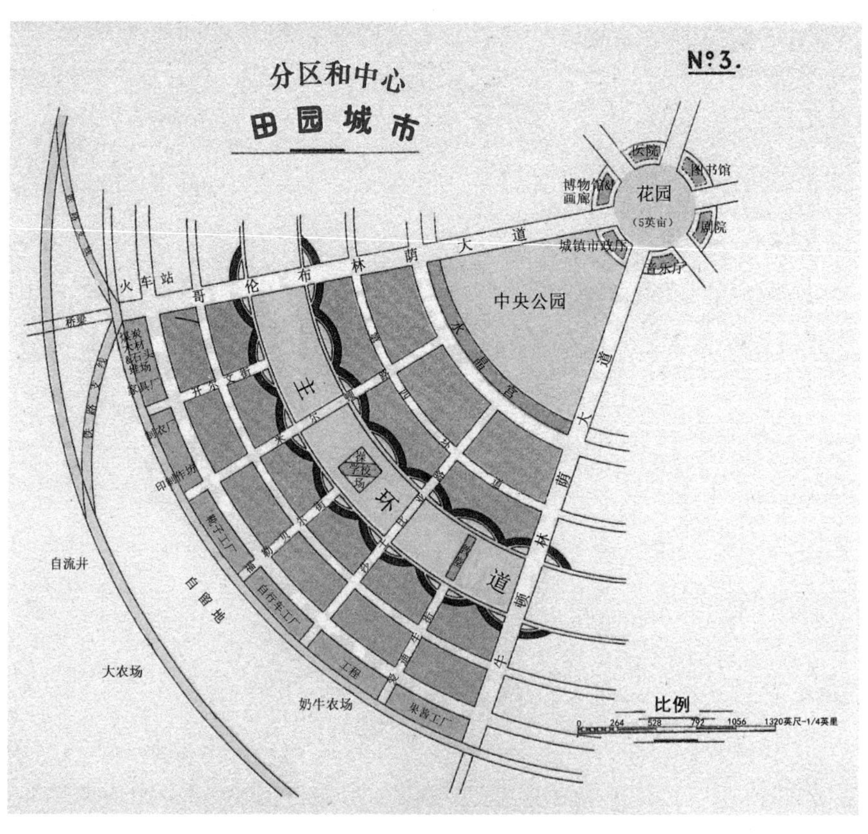

图 3　田园城市的分区和中心

彼得伯勒（Peterborough）的购物中心

霍华德的拱廊，或称水晶宫，显然是购物中心的前身，这种购物中心改变了欧美城市内外的零售模式。不过，欧洲和英国的城市，早就有了拱廊和室内购物的雏形。毫无疑问，霍华德还直接受到了水晶宫的影响。水晶宫是为 1851 年“世界博览会”而建的，后来又在伦敦南部的西德纳姆（Sydenham）重建，1936 年被一场大火烧毁；当时在维多利亚时代晚期的一些海滨城镇修建了许多冬季花园。2003 年初，英格兰北部城市设菲尔德（Sheffield）骄傲地显摆了它的新冬季花园和千禧画廊，这是一个长 70m、宽 22m、高 21m 37
的综合体，由建筑师普林格尔 · 理查兹 · 沙拉特（Pringle Richards Sharratt）设计，显然是一种无意识的致敬。

霍华德写下这些设想的时候，是在一项法案*废止的两年之后。当时私人汽车在英国街道上还是新奇的东西——原先的法案规定，一辆机动车必须得有一个人走在前面——尽管这样，他还是正确判断了城市交通优先的逻辑。即使是在 21 世纪的初期，宽阔的放射状林荫大道也会确保城镇没有严重的交通拥堵。

他把田园城市分成 6 个相等的部分或曰行政区。30 年后，美国社会学家科拉伦斯·佩里（Clarence Perry）重新发明了“邻里单位”这个概念，这种提法在第二次世界大战后成为英国规划实践中的一个术语。

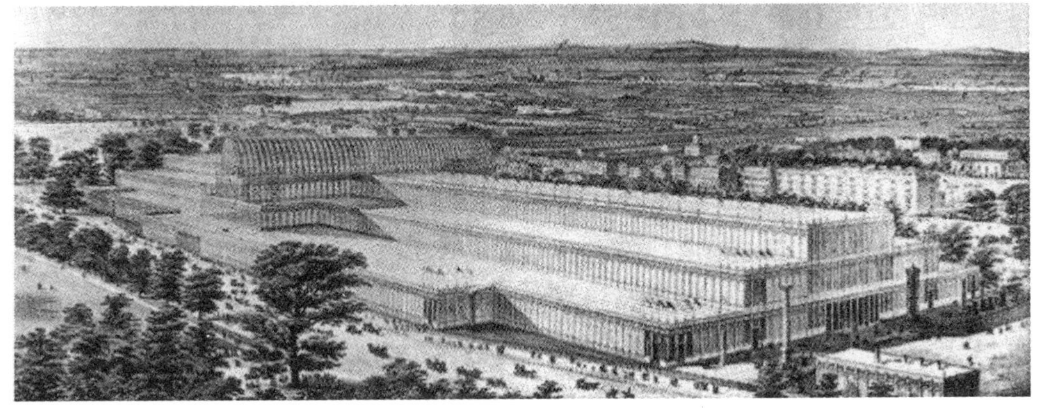

1851 年，水晶宫透视图，约瑟夫 · 帕克斯顿（Joseph Paxton）设计

* 1865 年英国议会通过《机动车法》（又称《红旗法案》），其中规定：每一辆在道路上行驶的机动车，必须由 3 个人驾驶，其中一个必须在车前面 50 米以外做引导，还要用红旗不断摇动为机动车开道，速度不能超过每小时 4 英里。1896 年，《红旗法案》废止。——译者注

力的特征，而圆弧形的布局让它跟城镇的每个居民更为贴近——距离它最远的居民也不超过 600 码。

36（15） 穿过水晶宫，向城镇外围继续行进。越过第五环道（Fifth Avenue）——它们和城镇里面的其他街道一样都是绿茵成行——站在水晶宫前，放眼望去，可以看到一圈一圈的房屋，建造精美，庭园宽敞；走近前去，可以看到这些房子，大部分都是建在同心圆的环形路上，朝向各种各样的环道（Avenues，环路的术语），或者朝向从城镇中心放射出来的林荫大道或道路。向陪同我们旅行的朋友打听，这个小城市的人口多少，得知大概 3 万人；这里大约有 5500 幅住宅地块，地块平均大小 20 英尺 ×130 英尺——最小的地块也有 16 英尺 ×125 英尺。留意一下这些房屋和组群展现出来的多姿多彩的设计与风貌——其中一些带常见的花园和合用的厨房——我们发现，道路边线和合理的退让控制是市政自治当局实施导控的关键，因为，尽管要严格执行适当的环境卫生事项，但也要鼓励和全面地衡量个人审美与偏好。

往城镇郊区继续走，我们来到“主环道”（Grand Avenue）。这条环道名副其实，
38左（16） 宽达 420 英尺[1]，形成了一条 3 英里长的绿化带，把位于中心公园外的城镇区域划分为两个部分。它形成了另外一个 115 英亩的公园——跟它相距最远的居民也只在 240 码以内。这条壮丽的环道上有 6 块场地，每块 4 英亩，一些是预留给公立学校、周围操场和花园的，另一些是预留给各不同宗派的教堂的，不同宗教感情的人可以来挑选场地，建设和维护经费则来源于他们各自城镇的基金。我们还注意到，这些朝向主环道的房子并没有顺着总图规划的同心圆布置（至少在一个分区里面——如图 3 所示），为了确保主环道临界线更长，这些房子是按照新月形布置的——这样做也是为了在视觉上使本以十分壮丽的主环道显得更加宽阔。

城镇外环坐落着工厂、仓库、牧场、集市、煤场、木材堆场等设施，它们都面朝环形的铁路布置，这些铁路环绕着整个城镇，而且有支线和穿过用地的铁路总线相连。这样的规划使得货物能够直接从仓库或工厂运到货车上，这样一来，它不仅减少了打
38右（17） 包费和运输费，而且把破损率降到最低；另外，由于减少了城市道路交通量，也明显降低了城市道路的维修费用。每一个仓库和工厂门口都有货站，这些铁路线路不仅用来运货，也用来载客。这个城市里的住户，距离铁路线都在 660 码之内。朝向铁路线的地块，进深为 150 英尺，都朝向一条路（第一条环道），宽度是 90 英尺。

城镇的所有污水和其他垃圾，可以用于当地的农业用地（参见图 2）——这些农

1 布鲁塞尔的米迪大道（Boulevard du Midi）只有 225 英尺宽。

虽然街道以及环道的编号让人想起纽约，不过这个规划形式上的环形系统，却更会让人联想到皮埃尔・朗方（Pierre L' Enfant）在华盛顿特区著名的设计规划，主环道（Grand Avenue）可能是对中央大道（Midway）的呼应，中央大道是芝加哥的一条宽阔大道，它标志着 1893 年哥伦比亚博览会（Columbian Exposition）的举办地 [博览会由建筑师兼规划师丹尼尔・伯纳姆（Daniel Burnham）设计]。这条宽阔的公园大道现在将芝加哥南侧的海德公园地区（Hyde Park district）分隔开来（Stern，1986，p309；Girouaud，1985，p317）。

不管怎样，这个设计思想跟美国景观设计师弗雷德里克・劳・奥姆斯特德（Frederick Law Olmsted）那时为纽约州的布鲁克林与马萨诸塞州的波士顿设计的林荫大道概念（parkway concept）有密切关系。这个理念在后来被借用到路易・德・苏瓦松（Louis de Soissons）的韦林田园城市方案中来，当景观精巧的宽敞林荫道在接近城镇中心时，精巧地演化为巨大的商场，而在巴里・帕克在曼彻斯特的威森肖（Wythenshawe）田园城市设计中，则把一个更大的尺度作为基本的建造元素（Creese，1966，p263—265）。

把工厂区布置在环形的铁路旁边，反映了一个事实：霍华德并没有预计到货运卡 39
车的影响，卡车这种东西在他写作时还没出现。但是，由于采用了绕城高速公路，这个规划遵循着一个行之有效的管理逻辑。在 1898 年，工作意味着在工厂里工作，霍华德详细地描写了这些工作：裁缝、制造自行车的工人、工程师、果酱制作匠人。它们是轻工业，因为——像霍华德自己强调的那样——这里引进的工业将是那些劳动力

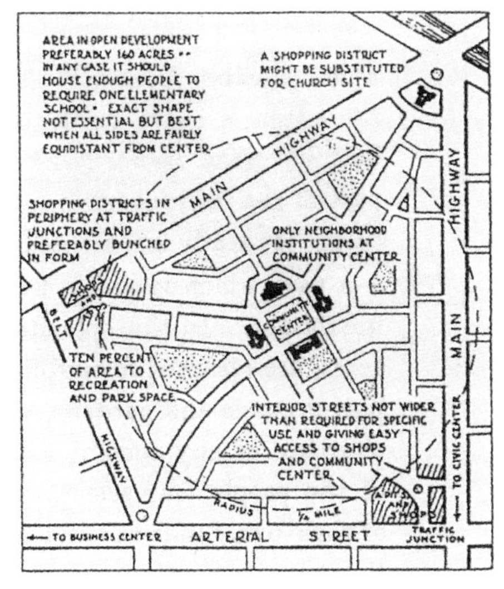

科拉伦斯・佩里（Clarence Perry）的邻里单位

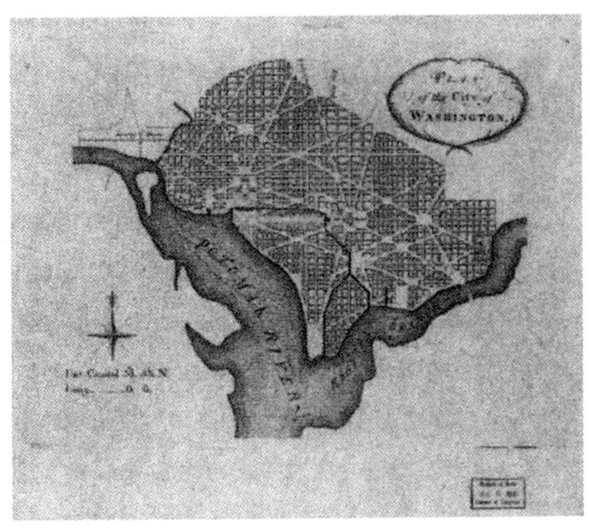

皮埃尔・朗方（Pierre-Chariles L' Enfant），1791 年的华盛顿城市规划

业用地分别属于大农场、小农庄、自留地、奶牛场等，不一而足。不同的农业经营方式自然竞争，由各农场主向市政自治机构提供最高租金的意愿来检验，并导出最佳的耕作体制，或者更有可能的是，导出适应各类需求的最佳“体制”。因此，不难想象，实践将证明，粮食适合大面积种植，最好让一个农业资本家或其他合作机构来统管；而蔬菜、瓜果、花卉的种植，往往需要更多人工照料，需要艺术以及创造力，最好是由个人来打理，或者由经营模式、栽培方式、人为环境和自然环境的功效与价值认知一致的小团队来打理。

这种规划，如果非要对它下一个定义的话，不妨称之为规划的留白，它既可以避免经营上停滞倒闭的风险，而且尽管鼓励个人创新，也容得下最大程度的合作。这种竞争导致的租金增长，是公共财富或市政自治机构的财产，其中绝大部分将用于长远
40左（18）的改善事宜上，用于排水系统和其他市政工程等需要大量资金的事宜上。

随着城镇的百业振兴，每个片区各有一处商店和仓库，为农业用地上的务工人员提供最自然的市场，无须支付任何铁路运输费用和其他费用，便可以充分满足城镇居民对农产品的需求；当然，也并不会把这个城镇划定为农民和其他业者的唯一市场，他们尽可以把劳动成果分享给每一个人。显而易见，这个实验有一个共通的特点，城镇不是一个约束权利的地方，而是可以提供更多选择的场所。

自由的基本准则，对于工厂主及其他来城镇创业的人都是利好。他们按照自己的方式管理自己的事务，当然，他们也需遵守本地的法令，并按照规定为工人们提供足够的空间、良好的卫生条件，甚至供水、照明、电话。如果足够有效和诚实，市政自治机构无疑是这些服务最好的供应方——但不应以僵化和垄断的形式介入；如果某些私人企业和个人，有能力为整个城镇或某个片区提供更优质的服务，或能更有益的合作，
40右（19）也是可以参与的。真正“投入操作使用”的健全系统，并不是人们“设想”中的那样，而是需要借助于更多的人为外力的支持才行。市政自治机构和公司行动的范围注定要进一步扩大，但如果这样，应是因为人们对这种行为有信心，而且这信心将通过其自由的延伸得以最好的体现。

这块用地周边，各色慈善机构星罗棋布。这些慈善机构并不掌控在市政自治机构手里，而是由一些具有公众意识的人来管理及运营的，他们应市政自治机构之邀，设在开敞、健康的地段，仅需象征性地付点土地租金。当局者们相信这样的慷慨大方会更有回报。此外，由于那些移居到这些用地上的人是社会上最有干劲、最足智多谋的成员，所以，对于一个有助于全人类的设计实践，他们那些无助的同胞也理应享受，这才是公平和正确的。

质量摆在首位的行业。霍华德相信，这些实业家将乐于追随伯恩维尔区的卡德伯里（Cadbury at Bournville）和阳光港的利华（Lever at Port Sunlight）等先锋企业已经树立的榜样；他们将会看到在清洁无霾环境下工作的好处，在那里，他们的工人将比在大城市更健康，离工作地点更近。

霍华德把田园城市的污水重新用到土壤里面的想法，预示着现代环保原则的到来。但即便在当时，这也不是什么新鲜事：埃德温·查德威克（Edwin Chadwick）早在 1842 年就提出了在伦敦修建下水道的想法，并在 19 世纪 60 年代被大都市工程市政局（Metropolitan Board of Works）采纳，但从未被实施（Hall，1998，p688，694）。

真是巧妙，霍华德苦口婆心地让我们在这个理想化的问题上团结一致，而不要分裂； 41
把社会商品是应由个人还是公共供给的问题留给我们讨论，他认为任何需要商品和服务的社区，都应为那些能够最好服务于社会的竞标者提供方便。神奇的是，他在公用事业供给上提出的公开竞选的方案，很准确地预测了 20 世纪初英国的现实。

霍华德倡议的慈善机构方案在图 2 和图 8 中提供了具体的例子：农业技术学校、康复医院、盲人与聋哑人服务中心、为癫痫病人准备的农场、工厂、学校，以及为孩子们准备的农舍。这些机构设施建造在伦敦以及其他城市外围开敞的土地上。有趣的是，他把这些都看作是由慈善举动所带来的，即使在那之后有一些是当地学校董事会的职责；而且，随着田园城市的租金日益增长，其中的很多机构显然都将成为当地民政福利部门的功能。或许，这一点，霍华德还没完全想清楚。

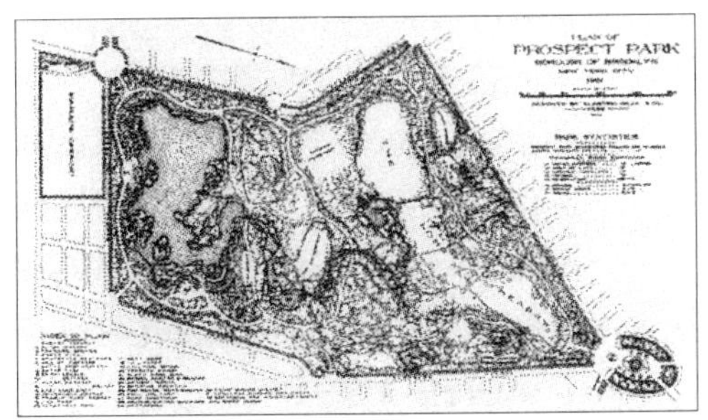

奥姆斯特德（Frederick Law Olmsted）1901 年为（纽约）布鲁克林展望公园（Prospect Park）所作的规划（左）

位于萨里郡埃普索姆城霍顿的朗格罗夫医院（Long Grove Hospital at Horton, Epsom, Surrey）是欧洲最大的 LCC 活体医院的一部分。1992 年关闭，场地上现在是一片住宅区（右）

42左（20）

第 2 章 田园城市的收入及其来源——农业用地

“我的目标是提出一个社区理论大纲，这种社区是以科学知识为指导，以践行自由的意志为条件来维持的，将拥有最完善的卫生设施，如果不能真正实现，那么尽可能做到最低死亡率与最高寿命并存。”

——理查森博士（Dr. B. W. Richardson），《海吉亚——健康之城》（Hygeia；or，a city of Health）

“而当灌溉和取水双重功能管线系统完成后，再配上一套新的社会经济体系，那么地里的产物就可以增长 10 倍，穷困问题将大大舒缓。加上又消灭了各种寄生虫，问题将会得到解决。”

——维克多·雨果（Victor Hugo），《悲惨世界》（Les Misérables）第二卷，第一章 *

在田园城市与其他城市的所有差异中，最主要的差异之一就是它增加财政收入的方式。它的所有收入都来自各类租金；本书的目的之一就是为了向读者表明，不动产的租赁者是多种多样的，若可以从这些租赁者那里合情合理地收取租金，并缴入田园城市的金库，将会绰绰有余地用于下列事宜：（a）支付购置不动产资金的利息；（b）为还清本金而准备的偿债基金（sinking-fund）；（c）建造和维修一些市政基础设施工程，如果这些基础设施完全交由市政自治当局或者其他地方部门实施的话，民众就会因此被强制征
42右（21） 收相当多的地方税，以及（d）（在偿清贷款债务之后）可以为其他目的提供一笔数量可观的盈余，譬如用于养老金，或者用于意外保险和医疗保险。

* 引自《悲惨世界》，第五部，第二卷，第一章。这段话之前的文字：“一种双管设备，设有活门和放水闸门，引水进来又排泄出去。一个极简单的排水法，简单得就像人的肺，在英国好几个地区已大量采用，已把田野的清流引进城市并把城市的肥水输入田野。这种世上最简单的一来一去，可以保住扔掉的 5 亿法郎，然而人们想的是别的事。”——译者注

农业用地

霍华德引用的理查森（Richardson）的小册子《海吉亚——健康之城》（Hygeia，a City of Health，1876 年），是他形成田园城市思想时的一个参照模型。皇家学会会员本杰明·W·理查森（Benjamin W. Richardson FRS，1828—1896 年），诗人、戏剧家和小说家，并为医学作出了巨大贡献。他所关注的不是城市规划的艺术性，而是关注能为人们带来健康以及生活品质的城市服务。他提出新城的设想是：10 万人生活在 2 万栋房屋里，新城的面积为 4000 英亩，城区平均密度为每英亩 25 人（每公顷 60 人）。理查森谈到，对于所占据的空间，这个人口可能相当多了，但是，因为密度的作用，当它到达某一特定的极端等级时，比如利物浦和格拉斯哥，这个估计可能就很冒险（Richardson，1876，p18—19）。

耐人寻味的是，紧挨着霍华德引用《悲惨世界》（Les Misérables，1862 年）这段话之前的几句话：

> “这就产生两个结果：土壤贫瘠，河流被污染。……例如，尽人皆知，现在泰晤士河使伦敦中毒。”

霍华德本人在其《明日》1898 年版本第 25—26 页解决了污水处理的问题。但是，在这儿霍华德引入了田园城市的核心思想：实际上，土地的价值由城市自身创造。

与土地使用收费相比，或许更需关注城乡的土地价差。在伦敦特定的地区，土地租金均价高达每英亩 3 万英镑；而对于农用地，每英亩 4 英镑就已经够高了。这种巨大的租金价差很大程度上是由人口分布的疏密所决定的，因此，很难受个人控制，这就是所谓的“自然增值”(unearned increment)，亦即不能归因于土地所有者的增值，更准确的术语是“集体自然增值”(collectively-earned increment)。

因此，人口达到一定的数量就会让土地的价值大幅增加，很显然，任何相当规模的人口迁移至任何特定地区，都必然使人群最后落脚的定居地土地价值相应升高；同样显而易见的是，只要加以适当的预估和事先安排，土地价值的每一次增益都可以变
44右（22）成这些新移民的财产。

这种适当的预估和事先安排，过去不曾有效应用，却会活生生地在田园城市的案例中上演；如我们所见，田园城市的土地，通过信托的方式授权予人，在偿还债券持

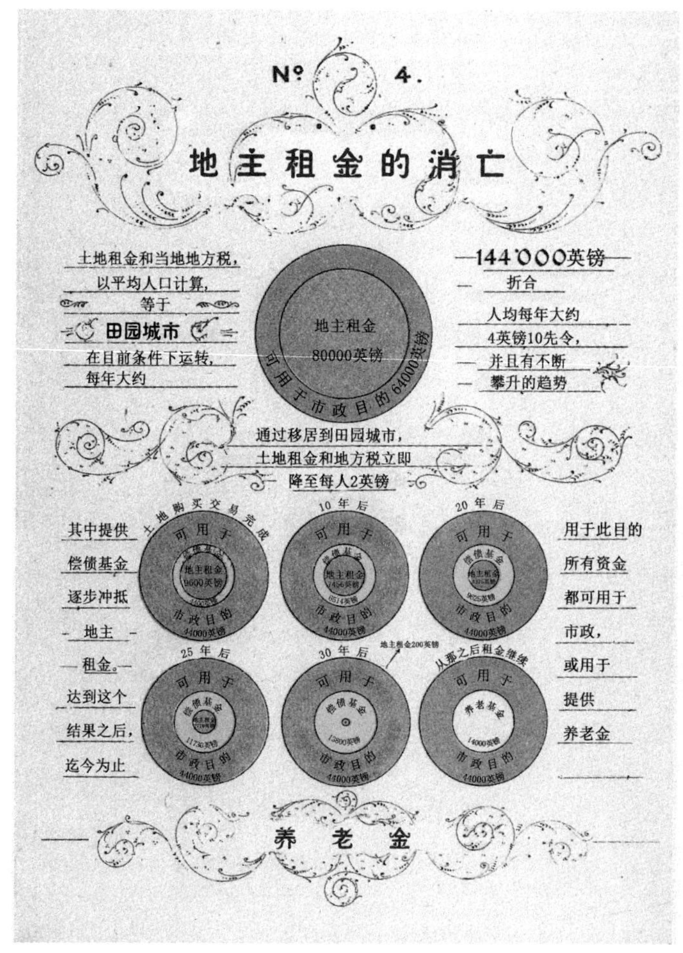

图 4　地主租金的消亡

从本质上讲，这座要兴建的城市离伦敦（或任何一座大城市）很远，足以确保 45
土地是以纯农业价格买入的，而当时由于农业萧条，土地的价格非常低（这可能要求交易是秘密进行的，就像在莱奇沃思所发生的那样——或是每次少量、分批买入，这样的交易不容易被人察觉，就像 20 世纪 60 年代末在美国马里兰州的哥伦比亚新城镇一样）。随着城镇的不断发展，城镇会产生城市土地价值，在偿还了最初对于购置土地以及建造城市的债款之后，土地的这种价值会重新回到社区。正如在评注者导言中所解释的一样，霍华德从 18 世纪晚期作家托马斯·斯彭斯（Thomas Spence）的思想中得出了这个想法（参见本书第 137 页）（Beevers，1988，p21—25）。

霍华德认为，对于他而言这本书中最重要的内容是：稳步增长的土地价值如果对促成这种增长的居民有利，由此产生的收入将足以支付当地的社会福利，进而建立起当地的福利部门。这些精髓被展示在图 4 “地主租金的消亡” 中。可惜在第二版及后续版本中，此图都被略去。它与 “地主租金” 的金额形成差异，通过田园城市中的这种程序，租金通过上升的地价逐渐偿还；“达到这个结果之后，迄今为止用于这一目的的所有资金都可用于市政，或用于提供养老金。” 霍华德写作的时候，虽然费边社正在通过市政设施用地以及市政福利条款鼓吹 “煤气和供水社会主义”（Gas and water socialism），但在养老金方面，还差距甚远。

比阿特丽斯·韦伯和西德尼·韦伯（Beatrice and Sidney Webb）夫妇。1884 年他们与 G·B·萧伯纳和 H·G·威尔斯（H. G. Wells）共同创立了费边社。这张照片拍摄于 1940 年左右，摄影师不详

有人之后，对整个社区而言，逐渐上涨的全部增值就成为这个市政自治机构的财富；
44左（22）借此，虽然租金有可能上涨，甚至大幅度上涨，但这种土地价值的增益不会落入私人腰包，而会用于减轻地方税。正是这样的安排，将会给田园城市带来巨大的磁力。

在最初购买田园城市的用地时，每亩地 40 英镑，总计 24 万英镑。假定这个买入资金相当于 30 年的租金，以此为依据，则先前的承租人每年所支付的租金是 8000 英镑。因此，假设在购买这块地时，当地有 1000 个人，则每一个人，无论男女老少，每年平均要为此承担 8 英镑。但是，当田园城市落成时，包含农业用地在内的人口是 3.2 万人，他们每年以利息的方式支付的地产费为 9600 英镑。因此，在试验开始的时候，1000 个人从他们集体收入中每年拿出 8000 英镑，即每人 8 英镑；当城镇建成的时候，3.2 万人从他们的集体收入中每年拿出 9600 英镑，即平均每人 6 先令。

严格来说，这笔每人每年 6 先令的费用就是全部租金，这是田园城市的居民要永久支付的；由于这是他们“对外支付”的全部租金，因而，他们支付的任何其他费用都是对当地的地方税的一份贡献。

现在我们来假设，每个居民，除了每年支付的 6 先令，每年还要平均支付 1 英镑
46（23）14 先令，总共 2 英镑。在这个情况下，有两件事值得注意。第一，每人要付土地租金以及地方税，只需买地前每人支付土地租金的 1/4；第二，偿还债券利息之后，管理委员会每年收益 54400 英镑，如前所示，在提取偿债基金 4400 英镑之后，支付通常满足地方税务所需的各项投资、费用和开销。

在英格兰以及威尔士，每个男人、女人和儿童每年交付用于地方需求的年金为 2 英镑[1]；交付的土地租金，最保守估计，2 英镑 10 先令。[2] 因此，每人每年平均所交的土地租金和地方税大约是 4 英镑 10 先令。因此，可以有把握地假定，田园城市居民愿意支付用于偿还土地租金和地方税的钱为 2 英镑；但为了使情况更加明了以及可靠，
48左（24）我们将用另一种方式去试探田园城市承租人每年支付 2 英镑的土地租金和地方税的意愿。

为此，我们首先来看农业用地，城市用地再单论。显然，租金确实比城镇建成之前高多了。现在，每位农民都拥有一个家门口的市场。这里，有 3 万城市居民需要被

1　1893—1894 财年期间，除去贷款资金，地方当局的总收入为 58377680 英镑（地方政府委员会在 1895—1896 年之间所上报资金）。1891 年，英格兰和威尔士总人口为 29002252 人。

2　在这一点上，很难得出任何令人满意的数字，但毫无疑问，土地租金通常大大超过利率，特别是在商业地段。不过，除此之外，由于港口航道公司、铁路公司，或者市政及其他公共机构等购买土地，土地所有者有大量土地款入账；这类股票和债券的利息分红，一分一厘都不会是地主租金的变相形式。后来，我在下院议员 S·史密斯先生的一篇文章里读到［载于《当代》（contemporary），1883 年 12 月］，租金从 1814 年的 4900 万镑涨到了 1883 年的 6900 万英镑，“文中明确地打消了土地租金夸张上涨的念头。”

但正如我们所注意到的，当在二战后这些新城最终设计完成时，政府选择的发展
模式是通过由财政部直接资助上市公司，这些公司既获得了利润，也承担了债务。正 47
如我们当中有人所评论的，“因此，具有讽刺意味的是，他们一揽子解决了如何资助新
城镇的长期问题，但也摧毁了霍华德规划的精华，即资助创建自治的地方福利州郡。……
自上而下的规划战胜了自下而上的规划；英国徒有霍华德田园城市愿景的躯壳却无其
实质。”（Hall，2002，p139）

19 世纪晚期的丰收景象。从他们的衣着来看，这些农场工人好像来自苏格兰

供养。当然，城镇人口可以从世界各地自由地获取食物供给，而且，毫无疑问，这些产品中大部分仍由国外供应。这些农夫难以提供茶叶、咖啡、调味品、热带水果或是白糖[1]，且与美国、俄罗斯在小麦和面粉供给的竞争上将一如既往的激烈。但这个竞争也非毫无希望。仍有一线曙光照在本地小麦生产者失望的心上，因为当美国人需要交付登船前的铁路费用、跨越大西洋的航运费用以及分发货物时的铁路运输费用，田园城市的农夫却拥有一个家门口的市场，一个用自己的租金协助建立的市场。

除此,可以想想蔬菜和水果。除去临近城镇的那些,农民们通常都不种植蔬菜水果了。为什么会这样？主要是因为市场困难且不稳定，高昂的运费以及服务佣金。引用下院议员法夸尔森博士（Dr Farquharson）的话，“当他们尝试去处理这些事情的时候，却发现
48右（25）自己在一张由垄断集团、中间人、以及投机者编织的罗网上无望地挣扎，以至于他们中半数以上的人，因为失望而倾向于放弃尝试，然后转而经营公开市场上价格公道的产品。”对牛奶做一个精细的计算可能会很有意思。假设,城里的人每天喝 1/3 品脱的牛奶，3 万人一天所喝的牛奶为 1250 加仑，假设运输 1 加仑牛奶需要的铁路运输费用为 1 便士[2]，那么仅牛奶这一项每年的铁路运输费就可以节约 1900 英镑。这 1900 英镑，将回馈给消费者，回馈给牧场的农夫，还有一部分一般以租金上涨的方式回馈社区。生产与消费紧密结合，各方面都将有所节约，能节省的经费还将数倍于 1900 英镑的铁路运输费。换句话说，城乡结合不仅健康，而且经济，这一特点越发展越明显。

但是，田园城市的地租还将上涨，可是农户们乐于支付还有一层原因。无须高昂的铁路运费或其他费用，城镇垃圾就可以回归大地，并增强土壤的肥力。

50左（26）污水排放本来就是一个难题，但当下的人工和窘境进一步增加了它的难度，因此本杰明·贝克爵士（Sir Benjamin Baker）在他与亚历山大·宾尼先生（Mr. Alexander Binnie，现在已经是爵士了）给伦敦议会的联合报告中写道：“在着手考虑大都会整个污水处理的巨大问题以及泰晤士河的状况时，作为一个实际问题……我们马上认知到其现状：主排水系统的面貌已经不能改变，各条干管的现状也必须接受，不管它是否如我们所愿。”但在田园城市，只要工程师的技艺精湛，他将没那么多的麻烦。在那里，他将在一张白纸上进行创作，整块地都是市政自治机构的财产，他可以挥洒自如，也必将大大提高农业用地的生产力。

1　温室，加上动力便宜的电灯，甚至有可能生产这些东西。

2　“由于奈杰尔·金斯科特爵士（Sir Nigel Kingscote），大西部运输局决定帮助农民，以最低廉的地方税去运输牛奶到伦敦。在 3 月以后，将有可能以 100 英里每加仑 1 便士的价格去运输牛奶。但就如同奈杰尔·金斯科特爵士所指出的一样，没有哪个铁路税费可以在这方面做如此多的让步。如果农民想要获取到更好的价格，中间人的利益必将缩减。现在公司每加仑获利 1 便士，农民获利 6 便士，而零售商通过售卖获利 1 先令 4 便士至 1 先令 8 便士。”——1896 年 1 月 31 日，《回声》（Echo）

因为通过将农业用地以及小农场围绕城市，为城市提供食品需求的规划，对于 49
霍华德的田园城市思想来说非常重要，所以强调一下由彼得·克鲁泡特金所收集的证据是有用的。这些证据发表在《19 世纪月刊》（1888—1890 年）一系列带注解的论文里面，于 1899 年汇编成《田野、工厂与工作坊》一书出版，比霍华德的书晚一年出版。克鲁泡特金留意到当时英国农耕的萧条，为城市和乡村的融合大声疾呼，说道：

> “每种需要人类耕种的作物，它的耕地都在减少；从 1861 年开始，有一半以上的农村劳动力都在城市。尽管人口激增，大不列颠的土地却劳力奇缺……英国没有在土地上下功夫，使她反受其害；而且经济学家们抱怨道：英国的土壤不大能滋养它的子民。”（Kropotkin，1985，p90）

事实上，面对海外廉价小麦和肉类的大量涌入，农民们的反应是把精力集中在他们拥有某种自然保护的作物上，包括生产鲜奶的乳制品业和市场化的园艺农场。但后者往往只出现在范围相对较小的优质土地上，而英格兰低地的大部分地区——尤其是伦敦周围地区——以前种植玉米的乡村开始种草，变成了一种不太需要人力的耕作方式。例如，在埃塞克斯（Essex），苏格兰奶农向南迁移，接管了废弃的可耕地。从彼得·霍尔汇编的《1894—1896 年关于农业萧条，皇家委员会的地方报告》（local reports of the Royal Commission on Agricultural Depression in 1894—1896）中，可以看到每个县的证据（Hall，1974）。

这里，霍华德提到了前大都会工程委员会（Metropolitan Board of Works）没能设计 51
出的一种可行的方案——将伦敦的污水灌溉至土壤中。他认为，在田园城市，这将容易得多，因为该方案可以“从头开始”全面规划。在这一点上，尽管已经取得了很大的进展，特别是快速增长的德国化学工业，人工肥料的使用还处于起步阶段。

霍华德的观点——本地农民拥有本地市场的优先权，从而促进当地以更合理的生产方案来满足当地的需求——由 20 世纪 20 年代美国区域规划协会（Regional Planning Association of America）的成员发扬光大，这个协会的创建，旨在把霍华德的理论在大西洋彼岸付诸实践。重点参见该组织成员、经济学家斯图尔特·蔡斯（Stuart Chase）的一篇题为《纽卡斯尔的煤炭》（Coals to Newcastle）的文章（Chase，

自留地数量将大为增加，特别是图 2 中那些位置优越的自留地，租金的总额也将随之增长。[1]

还有其他原因，可以解释为什么田园城市土地上的农民愿意为他的农田、工人愿意为他的自留地，支付递增的租金。

50右（27）田园城市的农业用地之所以会增产，除了有设计良好的污水处理系统、可观的新市场，到遥远市场的运输非常便捷，还因为这块土地的租地制度鼓励最大程度的深耕细作。这是一个公正的租地制度。地产上的那些农业用地公平出租，前提是原承租人愿意支付同其他有租地意愿的人相等的租金，就有权利续租，哪怕少 10%，也要倾向于已承租人。此外，新承租人也必须向原承租人赔付所有修缮改进等未尽事宜的费用。城镇福利条件的整体增长，会带来土地价值的自然增值；在这个制度下，虽然承租人不可能在土地自然增值中获得任何非分的份额，可是他和所有租得土地的承租人一样，依然比任何新承租人有优先权；他也知道，自己并没有失去从前的奋斗成果，虽然那些成果尚未收获，但它们的价值已转嫁到土地上。当然，毫无疑问，这样的租地制度，本身就会立即促进承租人奋发图强，提高土地的生产力和承租人愿意支付的租金。

如果我们考虑一下田园城市承租人所付租金的“实质”（nature），就会知道这种租金的增加会日益明显。他所付的部分租金，要么跟筹款买地的债券的利息有关，要么跟偿还债券有关，因此，除非这种债券是由当地居民持有，否则很容易从社区流失；
52左（28）但余下的全部租金款项都将用于当地消费；而且，农民与管理这笔资金的任何成年人，都享有同等的一份。因此，为了清晰起见，以免后期使用中的含混，术语“租金”（rent），在田园城市里有特定的含义。代表债券利息的这部分，称作“地主租金”（landlord's rent）为宜；代表购买资金的支出称作“偿债基金”（sinking fund）；用于公共目的的资金应称作“地方税”（rates）；而总资金数则应称作“税金地租”（rate-rent）。

图 4，我称之为“地主租金的消亡”的这幅图，希望能使这个观点完美呈现。它将说明目前由一个普通人所承担财政负担的性质与范围（参见霍华德原著第 22 页），以及它的特征演变；并解释税负的范畴如何逐渐扩大。

鉴于上述考虑，承租人愿意交给田园城市金库的“税金地租”，自然会比他们愿意交给土地所有者个人的租金高很多。土地所有者除了会在农民把土地拾掇得更值钱后增收农民地租之外，还会让他们转而承担更多的地方税赋。简而言之，这个方案包含

1 “为了满足农业劳动阶级的合法要求，例如对现有的 50 万幅的自留地来说，应当立即增加另外 100 万幅自留地。一个详细的长期调查使我相信，在这块土地上，工人支付的租金，平均来说，是佃农为类似性质土地支付租金的两到三倍。”——1895 年 9 月 18 日，牧师弗罗姆·威尔金森（Rev. Frome Wilkinson），《每日纪事报》（Daily Chronicle）

1925)。问题总是在于，食品的长途运输已经变得如此便宜，以至于当地生产商在与那些拥有地形或气候等优越自然特征的遥远竞争对手的较量中，几乎没有任何优势。

本杰明·贝克爵士（Sir Benjamin Baker，1840—1907 年）是第四铁路大桥（the Forth Rail Bridge，1890 年）的主设计师。他的其他设计还包括伦敦的一部分地铁，从埃及运输并在泰晤士河畔安装的埃及艳后克丽欧佩特拉方尖碑（Cleopatra's Needle by the Thames），阿斯旺水坝（Aswan Dam，埃及，1902 年）和第一条哈德逊河隧道（the first Hudson River Tunnel，美国）等。

亚历山大·宾尼（Sir Alexander Binnie，1839—1917 年）设计了泰晤士河底下的格林尼治人行隧道（Greenwich pedestrian tunnel under the Thames，1902 年），以及横跨泰晤士河两岸的沃克斯豪尔大桥（Vauxhall Bridge over the Thames，1905 年）。在霍华德写作《明日》一书时，他是伦敦郡议会（London County Council）的首席工程师。

这里，霍华德通过仔细区分田园城市租金的 3 个重要元素，说明了图 4 的重要 53
性。他的术语“税金地租”（rate-rent），跟传统地区、传统观念上的“地租”是不同的，因为它由 3 个不同的要素组成。第一，“地主租金”（landlord's rent），实际上是田

本杰明·贝克爵士
（Sir Benjamin Baker）

一个污水处理系统，可以通过质地与形态的转变而让污水回到田间，这些农作物的生长，靠的是自己的天然养料，而在别的地方就需要施用让普通农户望而却步、价格高昂的肥料。方案还包含一个税金地租系统，依靠这个系统，农民的辛苦所得从此不必再交给土地所有者，而会返还到他羞涩的财囊中。但实际操作上不是以当初他们失去时的
52右（29）形式，而是以各种有用的形式，例如道路、学校、市场等，在物质上会使农民受益的形式来返还。但在现今条件下，虽然间接助益其工作，由于负担沉重，农民很难认识到其内在的必要性，甚至怀疑、厌恶它们。但可以确信，一旦农夫和农场如果能置身于如此身心愉悦、自然健康的环境中，欢乐的土地和信心十足的农夫，将乐于回报他们的新环境——土地将因其滋养的每一叶青草而越来越肥沃，农户将因他支付的每一便士“税金地租”而越来越富有。

现在，我们可以看到，由农民、小承租人、自留地持有者所乐意支付的税金地租将远远高于原来所支付的“租金”——（1）因为新城镇人口的出现，需要更新更有利可图的农产品，所以铁路运输费用可以在很大程度上节省下来；（2）因此，土壤中的各种天然元素将回归土地；（3）因为土地在公正、平等和自然的条件下被持有；（4）由于现在支付的租金是“税金加地租”（rate and rent），而以前支付的租金则是由承租人支付地方税。

但可以肯定，“税金地租”要比先前承租者需要支付的纯“地租”大幅增加，那么预估“税金地租”究竟有多少就会变得非常重要。也许我们会大大低估“税金地租”
54左（30）的数量，因此，不妨保守一点。那么，考虑到各种的因素，预计田园城市的农业人口愿意缴纳的地方税和租金为 50%，比起他们以前单纯要缴纳的租金还要多，我们可以得出以下结论：——

农业用地总收入估计

5000 英亩土地的承租者原来要缴纳的租金大约为	6500 英镑
加上 50% 的地方税和偿债基金	3250 英镑
农业用地的总“税金地租”	9750 英镑

我们将在下一章中，用最合理的计算来估计从城市用地上得到的收入，然后着手考虑税金地租总量是否满足城镇市政自治的需要。

园城市用于购地以及建造城市借贷款的利息。第二，“偿债基金”（sinking-fund），是本金的另一种替换形式。第三，“地方税”（rates）的征收，用于维系市政自治服务，和任何一个传统意义上的地方当局是一样的。这张图的重点是前两项资金的份额比例减少到零。但是，“地主租金”依然保持不变，实际上，它的全部用途是提供市政自治服务的——农民会很乐意支付该项费用，因为他们意识到，作为回报，他们会享受到好处。

莱奇沃思的农业用地。霍华德对合作农业的希望没有实现，大多数实验都是昙花一现

54右（31）

第3章　田园城市的收入——城镇用地

“无论伦敦的贫民住宅怎样改革，伦敦依然缺少足够的新鲜空气和开放空间，来满足人们健康休闲的需要。伦敦的过分拥挤还要进一步治理……从长远来看，分批把伦敦民众迁往乡村是经济合理的；这对迁出的人和留下的人都有好处……15万以上的服装制造业工人绝大多数收入极低，而且违反一切经济常规，在土地租金很高的地方工作。”

——马歇尔教授（Professor Marshall），“伦敦贫民的住房”（The Housing of the London Poor），《当代评论》（Contemporary Review），1884年

在上一章，我们讨论了农业土地的总收入，有望达到9750英镑，现在，我们转向了解城镇土地。显然，农业土地转变为城镇土地的过程必然会伴随着地价的大幅上涨，尽量按照市场情形粗略估算一下——由城镇佃户所提供“税金地租”的数量。

城镇用地，先前我们讨论过，正好1000英亩地，假定花费4万英镑购得，年利息按4%计算，每年1600英镑。这个1600英镑，也就是城镇居民所需支付的全部“地主租金”
56左（32）（landlord's rent），可能是额外的“税金地租”（rate-rent），它们既可以作为“偿债基金”（sinking-fund）的购买资金，也可以作为“地方税”（rates），用于道路、学校、自来水、排污工程以及其他市政工程建设和维修。因此，有趣的是，看看人均负担多少“地主租金”，以及社区通过这种缴款可以获得什么保障。现在，以1600英镑的总数计作年利息或者地主租金，除以30000（这座城镇的预计人口数），得到的是，无论男女老少，每个人所需分担的年平均数，不到1先令1便士。这就是拟征收的全部地主租金，其他的税款将被用于偿债资金或其他当地需求。

现在让我们一起来看看，这个社区将从这笔微不足道的资金中得到什么。首先，它用每人每年1先令1便士的钱，得到了宽敞的住宅用地，正如我们所看到的，平均为20英尺×130英尺的面积，平均每块区域容纳5.5个人。它为道路的建设提供了充裕的空间，其中一些空间是真正意义上的宽敞，阳光和空气灵动充盈，这里绿树成荫、绿草

城镇用地 55

在霍华德引用的理论来源中，引自马歇尔教授（Alfred Marshall，1842—1944年）的最多；最起码在半个世纪里面，马歇尔所著的《经济学原理》（Principles of Economics）都是英国学生的范本。1884年的一篇论文中，他说到，“不管是否刻意为之，委员会的总体规划是为了在远离伦敦雾霾圈之外建构一块聚居区。看到他们在那里购买或者建造合适房屋的情形之后，他们会和那些低工资劳工的雇主作交流。”（Marshall，1884，p229）马歇尔在《经济学原理》一书中引用了这篇文章（Marshall，1920，p167），并在该书中深化了霍华德的观点，但并没有在1920年的修订本中提及（同上，p367）。

这里，如同前面的章节，霍华德不停地劝说我们，只要土地价值的积累是归属 57
于社区的，各种商业公司以及工业企业将会切实可行。实际上，第二次世界大战后，这个准则运用在了新城镇开发公司里面：城市中心商务区商店以及办公所收取的租

阿尔弗雷德·马歇尔教授，正准备着手修改《经济学原理》，蒂罗尔，1901年

如茵，呈现出乡村的气息。其次，它也为市政大厅、公共图书馆、音乐厅、医院、学校、教堂、室内泳池以及公共市场提供了充足的土地。还有，它确保了一处 145 英亩的中心花园，以及 420 英尺宽的主环道（magnificent avenue），长度超过 3 英里，绵延成环；因为购置地皮花费不多，宽敞的林荫大道（boulevard）、学校、教堂环绕主环道，它们
56右（33）必定美不胜收。此外，它还确保了建设环绕整个城镇 4.25 英里长的铁路所需的土地；建造仓库、工厂、市场以及水晶宫所需的 82 英亩土地。水晶宫可以用作购物场所，还可以作为冬宫使用。因此，所有建设用地的租约中，承租人不需支付其他地方税、国家税及其他租约中的常见税款。相反，却有条款要求土地所有者将全部所得用于：其一，支付债券利息；其二，逐步偿清债款；其三，余额全部投入公共基金，用于公共目的。这些就是由城市公共当局征收地方税不同于自治市政当局征收地方税的地方。

现在，我们来估算一下我们城镇土地的预期“税金地租”。

首先，我们来看住宅用地。每块用地都区位绝佳，但是正对主环道（420 英尺）和恢宏的林荫大街（120 英尺）的，可能租金最贵。这里，我们只能研讨平均价格，但我们认为，任何人都会承认，临街住宅的平均“税金地租”6 先令 1 英尺不算贵。“这样一来，平均每幅 20 英尺宽的建筑用地的税金地租为每年 6 英镑，以此为依据，5500 幅建筑用地产生的总收入将为 33000 英镑。”

来自工厂、仓库、市场等区域的“税金地租”难以依据临街的尺寸来估算。但是，
58左（34）可以保守估计，平均每位雇主愿意支付每位雇员 2 英镑。这当然并不意味“税金地租”将以人头税征收；而是如前所述，通过租户之间的竞争水涨船高。但这种“税金地租”的预估方式，将会提供一种现成手段，据此，工厂主、雇主、合作社或是其他的个体劳动者可以比照各自的状况，决定他们是否可能减轻赋税。然而必须牢记，我们是在处理平均值，或许对大雇主而言这个费用高昂；对小店主而言，有点低得可笑。

现在，在一个 3 万人口的城镇里，16 岁到 65 岁的人口大约有 2 万；如果假定 10625 人将会受雇于工厂、商店、仓库、市场等地方，凡是用到一幅土地，只要不是住房建设的土地，而且是从市政自治机构那里租赁而来的土地，那么这个来源的收入为 21250 英镑。

因此，全部用地的总收入是：

来自农业用地的税金地租（详见霍华德原著第 30 页）	9750 英镑
5500 幅住宅用地的税金地租，每幅 6 英镑	33000 英镑
经营用地的税金地租（10625 人，人均 2 英镑）	21250 英镑
合计	64000 英镑

金是城镇资产上涨的重要组成部分，并且可以用来交叉补贴给其他值得补助的机构。不过，所有像这样的计算都非常容易受宏观经济假设的影响，特别是对于通货膨胀。霍华德写作本书，是在特别稳定的维多利亚晚期，这个时期的利息率一直比较稳定，在 3/4 个世纪里一直保持在低值。至于在不稳定时期，可能会发生什么，详见本书第 59 页的评论。

米尔顿凯恩斯（Milton Keynes）市中心商业区，从中央车站拍摄

第二次世界大战后的 10 年里， 59
英国新镇的实际经历对霍华德的观点是持否定态度的。“邻里单位”的合理规划理念，要求在每个地方都有一些基本的“街角商店”。仅仅靠它们的营业额，店主不足以维持生计，除非土地租金减少到能够维持收入。新镇的发展委员会将此政策——使用土地盈余去资助这些社会想要控制的土地租金——看作是他们的责任。1979 年，政府对撒切尔夫人（Mrs Thatcher）的态度改变，使政策发生了戏剧性的转变。新镇米尔顿凯恩斯（Milton Keynes）的历史学者生动形象地描述了这件事情：

莱奇沃思议会办公楼和影剧院，摄于 20 世纪 30 年代

或按每人“税金加地租”2 英镑计算

58 右（35）总开销如下：

地主租金或购地利息，24 万英镑的 4%	9600 英镑
偿债基金（30 年）	4400 英镑
用于别处地方税支出的项目	50000 英镑
合计	64000 英镑

现在的重点是，这 50000 英镑是否满足田园城市的自治需求。

“把 20 世纪 70 年代热心的、以公共服务为导向的米尔顿凯恩斯市，变成一个瘦身版的（slim-jim）、自筹经费，以适应 20 世纪 80 年代经济准则的地产投资机器，是一项艰巨的任务。”中央政府的指令是“削减公共开支，迅速达到这个目标。解决方案是出售资产。”但因为米尔顿凯恩斯市是一个刚起步的地方，没有多少时间可供它的产业以及办公发展壮大。与此同时，大量的金钱正投入于排水道、道路以及绿化。维系委员会负债以及资产的平衡是非常棘手的，因为这个负债往往是多年高额利息所积累的。人们告诉政府，“该公司目前的偿付能力是 5.80 亿英镑的资产和 3.50 亿英镑的债务。”但建造所花费资金的增长速度比地产价值增的速度要快，而且 6 年贷款高额利息的累加，委员会将会置于一个可能无法偿还债务的境地，特别是如果要过早地变卖资产（Bendixson and Platt，1992，p195）。

威伦居住区邻里单位的住宅，米尔顿凯恩斯市

米尔顿凯恩斯市商业中心

60左（36） 第 4 章 田园城市的收入——支出概况

“伦敦是在一种混乱的状态下成长起来的，没有任何设计上的统一，而任何一个有幸拥有土地的人，都颇需要一段时间，来审慎地保持建筑的运营。有时候，大的土地所有者常常会用大门和栅栏切断交通，以广场、花园、街道退让等方式，辟出四分之一的土地，吸引更高层次的住户；但即便如此，也没有顾及伦敦是一个整体，更没有设置主干道。在其他更常见的小地块案例中，建造者们唯一的设计就是塞进尽可能多的住宅和街巷，全然不顾周边环境，更不会有开放的空间和宽阔的入户道路。仔细研读伦敦地图，就可以看出，在任何一种规划中，想要的都是增长，而对便利、对全体人口的需求、对尊严和美观的考虑，寥寥无几。”

——肖·勒费弗尔（Right Hon. G. J. Shaw-Lefevre），《新评论》（New Review），1891 年，第 435 页

“很遗憾，原先关于给每一个乡村学校分配半英亩或是更多土地的方案，从来没有真正执行过。学校的花园，可能是年轻人初识园艺的途径，他们今后会体验其愉悦和实用。有关食物的哲学及其价值，比起浪费年轻人韶华的其他知识体系更为有用。学校的花园，将是最有价值的实体课堂。”

——《回声》（The echo），1890 年，11 月刊

进入上一章结尾时提到的问题之前——在尽力确认田园城市预估可以获得的净收
60右（37） 入（每年 50000 英镑）是否满足市政自治所需之前，我将简短地说明，田园城市是如何筹集启动资金的。这笔资金将以“B”债券的形式借入，并以“税金地租”的费用作为担保，“税金地租”的费用当然是指支付利息和偿债基金的“A”债券，“A”债券是用来筹款买地的。购买土地的时候，要么筹集全部资金，要么至少筹集地价款的相当部分，或者筹集启动资金，这么说也许多余；但是，要在公共工程上运作城市用地，情形截

田园城市的收入——支出概况

乔治·约翰·肖·勒费弗尔（George John Shaw-Lefevre，1831—1928 年），来自一个杰出的公务员家庭。1880 年和 1892 年，曾担任格莱斯顿（Gladstone）政府的工务大臣（First Commissioner of Works），他后来是伦敦郡议会成员。这里的引文很有趣，因为它代表了伦敦整体规划的早期诉求。有一个 1912 年成立的、专注于规划的伦敦社团，在 1920 年发表了一个大伦敦发展规划（Development Plan for Greater London）(Beaufoy, 1997)，但是，以雷蒙德·昂温为首的伦敦地区规划委员会（London Regional Planning Committee），在 1929—1933 年间的大萧条中瓦解；而帕特里克·阿伯克隆比（Patrick Abercrombie）的大伦敦规划（Greater London Plan）直到 1898 年之后的近 50 年才出现。

肖·勒费弗尔认为，确切地来讲，伦敦大部分地区都是由私人地产开发商规划的，他们关心的是保持他们房产的特性和价值；但是，正如伦敦西部所呈现的那样，他们的房产往往被投机开发的、标准低得多的项目而分隔开来（Jahn，1982）。

霍华德关于如何启动公共建设工程的论述并不清晰。因为地价在田园城市建设开始之前不会上涨非常关键，全部或者大部分的建设用地需要悄悄地提前购买。因此公共建设工程如何提前开展困难重重——除非霍华德当时这样考虑，例如，新道路以及铁道线路的建设将不会自发地引起土地价值的上涨。但即便如此，可达性的增加也将会诱发地价的上涨。

然不同，筹齐最终所需的全部款项才开始运作，既不必要，也不可取。从一开始就要筹集这样一笔巨款，用以支付所有公共工程的费用，大概没有哪一个城镇是在这么艰难的条件下建起来的；兴建田园城市面临的情形大概前所未有，但是，我们会逐渐看到，非但没必要在城镇启动资金方面破例，而且一些特殊原因也会越来越明显，所以让企业承担冗余的资金既不必要，也不合适；当然，必须有足够的款项让所有实际的经济活动都能顺利实施。

也许，在这方面，最能说明问题的，是建设一个城镇和建设一座跨河大铁桥所需
62左（38）资金的差别。造桥，在开工以前，最好就筹齐全部资金。因为，显而易见，在铆定最后一颗铆钉之前，桥都不能称之为桥，而且在它没有完全竣工，没和铁路、公路相连之前，都不具备营利的能力。因此除非完全竣工，否则花在桥上面的资金不太有保障。这么一来，那些应邀而来的投资客自然会说，“除非你能证明，你可以筹集足够的款项来做成这件事，否则我们不会投一分钱。”可是，用于田园城市建设所筹措的资金很快就会有收入。这笔钱会用于道路、学校等。这些工程将会根据出租给承租人地块的数量而择日开工修建，因此，投入的资金将很快以税金地租的形式开始产生收益。实际上，这意味着土地租金的大幅上涨。对于那些投资了“B”债券的人们，他们将拥有一流的保障，而且今后的资金筹措更加简单，利息更加低廉。同样，作为项目重要组成部分的一个分区，即六分之一的圆弧用地（参见图 3），在某种意义上都应该自成一个完整的城镇；所以，在前期阶段，校园建筑将不仅用于教学事务，同时还将用作宗教礼拜、演奏会、图书馆和其他各种集会的场所。这样一来，所有昂贵的地方市政和其他建筑
62右（39）的开支可以暂缓，推迟到这项事业的后期。再者，可以一个分区竣工后再启动另一个分区的工程，各个分区的运营也按照计划次第展开。这样，那些尚未建设的城镇土地将可以作为自留地、奶牛场或者砖厂使用，成为收入来源。

现在，让我们来切入正题。田园城市建造的原则是否会影响其市政自治开支的成效？换句话说，一份既定的财政收入能比在通常情形下发挥更好的效益吗？答案是肯定的。我们将看到，跟其他地方相比，同样条件下，每一英镑都会花得更值；许多重大而且看得见的经济因素，难以精确估量数据，但总体上肯定是一笔非常大的数额。

第一个值得关注的重大经济因素是“地主租金”（landlord’s rent）。一般情况下，它在市政自治开支中占很大比例，而在田园城市中几乎没有这笔开支。例如，一切井然有序的城镇都需要行政建筑、学校、泳池、图书馆、公园等，这些事业和其他企业的用地通常是要购买的。在这种情况下，购买这些土地所需的资金，一般是以地方税作为担

霍华德认为田园城市的每个区块“在某种意义上都应该自成一个完整的城镇”，因 63
此比科拉伦斯·佩里（Clarence Perry）提出的“邻里单元”概念更早，“邻里单元”概念用于 1913—1928 年间的纽约森林山花园（Forest Hills Gardens），以及后来的纽约区域规划中（Hall，2002，p128—132）。

在这一章和第 5 章里，霍华德详细阐述了田园城市从无到有的建造过程中产生的开销。这笔费用可以迅速地通过地价上涨来偿还，而此地价的上涨往往是由于城市新定居点的存在带来的。

在第一代伦敦新城镇中，地价的上涨很快就使得政府的投资合理化了（Ward，1993，p90）。纵观二战后开始的英国新城镇的财政史，我们可以看到霍华德案例的力量。土地是以农业用地价格买入的。《1947 年城乡规划法案》（Town and Country Planning Act 1947），有效地将开发权及其相关的土地价格国有化。虽然继任政府大幅删减了该法案这方面的诉求，但是新城镇并不在此列，在古德原则（Pointe Gourde principle）* 的指导下，要求“该方案对于土地价值影响可以忽略”（Hall and Ward，1998）。

在新城镇的案例中，初始投资的自动收益例外的情形，我们在本书第 59 页的评论中以米尔顿凯恩斯市的案例做了详尽描述，其中撒切尔政府对公共企业的不信任导致其滥用公共资产。霍华德没有料到这一点，因为他设想田园城市由具有集体意识的公民管理，而不是由国家管理。奥斯本（Frederic Osborn）说，霍华德“不相信‘国家’，虽然他相信人性的本质善良，但他从来没有如下的念头——即任何环境的变化都会把人们变成天使”（Hughes，ed.，1971）。

纽约森林山花园（Forest Hills Gardens）现状

* 又称 San Sebastian principle，指无论出于何种目的而征收土地时，导致土地价值的增值或减少，抑或是该项建议的实施，都应予以重视。——译者注

保的。于是，一个市政自治机构所征收的总地方税里面，相当一部分并没有用在有成效
64左（40） 的工程里，而是用在我们所说的“地主租金”上，要么是以征地贷款利息的形式，要么是以偿债基金方式直接支付征地所需款项，后者也就是地主租金的资本化形式。

现在，田园城市中的所有开销，除了农用地上的道路以外，都已支付。因此，250 英亩的公园、学校及其他公共建筑的用地，都不会花费纳税人的钱；更确切地讲，他们的花销，1 英亩地 40 英镑，如前所述，已经由每人每年的 1 先令 1 便士承担，现在每个人都应免除地主租金。而这座城镇的 5 万英镑收入，是扣除全部土地利息以及偿债基金后的净收入。因此，考虑 5 万英镑的收入是否足够时请牢记，市政自治用地的任何开销都绝不会首先从这笔资金中扣除。

另一个发挥影响的重大经济因素，是要把田园城市和类似伦敦那样的老城市对比之下才会发现的。伦敦希望表现更完美的市政自治精神，所以会持续不断地建造学校、拆除贫民窟，兴建图书馆、室内游泳馆等等。这种情况下，它不仅要购置土地的产权，往往还要购置原先在用地上造好的房屋。当然，买下这些房子的目的是为了土地拆迁和清理场地，常常要面对“商业纠纷”的赔偿问题，为了摆平这些纠纷，还要支付高
64右（41） 昂的法律费用。在这方面，不妨提醒一下，自伦敦学校委员会（London School Board）成立以来，购置学校“用地”的总费用，诸如老旧的建筑、商业纠纷、法务费用等，早已高达 3516072 英镑的惊人费用[1]，相应的，学校委员会投入建设用地（已达 370 英亩）的全部费用，折合平均每英亩 9500 英镑。

以此计算，田园城市 24 英亩的校园用地将花费 228000 英镑；因此，单从学校建设用地一项，田园城市所节省下来的费用都足以用来再买下建造一个标准城市的用地。“但是”，或许有人会这样说，“田园城市的学校用地太大了，和伦敦的情形大相径庭，而且将田园城市这样的小城镇跟伦敦这样的强盛帝国的富庶都城相比，太不合理。”我会回答，“确实，购买伦敦土地的开销，尽管不是贵得让人却步，也会让这类场地贵得惊人——大约需要 4000 万英镑——但是，这难道不是正好说明了，在这么关键的环节，制度存在最严重的缺陷吗？孩子们在哪里过得更好？在地价每英亩 9500 英镑的地方，还是每英亩 40 英镑的地方？无论伦敦实际经济价值何在，由于其他因素，这一点我们将在更宽阔的视野下讨论——对一所学校而言，常常被肮脏的工厂、拥挤的小巷杂院包围就是其优势了吗？如果伦巴大街（Lombard St.）是银行的理想选址，难道田园城市主环道不是学校选址的好场地吗？——我们的孩子必须得到良好的教育，这难

1　参见《报告》（Report），伦敦学校委员会（London School Board），1897 年，5 月 6 日，p1480。

一个世纪或之后，读者们可能会惊奇地发现，霍华德的《明日》一书居然有这么多的篇幅是在算经济账，大约有30 页，占整本书五分之一的内容。但很显然，霍华德主要的关注点，是为了去说服他真正的支持者：精明的商业利益集团，他们可以单独筹集资金建设田园城市，要么自己筹集，要么在市场上借贷。“慈善捐赠 +5%”（Philanthropy plus 5 per cent）是维多利亚时期众所周知的一条准则。* 但它确实需要有偿还这个利率的能力。在内陆棕地（老旧工业用地），为体面的穷苦工人建造住所，使其能够靠近工作地点是一回事；在离城市很远的地方，在一个没有人或者没有经济基础的绿野上，建造一座明显具有投机性的田园城市，是完全在冒险的另一回事。 65

19 世纪典型的工人阶级内城地区

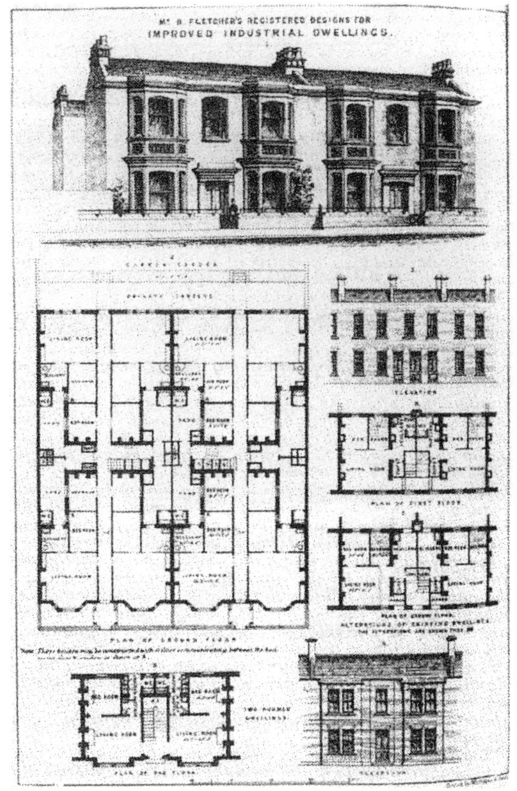

弗莱切尔（Banister-Fletcher），1871 年为工人阶级设计的一个住所

* “Philanthropy plus 5 per cent”是指维多利亚女王时期（1840—1914 年）的一个社会资助贫民的政策，是一批有社会责任心的企业，为解决城市贫民住宅问题，自我约束，自律地保证利润不超过 5%，作为慈善事业。——译者注

66左（42） 道不是一个秩序良好的社区最主要的考虑因素吗？”[1]“但是”，有人会说，“孩子们最好在家附近上学，而家最好离父母上班的地方近一点。”的确如此，可是在这方面，目前的方案不正是行之有效的吗，坐落在田园城市的学校不是比伦敦的更好吗？孩子们将在上学路上花更少的精力，在冬天尤甚，这是所有教育者们公认的大事。再说了，难道我们不曾听闻马歇尔教授的话吗（第 3 章引言），那些“15 万以上的服装制造业工人绝大多数收入极低，而且违反一切经济常规，在土地租金很高的地方工作。”换句话说，根据教授的话，这 15 万人“根本不该在伦敦”；这些劳工孩子们也不该在条件简陋、开销巨大的地方来接受教育。如果这些工人不应该待在伦敦，那么他们的家——他们的房子不卫生，租金又高，也不应该待在伦敦。那些为他们服务的那部分店主，也不
66右（43） 该留在伦敦。形形色色靠纺织工人过活的行业，都不该留在伦敦。因此，比较田园城市学校的土地费用和伦敦学校的土地费用，具有高度的现实意义，再公平不过了。因为很明显，如果人们按马歇尔教授所说那样，迁出伦敦，这些好处将即刻生效（倘若他们按我建议，合理做了准备），不单单会在作坊的土地租金上省上一大笔，还会在住宅、学校和其他用途的土地上节约一大笔。这种节省，是现在的开销和在新条件下开销的差额，减去过程损耗（如果有的话），再加上这巨大的收益，这就是搬迁的好处。

为清晰起见，我们换种方法再比较一次。以伦敦总的城市人口（600 万以上）来计，伦敦人已经为伦敦学校委员会支付了本金总额，人均 11 先令 6 便士。当然，这还不包含私立学校的费用。田园城市 3 万人，完全可以省去那每人 11 先令 6 便士的开销，总计 17250 英镑，按 3% 的利息计算，每年将节约校址场地租金 517 英镑。与伦敦学校委员会相比，田园城市确保了学校用地的无比优越性——它为城镇里所有孩子提供了宽裕的食宿条件，而不是像伦敦学校委员会那样，只能给半数的当地辖区孩子提供
68左（44） 食宿（伦敦学校委员会的辖地 370 英亩，每 16000 人 1 英亩；而田园城市辖地 24 英亩，每 1250 人 1 英亩）。换言之，田园城市确保的用地面积更大，选址更好，各方面都更有利于教学目标；开销只是伦敦的零头，但伦敦的各方面都逊色不少。

受两个已经谈及的简单条件影响，我们谈到的经济效益立刻显现出来。第一，在人口迁入导致土地增值“之前”购买，迁入人群以极低的价格购得宅基地，并确保土地增值为他们自己及其后来者所得。第二，由于迁入新址，他们无须为老房子、补偿金、高昂的法律费用支付巨额资金。为伦敦的贫困工人争取第一个好处是可行的，这一点

1　理查森先生（Mr. Richardson）是《怎么做》（How it can be done，Swan Sonnenschein 出版社）一书的作者，其中提出了许多解决社会问题的建议，他坚持认为第一步是“我们土地的一个完整系统。”我相信，这本小薄册子的作者会欢迎我的建议，因为要把他的建议纳入实际政治的范畴。

距离伦敦 42 分钟车程的米尔顿凯恩斯市中央车站［从仲夏大道（Midsummer Boulevard）交会处回望］和一个主要的通勤车站

在此霍华德貌似提出了三个不同但相关的观点。第一，田园城市开发所需用地的成本比伦敦市中心低。第二，在这种情况下，开发将以较低的密度进行，包括考虑到了更开放的空间。正如经济学家科林·克拉克（Colin Clark）在他经典的论文中所指出的一样，显而易见的是交通的改善增加了区域开发的可行性（Clark，1951，1957，1967），而且这确实是城市密度下降原因之一。一个讽刺的结果是，伦敦的通勤地域蔓延，越过了绿化环带，距离伦敦市中心 20—35 英里（35—60 公里），涵盖了 1946 年至 1950 年的新城镇，入侵了绿化环带；扩展 50—80 英里（80—130 公里）的就是米尔顿凯恩斯的两座城镇，北安普敦（Northampton）和彼得伯勒（Peterborough）的所在地。这意味着，交通运输的改善否定了霍华德的经济观点所依据的前提——尽管可以说，它将田园城市最佳的位置搬得远离了大城市。第三，即重建比新建更加昂贵。当然，随着时间的推移，我们应该期望田园城市也能进行再开发——就像如今那些新建城镇的情况一样。 67

在脚注中，霍华德再次提到本杰明·W·理查森（Benjamin W. Richardson）和他的作品《海吉亚——健康之城》（参见本书第 43 页）。

霍华德思想激进的特点在此呈现出来：他清楚地说明了田园城市的土地价值是属于社区的。他的方案是地方土地自治化的一种。关键是，因为没有人被迫卖掉自己的土地，所以没有人可以反对；所有的土地都是自愿出售。

在马歇尔教授发表于《当代评论》的文章中被忽略了。[1] 他认为“最终，所有人都将因移民受益，但受益最多的，是那些聚居在一起的土地所有者及铁路部门。”（着重号由本人所加）现在，我们采用这里倡导的方法，确保土地所有者“才是最大的获益人”，通过特殊的法令设计，惠及当前底层的社会阶层，“让这些人自己”，成为新的市政自
68右（45）治机构成员。之后，再施加一个额外的刺激以促进变化，这就是先前被抑制了的共同努力。至于铁路所带来的好处，毫无疑问，一个城镇的兴建，会让穿过这片用地的铁路干线获益匪浅；同样，民众的收入，也不会因滋生的铁路运费和征收费用等而减少［详见第 2 章以及第 5 章（霍华德原著第 55 页）］。

我们现在来处理一个经济上无法估量的要素。那就是人们将会发现一个事实，城镇的确是经过规划的，这样一来，市政自治行政管理的整个问题可能要由一个长远的规划来处理。最终成形的规划出自一人之手，这根本没必要，而且，按常理，也不可能。毫无疑问，它是集体智慧的结晶——是工程师、建筑师、咨询师、园艺师和电气工程师思想的荟萃。但关键，如前所述，整个城镇是一个整体，不能像现在英国其他城镇那样，听之任之地混沌发展。一个城镇，像一朵花、一棵树、一个动物，在它的每个发展阶段，保持统一、均衡，早期的结构完整性要与后期更完整的结构相契合。[2]

70左（46）但是，田园城市不仅是经过规划的，而且要以最新的现代视野来规划，举重若轻，经济适用，且有利于新材料、新设备的采用，而不是缝补将就。经济要素可以由一个具体案例来说明，其特质将不言自明。

在伦敦的霍尔本区（Holborn）和斯特兰德区（Strand）之间兴建一条新街的问题，长年悬而未决，最后郡议会乡镇委员会达成共识，提交了一个方案给议会——它将耗费伦敦市民大量资金。“伦敦街道肌理的每一处变化都会导致成千上万的穷人更换住所，”——摘自《每日纪事报》（1898 年 7 月 6 日）——“多年来，所有的公共或私营公用事业方案都应尽其所能地为他们提供安身之所。但这只是理想情况，当政
70右（47）府需要支付账单，直面现实时，问题就来了。当前，3000 余名工人需要搬迁。稍加估量即可断定，他们中的一些人与工作地点关系紧密，迁居 1 英里之外就很困难。因此，从现金上来看，伦敦需要每人 100 英镑，总数 30 万英镑的安置经费。至于那

1　显然没有人比教授本人更清楚该可能性（详见《经济学原理》第二版）第五书，第五章和第六章。

2　通常大家认为美国的城市是经过设计的，但这也只是相对而言。美国的城镇当然不是像迷宫一样复杂的街道构成的，它的线路看上去就像是奶牛踩出来的。除了最古老的那几座城市，在其他任何一座美国城市里住上几天，每个人都能认得路。尽管如此，没有什么真正的设计，连最粗略的勾勒也没有。一些街道被规划出来，随着城市的发展，不断地延伸和单调的重复。华盛顿的街道布局壮丽，是个例外；但即使是这座城市的设计，也不是为了保证人们随时可以亲近自然，它的公园也不是中心，而它的学校和其他建筑，也没有科学的布置。

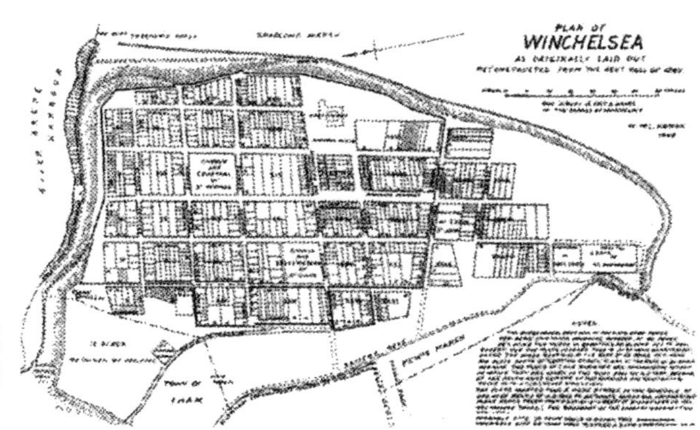

爱德华一世（Edward I）的温奇尔西（Winchelsea）改建，引自 1292 年 W·M·霍尔曼（W. M. Holman）的租金账册

霍华德也明确指出，田园城市将会有意识地进行规划。田园城市将会有总体规 69
划，沿着他在图 2 和图 3 已经提出的路线方针进行规划——正如他煞费苦心陈述的一样，通过调整来适应当地的地理环境。这一点，在他写作的年代是非常少见的，至少在英国极为罕见。过去曾存在过综合性的城镇规划方案，由罗马人建造，此后在由皇家法令以及宗教旨意下建设城镇就很少可以看到此类综合性的规划，如卡那封（Caernarvon）或温奇尔西（Winchelsea）以及罗伊斯顿（Royston）。曾有由地方贵族规划的示范性乡村，以及由慈善实业家规划的临时性工业村镇，比如新拉纳克（New Lanark）、索尔泰尔（Saltaire）、伯恩维尔（Bournville）和阳光港（Port Sunlight），以及正要完工的纽厄斯韦克（New Earswick）。且曾出现过类似贝德福德公园（Bedford Park）这样由个人进行规划的郊区。但自中世纪以来不曾出现过一个整体的新城规划。所以第一个田园城市莱奇沃思，的确代表一个原创性的发明，正如霍华德所说的一样。

伦敦的霍尔本区（Holborn）和斯特兰德区（Strand）之间 100 英尺宽的新街道 71
是京士威大道（Kingsway），取代了原先拥挤的贫民窟区域。拆迁始于 1889 年，但直至 1906 年新的街道才重新开放，而沿街建造的办公大楼开放的更晚。京士威大道背后，正如以前规划的新街道查令十字街（Charing Cross Road）一样，是由慈善信托基金为品行端正的穷人而建造的出租房。这些出租房毫无生机，但这些房屋只为少部分贫民提供了住所，大多数以前住在贫民窟的贫困家庭都被驱逐出去了，加大了德鲁里街（Drury Lane）和考文特花园（Covent Garden）周围街道生存空间的压力。问题的根源在于，正如霍华德所强调的，以及查尔斯·布斯（Charles Booth）在他开创性的社会调查中表明的那样，他们依靠临时就业谋生，因此不得些 1 英里外就不去，依赖市场的住户，以及其他的钉子户，花销将更高，他们希望占据这宏伟构想中清理出来的寸土寸金的一小片土地。这样将导致代价更高昂的住房安置，每人 260 英镑，或者一个 5 到 6 口之家 1400 英镑。对于普通人，财务报表晦涩难懂，那让我们讲得更通俗些。总共 1400 英镑，就相当于在住房市场上，将近每年 100 英镑的租金，可以在汉普斯特德（Hampstead）购置一套中上阶层人人称羡的豪华花园住宅；在近郊，可以为年薪 1000 英镑的人在任何位置购置房产。如果去往更远的地方，去那些城市职员乘火车可以到达的新村镇，一栋 1400 英镑的独立住宅将颇为宏伟。”但住在考文特花园（Covent Garden）的一夫一妻、四个孩子的贫困家庭又是什么情形呢？1400 英镑根本谈不上舒适，更遑论宏伟了。“他将会住在一个街区里，至少 3 层楼高中的 3 间逼仄的房间里。”与之对比鲜明的是，在一个新区，一开始就认真规划的大胆方案意味着比新拓展的街道更宽阔，且仅需拆迁费用的一
72左（48）小部分就能建设。而 1400 英镑为一个家庭提供的，不是“街区里 3 层楼高中的 3 间
逼仄的房间”，而是在田园城市中为 7 个家庭每户提供带有精致花园、6 个房间的舒适独立住宅。同时，鼓励工厂主在其附近设厂，每一个养家糊口的人将在工作地周边步行可达的地方居住。

还有另一个现代需求，即所有的城镇将满足现代盥洗设施，以及其他技术发明迅速推动的需求。地下污水管网和地表雨水系统，以及煤气、电话、电报线路、照明线路、电力线路、邮政气动管线，即便不是必须，也将是经济必要的。如果它们在旧城里是经济的来源，那在新城之中将更是如此。在建设中，一片净地将更适于应用这些
72右（49）新装备，且由于服务数量的增长，也有助于最大限度地发挥其效益。[1] 在地铁建造之前，
必须开挖一些又宽又深的沟，为此，要采用最先进的挖掘机械。在旧城，这可能是非常令人反感的，实际上，几乎不可能。但在田园城市，蒸汽挖掘机不会在居住区出现，而会在那些工程完工才有人居住的待建区出现。如果英国人亲眼看见一个活生生的例子，相信机器不仅符合终极的国家利益，而且具有直接效益，不仅有益于那些机器的直接拥有者和使用者，而且惠及那些因为机器的魔力而获得工作的人，那将是多么伟大的一件事。如果我国和各国人民可以在实践中了解，大规模地使用机械可以“创造”工作也可以“消弥工作”，可以“吸引”或“迁出”劳力，也可以解放或者“劳役”人们，

1 “我们把它们长埋地下，直到它们呈现排水管泄漏、管道爆裂、电气事故、道路破裂，以及对公众而言，其他各种长期的不便、昂贵、危险的形式，才会重见天日。圣马丁分支教堂（St. Martins-in-the-Fields）教区委员会督导，英国圣公会查尔斯·梅森先生（Mr. Charles Mason，C. E.）告诉我们，在规划上我们是傻子。倘若我们要维护基础文明的声誉，就要试着去弥补。他的灵丹妙药是地铁……地铁是大型的地下空间，可以容纳各种线路、管道或传输工具。它们在街道和房屋下面建设，宽阔高大，可以穿行，便于检查。整天都由一小群专职的检查人员保持其清洁和完好。”——《太阳报》（Sun），1895 年 5 月 30 日

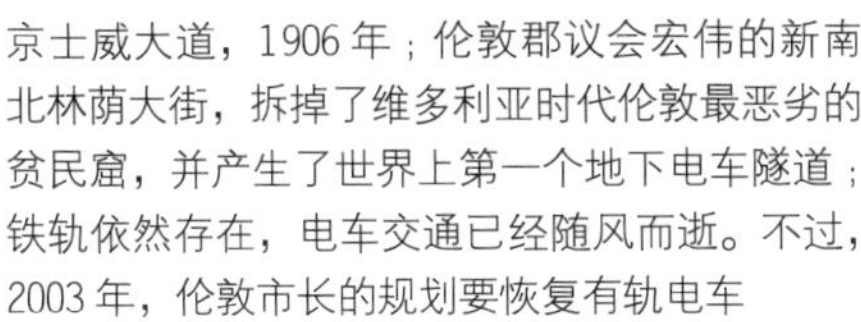

京士威大道，1906 年；伦敦郡议会宏伟的新南北林荫大街，拆掉了维多利亚时代伦敦最恶劣的贫民窟，并产生了世界上第一个地下电车隧道；铁轨依然存在，电车交通已经随风而逝。不过，2003 年，伦敦市长的规划要恢复有轨电车

首届图廷地区（Tooting）有轨电车通行典礼

不住在靠近他们工作的地方。布斯建议通过低廉的交通，方便他们的出行，且从 1901 年起新伦敦乡镇委员会开始为新公共出租房区域提供电车服务，电车首先在图廷的托特道恩区（Totterdown Fields in Tooting）运行。霍华德和他的追随者认为这是第二个最好的解决方案，但不久之前关于“城市 – 田园郊区化”的讨论，让早期的运动出现了裂痕。

霍华德始终是一个务实的发明家，他为这个区域勘测员所提出的明智建议感到高 73
兴。勘测员提出使管渠里面“每一个可以想到的管线、排水管和可进入的传输工具”，都不阻碍街道的使用。事实上，他可能已经知道大都会工程委员会曾以这个准则规划了沙夫茨伯里（Shaftesbury Avenue）大街以及查令十字街（Charing Cross Road），以及其后的京士威大道（Kingsway）。一个世纪后，（马路下面预先埋好管道，不用开膛剖肚）这一目标在其他任何地方都很少能实现，只有（100 年前事先规划好、埋设好地下管那将是多么开心的一天。在田园城市，工作机会充裕，这点显而易见。更加显而易见的是，在大量的住房和工厂建设起来之前，很多事情难于开展。壕沟挖得越快，地铁完工越快，工厂和住房建得也就越快，照明和动力接驳也会越快，这座城市，勤劳快乐的百姓家园，就能建设得越快。而且，其他人将会更早地启动其他城市的建设。与这座城市不同，
74左（50）它们会越建越好，就像我们现在的火车头比第一批粗糙的试制牵引原型机要好得多那样。

我们已经提出四条有说服力的理由，为何一个既定的财政收入在田园城市将产生更大的收益。

（1）在估算净收入时，除了少量以及支付的数额，无须为土地所有权再支付“地主租金”或利息。

（2）用地实际是避开了各种建筑物和其他工程，但是购置这些建筑物产生的支出、对商业纠纷作出的补偿，以及与此相关的法律支出和其他费用都极少。

（3）经济性来自明确的、与现代需要相结合的规划，从而削减那些旧城的支出名目，并使其与现代思想相协调。

（4）整个区域空旷且便于施工，因而在修筑道路和其他工程中，能采用最好、最先进的机械。

其他的一些经济效果，将随着阅读的深入日渐明显，但是，在讨论了一般原则的基础上，我们将更好地在另一章中充分讨论预算是否充足。

线的沙夫茨伯里大街、查令十字街、京士威大道）这些街道，能让伦敦躲过道路工程的反复折腾，而其他地方的道路工程则时不时让伦敦陷入拥堵。与此同时，不言而喻，未开发区域的建造成本，肯定比待重新开发的城市用地的费用要低。20 世纪 60 年代，曾就这一主题作了大量的研究，特别是彼得·斯东（Peter Stone）为国家经济社会研究院（National Institute of Economic and Social Research）所作的综合分析（Stone，1959，1973），但它似乎已被遗忘。

贝斯纳尔格林区（Bethnal Green）的交通堵塞。为了对下面的设施进行维修，正在挖路

查令十字街现状。大都会工程委员会（Metropolitan Board of Works）设计的管道，可让街道下面的设施得以使用

74右（51）

第5章　田园城市的支出细目

"啊！但愿那些执掌民族命运的衮衮诸公能记住这些——但愿他们能想想，最底层的穷人生活在又脏又挤的贫民区，社会的体面荡然无存，也许从未存在；穷人从心底萌生对家庭的爱，并要由此萌生家庭的美德，该是多么的艰难——但愿诸公能从通衢大道和阔绰大宅中移步，致力于改善那些贫民才去的陋巷寒舍。低矮的屋顶，或许比耸立于负疚、罪恶、疾病中的高昂尖塔，更真实地刺破朗朗青天，更能嘲笑他们之间的差异。那些从救济院、医院和监狱中所发出的空洞声音，也是在日复一日地传诵、年复一年地宣扬这一真理。兹事体大，非惟民生疾苦，抑亦黎民安康，岂是周三夜晚茶余饭后之谈资。*爱家者进而爱国；谁才是真正的爱国者，谁会在需要的时候挺身而出——是那些保有田产土地、坐拥山林河流及其一切物产的人，还是那些深爱祖国，却在这片辽阔的土地上无立锥之地的人？"

——《老古玩店》（The Old Curiosity Shop，第38章）

一般读者对本章恐怕很难提起兴致，甚至不屑一顾。不过我想，如果仔细研
76左（52）
读，将会认同本书的一个主要命题——在农业用地上精心规划的一个城镇，税金地租（rate-rent）将充分满足其市政事业建设和维护的需要，而这些市政事业一般是由强制征收的地方税提供的。

在支付了债券的利息并持续为不动产用地（landed estate）提供偿债基金之后，田园城市的可靠净收益，估计有每年50000英镑（参见第3章，霍华德原著第35页）。在第4章中，已经就为什么在田园城市中一份既定的支出将会有显著成效作了一些专门的说明，现在我将对其细节作更详尽的阐述，引发一些具体的批评，为本书所倡导的实验作一些准备，或许更有价值。

* 星期三晚上是英国议员看戏的日子（opera-going）。——译者注

田园城市的支出细目

查尔斯·狄更斯（Charles Dickens，1812—1870 年）的第 4 部小说《老古玩店》（The Old Curiosity Shop），最初是在 1840—1841 年间以每周连载的形式刊登的。标题里面的老古玩店，位于声名狼藉的克莱尔市场（Clare Market）贫民窟，也就是如今伦敦经济学院的位置。狄更斯从小就熟悉伦敦的贫民窟，知道贫困是什么滋味。他父亲是海军偿付局（Navy Pay Office）的职员，1822 年从查塔姆海军船厂（Chatham Dockyard）迁到伦敦。两年后，父亲因债务而锒铛入狱，那一年，12 岁的狄更斯辍学，被送去一家鞋油厂（boot-blacking factory）上班。在狄更斯的生前，读者们对他的童年经历一无所知，但他的那段童年经历，无疑对他看待社会改革和看待笔下所描绘的那个世界产生了深远的影响。

在开场白中，霍华德承认，他关于开支的讨论，很难调动普通读者的阅读兴趣，后来的编辑也认同他这一观点。1902 年出版的第二版，标题改作《明日的田园城市》（Garden Cities of To-Morrow），但霍华德并没有在第二版书里面删减或以其他方式对这些开支的内容作修改，所以后来人们把它看作是一个定稿的标准文本。霍华德一定认为，作为第一个田园城市的招股说明书，它们是必不可少的。

项目	开销	
	建设投资（英镑）	维护与经营费（英镑）
城市道路 25 英里，4000 英镑 / 英里（参见 A）	100000	2500
乡村道路 6 英里，1200 英镑 / 英里（参见 B）	7200	350
环线铁路和桥梁 5.5 英里，3000 英镑 / 英里（参见 C）	16500	1500（仅维修费）
6400 名儿童（或占总人口的 1/5）的学校建设投资每人 12 英镑，维护和经营费每人 3 英镑（参见 D）	76800	19200
市政厅（参见 E）	10000	2000
图书馆（参见 F）	10000	600
博物馆（参见 G）	10000	600
公园，250 英亩，50 英镑 / 英亩（参见 H）	12500	1250
污水处理（参见 I）	20000	1000
汇总	263000	29000
26300 英镑投资的利息，利率 4.5%（参见 K）		11835
30 年偿清债务的偿债基金（参见 L）		4480
用地所属辖区的地方机构可征收的地方税余额（参见 M）		4685
总计	50000	

76 右（53） 除上述支出外，还有大量牵涉市场、供水、照明、有轨电车和其他有持续税收的基础设施支出。不过，这些支出几乎无一例外都有可观的利润，有助于增加地方税。因此，不需要对其进行计算。

现在对上述估算的主要条目进行分项说明。

A. 道路和街道

在这个标题下面，首先要注意的是为满足人口增长所新建街道的开支，一般既不由土地的所有者承担，也不从地方税中支付。在当地政府同意将这种道路作为免费礼物之前，它通常由建筑业主来支付。因此，显然这 100000 英镑中的大部分将“有可能”勾销。专家们还不会忘记，道路的土地款都已经从别的地方支付。考虑到实际预算是否充足时，他们会记得，林荫大道的 1/2，以及街巷和环道的 1/3 可以归属公园的性质，所以这部分的道路规划和维修费用可列支在“公园”名目下处理。他们还会注意到，筑路的材料或许可以就近解决，而铁路不需要采用更昂贵的铺路方法，可以缓解街道上大部分的交通拥挤。假若建设地铁，那原定每英里 4000 英镑的预算当然不够。但基于下述
78 左（54） 因素，我将不去考虑这些。因为一旦有需求，使用地铁就会获利。倘若任何管道泄漏都能很快得到检测，就可以避免为铺设和维修水、煤气和电等而进行的开挖，道路的养护费用也会减少，地铁的“开支”也会随之减少。因此，这些开销本应记入水、天然气和

77

位于伦敦郊区的一处正在施工的联排住宅。1890—1910 年间，建造了成千上万这样的房子

伊灵区贝尔大道（Belle Vue Road，Ealing），正在施工的联排住宅，1910 年

电力供应的成本中，而这些服务几乎无一例外都是管线建造的公司或企业的收入来源。

B. 乡村道路

这些道路通常仅有 40 英尺宽，每英里 1200 英镑是足够的。在这种情况下，用地的支出可以划在预算之外。

C. 环线铁路和桥梁

土地款都已经支付（参见霍华德原著第 33 页）。当然，维护费用不包括经营费用、铁路机车等等。这些成本，可以由铁路线路的运营商来解决。还应该注意到，就像乡村道路一样，如前所述，这项花费可以从税金地租（rate-rent）中支出，这点毋庸担心。我要证明的是，税金地租足以支付"地主租金"，足以支付其他通常从土地租金中支付的费用，"从而也大大扩展了市政自治机构可以涉足的领域。"

78 右（55） 这里还要指出，环线铁路不仅可以为贸易商节省往返于仓库或工厂的车辆费用，而且可以使他向铁路公司申请一笔退款。《1894 年铁路和运河关税法》（Railway and Canal Traffic Act，1894）第 4 条规定："无论何时，当铁路公司在不属于该公司的侧线或支线上收发货物，若因铁路公司未能提供货栈堆放或中转服务，铁路公司和发货人或收货人之间，就有关发货人或收货人从已支付的货运费中获得补贴或退款之多寡问题引起纷争之际，铁路和运河监理专员（Railway and Canal Commissioner）有权聆讯及裁定，公正合理的补贴或退款及其数额。"

D. 学校

每个学生 12 英镑的预算相当宽裕。相当于几年前（1892 年）伦敦学校委员会为每个学生在建筑，以及建筑师、职员、工人，连同家具设备上花费的平均费用。[1] 而且，毫无疑问，这些费用造就的建筑物比伦敦的更优良。前面已经就节约土地作了说明，但在此仍需指出，在伦敦，每个学生平均的用地费用是 6 英镑 11 先令 10 便士。[2]

1 这个总数现在已经上升至 13 英镑 14 先令 8 便士 [参见《伦敦学校委员会报告》（London School Board Report），1897 年 5 月 6 日，p.1468]

2 同上。

基于《1870 年格莱斯顿初等教育法》(Gladstone's Elementary Education Act in 1870),1872—1904 年间,伦敦学校委员会(London School Board)创建了 469 所学校。不管怎样,霍华德在字里行间流露出对这些学校开销的某种兴趣,因为这些耐用的建筑——带有佛兰芒式(Flemish)的山墙、大窗户和漂亮砖墙的建筑——至今依然是值得推崇的伦敦特色城镇风貌景观。早期的大部分建筑是由伦敦学校委员会的建筑师爱德华·罗伯特·罗布森(Edward Robert Robson,1835—1917 年)设计的;和霍华德同时代的柯南·道尔(Conan Doyle),他小说里面的人物夏洛克·福尔摩斯(Sherlock Holmes)给华生医生(Dr. Watson)讲解指点——那些建筑是伦敦南部穷街陋巷中具有启蒙意味的灯塔。在一本关于校园建筑的教科书中,罗布森写道,他自己设计的学校——"在砖中布道"(sermons in brick),自己把它们看作——不仅是"平面布置更高大、更灵活"的建筑物,而且会带来"一种熏陶"(a sort of leavening influence),这样一来,"一望而知的高贵优雅的东西将会渗入日常生活中,无论是一扇门,还是做事的人,都会潜移默化。"(Robson,1874,引自 Jackson,1993,p36—37,41,42—43) 79

不过,霍华德的观点是对的。学校做成了多层建筑,是因为伦敦学校委员会和它的继任者——伦敦郡议会,只能拿到逼仄狭窄的场地。有些情况下,不得不在平屋顶上安装一个笼子,来隔出活动空间。有意思的是,虽然其中很多建筑现在已经被更低、更矮(甚至更昂贵)的结构所取代,但也已顺利地改作成人教育中心——甚至越来越多地改作豪华公寓综合体。

伦敦学校委员会的典型学校:肯萨镇(Kensal Town)的哈伍德路学校(Harwood Road School)和富勒姆·沃宁顿路学校(Fulham Wornington Road School)。引自罗布森(Robson, E. R.),1874 年,《校园建筑:学校建筑的规划、设计、建造和装饰等方面的实践评论》(School Architecture: Being Practical Remarks on the Planning, Designing, Building and Furnishing of School Houses)

80左（56）为了彰显预算的宽裕，不妨看一下曾经提到过的伊斯特本（Eastbourne）一家私营公司[1]，“基于排斥学校委员会的立场”，这家公司预估的建校费用，2500 英镑即可提供 400 个学位，每个学生平均投资只略超田园城市所估算的一半。

鉴于以下事实，每个学生平均 3 英镑足以支撑运营。《1896—1897 年国会教育委员会报告》（Report of Committee of Council on Education，1896—1897，c. 8545）
80右（57）显示，英格兰和威尔士“实际到校学生的生均支出”为 2 英镑 11 先令 11.5 便士。需要特别指出的是，在这些预算中，教育的所有支出都假定由田园城市支付，而通常情况下，相当大的部分是由国库（Imperial Exchequer）承担的。根据上述报告，就英格兰和威尔士而言，实际在校学生每人获得的国库拨款，对应田园城市中 3 英镑的比例，应占 1 英镑 1 先令 2 便士。因此再次申明，跟道路和环线铁路的情形一样，学校的情况我想我的估计已经相当保守了。

E. 市政厅和管理经费

必须指出，各项事业的估算费用已经把建筑师、工程师、教师等的专业指导费和监督费包含在内。因此，这个条目下的 2000 英镑维护费和经营费，只包括城镇当局的职员和官员的工资和杂费，不包括各专门条目中的人员开支。

F. 图书馆和 G. 博物馆

在其他地区，前者通常依靠筹集资金而非地方税来解决，后者亦多如此。因此，我在此再次证明了本人的观点。

---

1 “在伊斯特本（Eastbourne），一个可能产生深远影响的新方案正在浮出水面。教育部门要求提供 400 个额外的学籍。当地律师 J·G·兰厄姆（J. C. Langham）提议成立一家联合股份公司，以筹集建造更多校舍所需的资金，并帮助学校为未来打下健全的财务基础。项目的发起人相信，该项目如果能迅速实施，将会把学校委员会拒之门外，并回报给投资人适当的利息。

枢密院议长德文郡公爵（Duke of Devonshire），持有 500 英镑的股票；另一位当地的土地所有者戴维斯·吉尔伯特先生（Davies Gilbert），刘易斯的副主教（Archdeacon of Lewes），伊斯特本市长和其他一些人，也同意持股。公司的股本金为 10000 英镑。该建议已提交教育部门，并没有得到反对的意见；事实上，为学校使用而租借的场地，只要符合教育部门的卫生及其他要求，就会被认可，而这些场地的租金，则可作为学校年度开支的合理开销。这一计划曾面呈奇切斯特主教（Bishop of Chichester），并得到批示。德文郡公爵已提出，每年转给公司 12 英镑专门作为伯恩街（Bourne Street）的场地租金。据估计，一所包含 400 名学籍的学校成本为 2500 英镑，一旦建成，它将被出租给一批管理人员，租金为 125 英镑，相当于本金的 5%。如果扣除管理费用 25 英镑，每年仍会剩下 100 英镑，即 4% 的净收益作为股东的分红。董事们希望筹集到 10000 英镑，以便在有进一步的需求时，拥有强大的储备。”

——《每日纪事报》，1897 年 9 月 24 日

戏水池边的孩子。霍华德公园（Howard Park），莱奇沃思，20 世纪 30 年代

1915 年修建的圣克里斯托夫学校（St Christopher School），莱奇沃思，一个进步的、素食的寄宿全日制学校。这张照片大概摄于 20 世纪 30 年代

莱奇沃思图书馆和博物馆，摄于 20 世纪 30 年代

H. 公园和道路装饰

这项支出在田园城市财政状况完全健全之前无须支付，而公园空间用地在相当长的
82左（58）一段时间里，会作为农业用地来产生收入。此外，公园的大部分空间会任其保持自然状态。公园空间中的 40 英亩作为道路装饰，但是种植树木和灌木并不需要花很多钱。同样，这一地区的相当一部分区域将预留给板球场地、草坪网球场和其他操场，使用公共场地的俱乐部可能会被要求提供经费，以维持这些场地的秩序，这是其他地方的惯例。

I. 污水处理

关于这个主题所有要说的内容都在第 1 章第 17 页和第 2 章第 25 页。

K. 利息

我们在前面讨论过，假定投入公共工程建设资金的贷款利息为 4.5%。那么在此出现了一个问题——第 4 章中已有部分涉及——那些在“B”债券上放贷的人会得到什么样的保障呢？

下面我从三个方面来回答。

（1）那些预付了资金对土地进行任何改善的人都是有保障的，在实际操作中，这种安全性很大程度上取决于垫付资金的有效性；而且，依据这一不言自明的理由，我敢说，对于支出的有效性，多年以来，投资公众要求认购类似性质的改善事业的任何
82右（59）资金，都不具有同等的保障度，不论是用于建设多少英里的公路，多少英亩的公园，或者多少个学校的学童获得良好的资助。

（2）那些预付了资金对土地进行改善的人是有保障的，其安全性很大程度上取决于如下考虑事项，即是否还有其他更有价值的、由别人投资运营的工程项目同时实施，这些同时实施的其他项目，就是关于上述预付资金的一种保障；依据这个第二条不言自明的理由，我认为，这里所说的改善公共事业的资金，只有在其他改善措施——比如工厂、住房、商店等（这些投资在任何时间点上都远大于公共建设的资金投入）——打算或正在进行之际，才会被提请使用，所以保障度极高。

（3）用于把农业用地变更为城市用地的资金是最优的一类投资，很难获得比这类投资更安全的保障了。

霍华德对预期利率的长期研究进一步证实，如果有必要的话，他的书在很大程度 83
上是为未来的田园城市公司制定的招股说明书，而这家公司已经在他的脑海中形成了清晰的轮廓。在维多利亚晚期的英格兰，5% 被认为是一个不错的利率，而慈善团体则希望用借来的钱为伦敦的工人阶级提供住房。相比之下，19 世纪 90 年代，英国统一公债支付的利率为 2.5%—2.9%，而银行利率在 2%—6% 之间，6% 是在 1899 年布尔战争（Boer War，1899—1902 年——译者注）前夕的利率（Tarn，1973；Mitchell and Dean，1962，p455，458）。

霍华德原著第 60 页的偿债基金，在他的论述里面举足轻重，因为一旦得到了回报，它将为当地的民生福利提供永久的资金支持。事实上，正如霍华德所说，有两种这样的基金：一种用于购买土地；另一种，在这里考虑——用于必要的基础设施工程。在项目的早期，支付这些费用，对于任何这样的新开发来说，必定都是一个负担。对新城镇开发公司的基金是这样，对于私营部门的任何此类开发也是这样。

19 世纪的英国银行

这个方案实际是以利率 3% 或 2.5% 作为保障的，后期仍将如此，这点我毫不怀疑；但我也没有忘记，正是其新奇之处“使得”它有保障，尽管“看起来”似乎并非如此；可能也正是因为新奇，那些只是寻求投资的人有些不信任它。我们首先要留意的是，那些预付资金的人怀有多种动机——有些人是出于公共精神，有些人则是出于进取精神，当然，还有一些人暗中盘算把自己的债券溢价之后转手他人，因为他们肯定会这么做的。
84左（60） 因此，我把利率限定在 4.5%，但若有人出于良心，他可能会按 2% 或 2.5% 放贷，甚至无息贷款。

L. 偿债基金

这笔要在 30 年内还清债款的偿债基金，跟通常由当地机构为长远工程所提供的基金相比，要优惠得多。地方政府委员会（Local Government Board）经常允许，在成立贷款时设立一只期限要长得多的偿债基金。大家应该还记得，不动产用地的另一笔偿债基金也已经落实（参见第 4 章第 35 页）。*

M. 用地所属辖区的地方机构可征收的地方税余额

由此可见，田园城市的整体方案，对外界的其他地方政府的资源需求极其有限。道路、污水、学校、公园、图书馆等资金将由新的“市政自治机构”提供，以这种方式，目前这整个方案对于农户来说，就像是一笔“辅助税”。因为税收的提高仅是为了公共开销，所以不会有或很少会有新的税种，而且随着纳税者的数量增加，个税金额自然就会降低。然而，不容回避，有一些功能是田园城市这样的自愿型组织机构无法实现的，
84右（61） 例如警务和扶贫的管理。至于后者，毋庸置疑，长远来看，整个方案会让这个地方税变得没有必要，因为，当用地费用全部偿清，田园城市将为全体有需要的老年人提供养老金。与此同时，从一开始，它就尽其所能地在做慈善。田园城市为各类机构配备了 30 英亩土地，有朝一日，它势必可以承担这些机构的所有费用。

至于警务税，我认为 3 万居民进入这个城镇，警务税不会大大增加，他们大多数遵纪守法；因为这里只有一个土地所有者，而这个土地所有者就是社区，所以，警察无须频繁介入，这一点也并不难（参见第 7 章）。

---

* 霍华德原著如此，应为：参见第 4 章第 37 页。此处“不动产用地的另一笔偿债基金”是指偿债基金的“A”债券，“A”债券是用来筹款买地的。——译者注

正如（霍华德 1898 年原著）第 62 页的《每日纪事报》所记载，“煤气和供水 85
社会主义”（Gas and water socialism）在 19 世纪 90 年代迅速发展。特别是较大的城市，正在发展一套综合的公用事业，这需要大量的开支。1893—1904 年间，伯明翰借助于 70 英里远的沟渠，来灌溉威尔士中部的伊兰山谷（Elan Valley）；利物浦在不远的地方修建了韦尔努伊湖（Lake Vyrnwy）；曼彻斯特则利用处于湖区（Lake District）的瑟尔米尔水库（Thirlmere）；伦敦拥有一个不同寻常的大都会水务局（Metropolitan Water Board）。几乎每一个城市的有轨电车系统，在 19 世纪 90 年代末都收归城市所有和实现电气化；正如我们已经留意到的，紧随其后，伦敦郡议会也在 1901 年成立。

因此，霍华德提出了一个 100 年后对地方政府变得重要的问题：他们的收入和独立活动的影响范围现在受到中央政府的严格限制。不仅是电力和天然气，还有许多其他类似的服务，都是由地方政府管理并为他们创造收入。伦敦郡议会有自己的发电机，这能生产便宜的电力来运行市政有轨电车，理查德·霍加特（Richard Hoggart）称之为“人民的贡多拉”（Gondolas of the people）（Hoggart，1958，p116）。

我想，现在大家已经明白了我的观点，即田园城市的租户愿意提供的税金地租，就其所能提供的好处来说，是充分的：(1) 以债券利息的形式支付地主租金；(2) 提供一个偿债基金，来抵消整个地主租金；(3) 提供城镇的市政自治机构之所需，不必求助于任何有关强制征收地方税的议会法案——社区作为一个土地所有者拥有强大的力量，依靠这个就行。

N. 有收益的支出

结论不言自明——这里倡导的实验，为劳动力与投资方提供了一个极其有效的途
86左（62）径——适用于通常用税收支付的项目。我认为，这个结论必定同样适用于有轨电车、照明、供水等项目，这些项目通常由市政自治机构掌握，也是一项收入来源，可以通过减轻地方税为纳税人减负。[1] 但需要注意，我没有谈到任何有关事业收入的预期效益，同样的，我也不会就其支出作出估算。但是有个项目——也就是供水，通常其支出伴随着收益。当人口汇入市政自治机构的辖区之前，供水的精心规划可以产生巨大红利。有鉴于此，我相信，读者们会有兴趣仔细研读附录《供水》那一章，并充分意识到，就这一专业问题，业余人士提出看法时，我将从谏如流。

1 “伯明翰(Birmingham)借助于天然气的利润，每年得以减轻 5 万英镑的地方税。曼彻斯特电力委员会(Electrical Committee of Manchester) 已经承诺今年将向城市基金支付 1 万英镑，由此减免的地方税超过 1.6 万英镑的净值。”——《每日纪事报》，1897 年 6 月 9 日

颇为讽刺的是，正是在 1946—1948 年的国有化，给这些市政企业画上了句号。这种权力基础的丧失，是 20 世纪 50 年代抛弃有轨电车的强烈动机，现在人们普遍感到遗憾。但工党政府没有把供水系统国有化，因为许多地方议会都以他们的水利事业为荣。后来，保守党政府在投机市场上，出售了所有这些服务事业，正如霍华德所指出的那样，他们剥夺了纳税人减轻自己地方税的一种手段，并剥夺了地方议会可以推进市政自治实验的税收来源。

约 20 世纪 50 年代，在英国格林尼治的一辆伦敦有轨电车。在背景中可以看到伦敦郡议会（LCC）的发电站。1952 年，电车不复存在

86右（63）

第6章　行政管理

“城市生活中的现有弊端，亡羊补牢，时犹未晚。清除贫民窟，肃清其病毒，就像排除沼泽地里的水一样可行，根除其瘴气。现代城市中，黎民百姓的生活条件和周遭环境，可按他们的需要来调整，从而使种族、体质、精神和道德得到最高的发展。现代城市的所谓问题，不过是一个主要问题的不同阶段：环境怎样才能最妥善地适应城市民众的福祉？每一个这类问题，科学都能对答如流。现代城市科学——在人口稠密地区统筹安排公共事务——运用了多方面的理论与实践知识，包括行政管理学、统计学、工程与技术学、卫生学、教育学、社会学和伦理学。如果从广义上使用‘城市政府’这个词——赋予它统筹社区公共事务和利益的含义，并且，倘若有人欣然而理性地接受这么一种理念，即城市生活是一个很棒的社会事实，则会要求‘城市政府’应该促使城市生活积极惠及全体民众的福祉，汇聚到大城镇定居是他们的合法利益，那么他就会理解本书撰写的观点。”

——艾伯特·肖（Albert Shaw），《英国市政府论》（Municipal Government in Great Britain），T. Fisher Unwin 出版社，第一章，第 3 页

我在第 4 章和第 5 章谈到管理委员会（Board of Management）的资金支配问题，
88左（64）而且我确信并尽力表明，如果成功，委托人以城镇土地所有者的身份所收取的税金地租是足够的，（1）依靠债券来支付已购置用地的利息；（2）提供偿债基金，使社区在相对较早的时期，能摆脱债券利息的负担；（3）确保管理委员会能够落实执行那些在其他地方、大多数情况下，要靠强制征收地方税才能实现的事业。

现在出现了一个最重要的问题，即市政自治机构的企业将在多大程度上得到发展，以及它将在多大程度上取代私营企业。我们已经含蓄地指出，就像许多社会实验一样，这里所提倡的实验并不会——将全盘产业收归市政管理和消灭私营企业。但是，有什么原则可以指导我们来划清市营和私营的界限呢？约瑟夫·张伯伦（Joseph

行政管理

霍华德对艾伯特·肖的大段引用可能颇有深意，因为肖是一位美国人，也是改革派杂志《评论之评论》（The Review of Reviews）的编辑，他使“市政社会主义”（municipal socialism）这一术语流行普及。但艾伯特·肖并不是一个公认意义上的社会主义者，对他来说，这个词没有任何真正的社会主义内涵：他的意思只是使用公共资金为全体公民提供必要的公共服务。当时，在美国和英国，一个关键的问题是——怎样以最佳的方式来组织必要的公共事业服务，如天然气、电力、水和公共交通。在英国，直到1947—1948 年它们（除了当地的交通运输之外）被国有化之前，都一直处于市政管理之下。在美国，这种模式多种多样。但一些城市，尤其是旧金山，积极拥护“市政社会主义”，正如旧金山市政轻轨系统（MUNI light rail system）如今所证明的那样。艾伯特·肖的关于欧洲和美国市政改革的大量文章，请参阅格雷巴尔（Graybar）的参考书目（1974，p206—220），以及艾伯特·肖的参考书目（Shaw，1895a，b）。

中间，莱奇沃思董事会主席拉尔夫·内维尔（Ralph Neville）；左上，爱德华·卡德伯里（Edward Cadbury）；中排右侧，霍华德

Chamberlain）说过："市政自治机构活动的确切范围，仅限于社区能比个人做得更好的事情。"确切地说，这是一个真理，但并不能使我们走得更远，因为问题的关键在于，"哪些事情"是社区能做得比个人更好的。当我们寻求这个问题的答案时，会发现两个直接冲突的观点——社会主义者的观点：社区能在财富生产和分配的每一个阶段都做到最好；个人主义者的观点则认为，这些东西最好交给个人。但或许真正的答案并不是走这两个极端，而只能是通过实验得来的，并在不同的社区和不同的时期会有所不同。
88右（65）随着市营企业的能力和诚信度上升，中央政府所给予的自由度的扩大，或许会发现——尤其是在市属的土地上——市政自治机构活动的辖域范围也许会扩大，以至于拥有大量的土地，然而，市政当局会要求不应存在强制垄断者和专权者的联合。

考虑到这一点，田园城市的市政当局在一开始会非常谨慎，步子不会迈得太大。如果管理委员会试图包揽所有的事，那么在筹措市政事业所需资金时的难度会大大增加。而且，在最终发行的招股说明书中，将会有一份明确的陈述，说明该公司将如何处理委托给该公司的资金，而最先着手的，会是一些经验上已经证明市政当局能做得比个人更好的事情。显然，如果承租者能清楚地了解"税金地租"将用于什么目的，他们也会更乐意支付足够的"税金地租"。在做成这些事情之后，适当地扩大市营企业的范围，遇到的障碍也会更少。

那么，我们对这个问题的答案是，市营企业应该涉足什么领域？它的范围将简单地由承租者支付"税金地租"的意愿来衡量，并且随着市政公共事业是否切实有效地完成，而按比例增长或降低。例如，如果"税金地租"的承租者发现，只要一点点的
90左（66）投入，就能使政府当局全方位提供优质的水，他们就会相信，这么好的效果是无法通过任何私人营利性企业获得的，他们自然而然就会愿意，甚至迫切希望进一步做些充满前景的市政公共事业的试验。田园城市的用地，在这个方面，或许可以跟包芬夫妇（Mr. and Mrs. Boffin）有名的公寓相媲美。读过狄更斯（Dickens）小说的读者都会记得，这个公寓一方面是为迎合太太的喜好来装修的，她是个"讲究时髦"的人；而另一方面，则是按先生想要的舒适概念来装修的。但就有关聚会的装饰上，包芬夫妇俩则相互体谅，如果先生在一定程度上想弄点儿"高标准"，那么太太的地毯则会"时兴一点"；反之，如果太太想要"不那么时髦"，那么太太的地毯便会"保守一点"。同样的，在田园城市里面，如果居民想"追求"合作，那么市政当局便会"时兴一点"，如果他们不怎么"追求"合作，那么市政当局便会"保守一点"；市政事业工作者和非市政事业工作者，在任何时期所占的相对职位数目，将很公平地反映公共行政管理的技能和全面性，况且，对公共行政管理的价值评估取决于协作的程度。

19 世纪 90 年代早期，约瑟夫·张伯伦（Joseph Chamberlain）肖像。伊芙琳·迈尔斯（Eveleen Myers）摄影

在本质上，霍华德走的是自由主义者的路线——为自己的项目争取尽可能广泛的 89
支持，竭力避开政治上左派与右派之间的嫌隙。正如刘易斯·芒福德（Lewis Mumford）所言，“霍华德以其温和理性的天赋，希望能赢得保守党和无政府主义者、个人纳税者和社会主义者、个人主义者和集体主义者，对他实验的支持。他的希望并没有完全落空，因为在寻找共同点时，他利用了坚实的政治传统。”（Mumford，1946，p37）但这不是一个简单的左派、右派的区别。约瑟夫·张伯伦曾三次担任伯明翰市长，他治下的政府在市政企业中非常活跃。他是一个激进的自由主义者——直到 1885 年，他已经是一个成熟的国家级政治家，在爱尔兰自治问题上与该党决裂。他继续生活在伯明翰，1896 年他在一个宴会上发表了讲话：“我一直把在市政委员会的工作，比作是在一家股份制大公司工作，其董事是由市议员所代表的，而其股息是在社区健康、财富、幸福和教育的积累之中实现的。”（Parkin，1989，p137，引自 Cherry，1994，p81）

但几乎可以肯定，霍华德过于乐观了，他的设想当中这家有限公司的受托人和管理委员会之间的关系是顺畅的，受托人负责商业贷款和田园城市的建设，而管理委员会负责将税金地租收入用于支出。“霍华德似乎并没有真正意识到这两个机构可能会发生冲突。冲突很快就浮出了水面。”（Hall and Ward，1998，p29）1904 年，冲突出现在了莱奇沃思，当时董事们反对霍华德——董事们放弃了定期上涨租金的原则。面对失败，霍华德仍保持着乐观精神，他相信随着时间的推移，这一原则会重新确立；他显然没有意识到——董事们的决定，摧毁了他的计划的根基（Hall and Ward，1998，p35）。

但是田园城市的市政当局，除了反对任何试图将各式各样企业统一管理起来之外，它的组成机构还要将各种市政机构的职责直接由其分支下的专业官员来履行，而不是
90右（67） 轻率地抛给庞大但实际上视若无睹的中央机构——这种措施会导致公众很难察觉到什么地方有漏洞或可能产生冲突。这种机构是按范围很广而且分工明确的业务来设置的，划分为许多的部门，预设每个部门都能长期存在——针对这些官员的选拔，不仅只是依据其业务方面的知识，还要看他们是否能适合这个部门的工作。

管理委员会

组成

（1）中央议会（Central Council）

（2）各部门（Departments）

中央议会（参见图 5）

这个议会（或是议会任命的人）被看作田园城市唯一的土地所有者，拥有掌管整个社区的权利和权力。在偿清债务之后（支付地主地租和偿债基金后），我们可以看到，居民缴纳的所有税金地租，以及各种市政事业所获取的利润，足以满足所有的支出，无须求助于任何强行征收地方税的权宜之计。读者可能留意到前面讲过，中央议会所拥有的权力比那些其他市政自治实体更广泛，其他实体大多享有的只是像国会的法案专门授予的这类权利，而田园城市的中央议会代表人民，依据普通法律行使土地所有者所享有的更广泛的权利、权力和特权。土地的私人拥有者可以自主支配土地和其收
92左（68） 取的租金，前提是他不妨碍邻居；而另一方面，通过议会法案取得土地或获得征收地方税权力的公共实体，只能是那些法案所清晰规定的目标时才能使用那些土地或征收地方税。但是田园城市的地位还要优越得多，因为，它以准公共实体的身份享有私人土地所有者的权利，立即拥有比其他地方实体广泛得多的实现人民意志的权力，因此在很大程度上解决了地方自治的问题。

尽管拥有这么大的权力，为使行政管理便利，而将权力授予给各部门，然而仍保留下列职责：

（1）城市用地的总体规划布局；

（2）决定供各部门（例如，学校、道路、公园等）使用经费的数额；

（3）为保证全局统一和协调，对各部门采取必要的，但不过分的监管与控制。

在这里，霍华德继续向双方或每一方发出呼吁。这个问题当然还在继续发酵，91
尤其是在英国。20 世纪 40 年代后期，问题的钟摆从市政自治机构开始摆向主要公共服务的国家所有权，主要公共服务有天然气、电力、铁路和公共汽车公司等。但当时激进改革的工党政府既没有把水务包括在内，也没有把地方交通包括在内，因为它承担不起把主要是由工党领导的城市议会惹恼的后果。这里有一个合理的解释：这些地方服务，基本上都是在最优规模状态下运行的，而电力和天然气（在发现天然气之前，那时的人们对此抱有怀疑），可以从电网设施中获取收益，并确保规模经济。半个世纪过去了，同样激进的撒切尔政府把它们全部私有化——不过，其中有一个例外，1933 年成立的一个公共机构即伦敦客运总署（London Transport），却在 1948 年就被国有化了。

莱奇沃思消防队，约 1910 年

各部门

各部门可分为若干组织团体，例如：

（A）公共职能；

（B）工程；

（C）社会目标

92右（69） ### A 组，公共职能

这些团体可能由子组织团体构成：

财政	税务
法律	监察

财政

在支付地主租金和偿债基金后，所有税金地租交付本部门，中央议会票决给各部门的所有资金由这个部门支付。

税务

这个部门接收所有想成为承租人的申请，并确定要缴纳的税金地租。然而这些税金地租并不是由这个部门专断的，而是基于税务委员会（Assessment Committees）所采取的基本原则——决定税金地租的真正因素是一般承租者愿意缴纳的金额。[1]

法律

这个部门规定租约签订所需的条款与条件，以及需要由中央议会或者向中央议会，签订的合约的性质。

监察

94左（70） 本部门执行市政当局以土地所有者的身份，执行一些市政当局与承租者双方同意的合理的监察任务。

1　税务委员称呼这些人为“假想承租者”。

温德姆·托马斯（Wyndham Thomas CBE），英国最高级巴思爵士，彼得伯勒新城镇开发总公司（Peterborough New Town Development Corporation）前总经理，城乡规划协会早期负责人

在英国新兴城镇的现实世界当中，地方当局和新镇开发公司之间一直存在冲突。 93
英国最后一个新镇，也是最大的一个新镇是米尔顿凯恩斯（Milton Keynes），开发公司前主席跟我们说："我们退后一步并不是要成为他们巢穴的入侵者，而是与所有的地方当局保持良好的关系。我和他们所有人打成一片。"［米尔顿凯恩斯开发公司前主席坎贝尔勋爵（Lord Campbell of Eskan）的病房采访，1993 年］。为了部分地解决这个问题，20 世纪 60 年代几个有名的新镇，对已建成的中小城镇——北安普敦（Northampton）、彼得伯勒（Peterborough）和沃灵顿市（Warrington）进行了拓展，并将这些中小城镇选为开展合作的新镇，与地方当局代表联席，进入开发公司董事会。即便如此，彼得伯勒主任温德姆·托马斯（Wyndham Thomas）回忆，为理顺关系，没少从中斡旋。

B 组，工程

这个组织团体可能会由以下几个部门组成，其中一些可能会在以后成立。

道路	公园与开放空间
地铁	排水
下水道	运河
电车轨道	灌溉
市政铁路	给水
公共建筑（除学校外）	动力
	照明
	通信

C 组，社会与教育

这个组织团体同样划分为多个部门，处理成：

教育	图书馆
	浴室与洗衣房
音乐	娱乐

管理委员会成员的选举

委员（男女不限）是由税金地租的承担者们选举产生的，服务于一个或多个部门，各部门的主席与副主席组成中央议会。

94右（71） 在这个机构下，人们相信，社区会有最合适的手段来正确评估这些工作人员的服务，同时，在选举期间，将会向他们提出直接而明晰的问题。不需要这些候选者对许多市政自治的政策问题洋洋洒洒地说明观点，他们对许多问题并无明确的概念，这可能也不会在他们的任期之内有助于他们所看重的投票记录；但是必须直接就某些专业性问题或组织团体问题阐明自己的观点。就这些问题的合理观点对于选举人来说是极其重要的，因为其与这些城镇的福利直接相关。

霍华德显然站在了激进的一边，他提议成员可以是男性也可以是女性，不过从 95
1870 年开始，伦敦学校委员会有两名女性成员，分别是格林尼治（Greenwich）的艾米丽·戴维斯（Emily Davies）和马里波恩（Marylebone）的伊丽莎白·加勒特（Elizabeth Garrett）。她们俩是伦敦选举委员会（London Suffrage Committee）的创始成员，对妇女权利都持强硬态度。这个组织在 1866 年向议会提交了一份争取女性选举权的请愿书，但尽管得到了约翰·斯图尔特·穆勒（John Stuart Mill）等自由派人士的支持，请愿书还是遭到了拒绝，直到 1921 年，女性才可以投票或参选议会。艾米丽·戴维斯（1830—1921 年）为女性接受高等教育而竞选，她是 1873 年剑桥格顿学院（Girton College）成立的关键人物。伊丽莎白·加勒特（1836—1917 年）在父亲的支持下，决心成为英国第一位女医生。1883 年，她被选为伦敦医学院院长。当她入选伦敦学校委员会时，赢得的选票比其他任何候选人都多。

调查第一个田园城市基地的调查员小组

96左（72） # 第 7 章　半市营企业 – 本地人选择权 – 禁酒运动

"尼尔先生（Mr. Neale）在《合作经济》（Economics of Cooperation）中计算过，伦敦主要的零售业有 22 种，独立的商店 41735 家。如果每一种零售业有 648 家商店——也就是每平方英里 9 家，任何人从一家商店到最近的商店不会超过 1/4 英里。那一共才 14256 家商店。假定这种供应是充足的，则伦敦 251 家商店中只有 100 家才是真正所需的。如果把浪费在零售贸易上的资本和劳动力腾出来从事其他工作，国家的总体繁荣就会大大增加。"

——阿尔弗雷德·马歇尔（Alfred Marshall），玛丽·佩莉·马歇尔（Mary Paley Marshall），《产业经济》（Economics of Industry），第 9 章第 10 节

上一章里，我们已经看到，市营企业和私人企业之间没有清晰的界限，因此我们可以明确地对任何一方说"现在让你干，今后却未必"（Hitherto shalt thou come, but no further）。这个问题不断变化的特性，可以为我们审视田园城市的产业提供参考。根据这种企业既非截然市营，又非截然私营，正如它表露的那样，却兼而有之的特性，也许可将其定义为"半市营企业"（semi-municipal enterprise）（参见图 5）。

所谓的"公共市场"（public markets），是我们许多现有市政当局最可靠的收入来
96右（73） 源之一。但值得注意的是，这些市场中的"公共性"与公园、图书馆、给水系统以及其他数不胜数的市政公共事业不同，后者依赖公共经费运营，由公共官员掌管，用公款支出，唯一的目的是为公共利益服务。相反，我们所谓的"公共市场"绝大多数由私人拥有，他们为其所占有的建筑空间付费。除了有限的几个方面之外，他们几乎不受市政当局控制，获利也由不同的经营者个人分享。因此，市场或许更适于定义为"半市营企业"。

虽然没必要刻意讨论这一点，但它能自然地引导我们思考半市营企业的形式，它也是田园城市的基本特征之一。这点在"水晶宫"中不难发现，大家应该还记得，那

半市营企业 - 本地人选择权 - 禁酒运动

霍华德在这里引用的《产业经济》是由阿尔弗雷德·马歇尔（Alfred Marshall）和他的妻子玛丽·佩莉·马歇尔（Mary Paley Marshall，1850—1944 年）共同撰写（参见本书第 55 页）。由于玛丽·佩莉被自己丈夫的光芒所掩盖遮蔽，她的工作几乎得不到认可。玛丽·佩莉跟丈夫一样，也追随新古典主义的经济学学派，以她丈夫的马歇尔经济学闻名。玛丽·佩莉是第一个在剑桥大学演讲的女性，并是阿尔弗雷德·马歇尔担任校长的布里斯托尔大学（Bristol University）的首批教师。在玛丽·佩莉的职业生涯中，她一直在为提高女性接受高等教育的权利而奋斗。 97

阿尔弗雷德·马歇尔（上），玛丽·佩莉·马歇尔（下），摄于 1892 年。这两张照片既不是同一时间，也不是同一位摄影师拍摄的

霍华德指的是许多英国城镇的市政市场（municipal markets），这些市场可以追溯到很久以前。大部分保留了开放式街巷市场的原始特征，通常每周会在马路上举行一次或两次。在他的时代，一些小城镇——主要是在英格兰北部，但也不完全是——建起了不临街的室内市场，那里的摊贩每个工作日都在经营，向市政当局支付租金。如今，它们在跟大型连锁超市规模经济的竞争中生存下来，甚至茁壮成长，部分是因为它们能有效地满足新鲜农产品日益增长的需求。讽刺的是，1998 年当我们认为在英国建立美国式农场主市场的时机已经成熟时（Hall and Ward，1998，p208—209），几乎没有任何实例；而 5 年之后，则遍地开花。

是一个环绕中央公园的宽阔拱廊。在这里，田园城市最受欢迎的商品在展销，它既是一个冬季花园，也是一个极佳的购物中心，也是城镇居民最钟爱的休闲场所之一。这些商店业务并非由市政当局运营的，而是由许多私人和社会团体运营的，商店数量取决于本地人选择权原则（principle of local option）。

形成这套体系需要考虑两方面的情形，一方面是制造商，另一方面是受邀进城开店的店主及分销商。因此，举例来说——就制造商而言，假定是皮鞋制造商，尽管他会乐
98左（74）见来自城镇的顾客，但是他的生计不会依赖于此；他的产品在世界各地出售；而且他不希望所在地域内皮鞋制造商的数量受到严格限制。事实上，对他而言，这种限制弊大于利。制造商一般希望附近有别人从事同样的行业；这样，他将有更多的机会甄选技能娴熟的工人，而这些工人也同样乐见如此，因为这样，他们挑选雇主也有了余地。

但是商店和百货公司的情形完全不同。一个打算在田园城市开店的个体或是社会团体，譬如一个布艺商店，则迫切想知道，是否有限制其竞争对手数量的安排措施，因为，他的生计几乎完全依赖于当地城镇或附近地区的生意。其实，这司空见惯，私人土地所有者在规划其建设用地时，会和自己店铺的承租人商量，避免本区域的同行竞争而使承租者陷入困境。

因此，问题似乎是如何立即采取适当的安排措施：

（1）吸引店主阶层的承租者来此开店，给社区提供充足的税金地租；

（2）防止商店重复设置造成不便和资源浪费，参见本章开篇部分；

（3）确保通常因竞争所带来（或假设）的优势，例如价格低、选择多、交易公平、
98右（75）待人接物彬彬有礼等；

（4）防止垄断带来的弊端。

所有这些结果都可以用一种简单的权宜之计来保障，其效果是把竞争从一种活跃的力量转变为一种潜在的力量，让它发挥作用或保留下来。前文已经讲过，这是“本地人选择权原则”的一种应用。进一步解释一下：田园城市是唯一的土地所有者，它可向拟租客户——我们假定是经营布艺或者新奇商品的一个合作社团或个体商人——批出一份长期租约，以每年一定的税金地租租用大拱廊（水晶宫）一定面积的空间；实际上，它可以对它的租户说，“目前，这个分区的这块地方，是我们打算租给任何从事你们行业的租户的唯一空间。然而，大拱廊并不只是被设计成城镇和地区的大型购物中心，以及城镇制造商展示商品的永久性展览场所，而且还是夏天和冬天的一个花园。因此，如果将商店和百货公司控制在合理的限度内，大拱廊所占的空间将大大超过商场的实际需要。现在，只要你能让城里的人满意，其他的游憩休闲场所就不会出

在这里，霍华德明明白白地阐述了马歇尔的《经济学原理》第 4 卷第 10 章的知 99
识内容，讨论发生在工业区的私人企业聚集经济学（economics of agglomeration）——最近，在地理学家如艾伦·斯科特（Allan Scott）、迈克尔·斯托珀（Michael Storper）和经济学家保罗·克鲁格曼（Paul Krugman）等的“新经济地理学”（new economic geography）分析里面可以重新发现（Scott，1986，1988a，1988b；Scott and Storper，1988；Krugman，1991，1995）。但霍华德认为，零售业的经济是不同的：竞争可能导致市场失灵，因为潜在市场太小，不可能有多家商店实现盈利。当然，这是因为田园城市的市场由于地理上的区隔分离，而被有意地限制了规模。然而，在接下来的几页中，霍华德采取了一个巧妙的、不乏曲折的制度安排，为田园城市的零售业结构注入了一定程度的竞争。

20 世纪 30 年代田园城市韦林百货商店，归韦林田园城市有限公司所有

英国伊灵（Ealing）农贸市场今貌

租给任何一个你的同行。当然，有必要防止垄断。因此，如果人们不满意你的买卖方
式，并且想要积极引入竞争的力量来对付你，那么，当提出诉求的人数达到一定数量，
100 左（76）市政当局则会在大拱廊里辟出相应的区域开设竞争商店。”

这种情形下，商人们需要倚重顾客的口碑。如果索价太高，或者以次充好，或者在员
工工作时间、薪酬等方面的待遇不佳，他会损失口碑，市民将会寻找有力的途径表达其诉
求——他们会直接邀请一个新的同行竞争者。当然，换个角度，只要商人们明智而友善地
经营，在消费者坚实的口碑上建立其良好形象，商人们将得到保护。商人们的利好也将是
巨大的。在其他城镇，商人们的竞争对手随时都有可能毫无征兆地跳出来反对他。倘若在
一些特殊时期，刚刚购进一批昂贵的商品，若不能当季完成销售，只能降价促销而遭受重
创。在田园城市则会恰恰相反，商人们将对危机有充分警觉，有时间未雨绸缪，甚至有效
规避。除此之外，社区居民除非很有必要，也无意在此行当引入竞争，尽可能地保持竞争
态势才能更加保障他们的权益。如果让店主处于竞争的窘境，他们也将卷入其间，与店主
一起遭受困扰。他们将失去本可以用于其他业态的空间；不得不支付高出第一位店主的价
格；必须对两家而非一家提供市政服务，然而这两家都付不出最初那个商家那么大数目的
100 右（77）税金地租。因为大多数情况下，竞争肯定会使物价上涨。这样，如果 A 每天做 100 加仑牛
奶的生意能支付他的各种开销，维持温饱，卖给顾客的牛奶是每夸脱 4 便士。但是，如果
来了一个同行竞争者，A 如果要维持原来的开支，就只能卖每夸脱 4 便士的“兑水牛奶”了。
店主之间的竞争不仅会导致竞争对手的破产，而且会让物价上涨，拉低实际收入。

可以看到，在这种本地人选择权的体系下，城镇商人——无论是合作社团还是
个人——如果严格意义上或技术上来讲不是这样，但从真正意义上讲，也会变成市
政公务人员。但他们不会被官僚主义的繁文缛节所束缚，他们将拥有最充分的权利
和主动性。他们通过自己的能力和判断预见当地人的喜好和意愿，并不依仗僵化的
教条和刻板的文字。而且，商人通过正直与殷勤，将赢得并维持自身良好的口碑。
他们会像所有商人一样承担一定的风险，作为回报，他们会得到报酬，当然不是以
工资的形式，而是以利润的形式。只是与那些竞争不受监管和控制的地方相比，他
们承担的风险要小很多，同时他们的年利润与投资资本的比例也可能更高。他们的
102 左（78）售价甚至会远低于其他地区的普遍行情，但是有了销量保证，而且可以精确预估需
求量，他们将可以非常灵活地周转资金。他们的经营费用也会少得离谱，他们无需
向顾客做广告，当然每当出新品的时候还是需要向顾客作些说明的；但是，商人们
为了挽留顾客或防止顾客流失而频繁地耗费精力和金钱，这种浪费将会完全没有必
要了。

霍华德进一步阐述了他的观点：零售商将在每个地方议员的选区享有有效的垄断，但在中央购物区——“水晶宫”——将面临潜在的竞争。需要记住，在他那个时代，由于收入低、存储设备匮乏——更不用说冰箱了——穷人经常在当地的街角商店购物，偶尔也会去外地旅行。然而，即使在当时，每个人都经常光顾城镇中心有顶盖的市场，因为他们提供的商品货真价实。这是霍华德哲学应用的另一个例子——田园城市的管理刻意表现得像一个好的土地所有者，为了消费者的利益而规范竞争，但仍然需要保持私人利益动机作为供应货物的主要动力。 101

霍华德认为，合作原则可能会在某些事业中得到发展。事实上，合作社自 1844 年在罗奇代尔（Rochdale）成立以来，发展迅速：当地的合作社几乎遍布英格兰所有大小城镇，1868 年在伍利奇（Woolwich）成立的皇家阿森纳合作社（Royal Arsenal Cooperative Society）是英国最大的合作社之一。但正如比阿特丽斯·韦伯（Beatrice Webb）所指出的，随着这场运动的发展，它的性质也发生了变化——最初的设想是作为促进生产者和消费者合作的一种方式，但实际上它只发展了后者（Webb，1938，p431—432；Hall and Ward，1998，p80）。尽管如此，霍华德和他的支持者们还是希望合作运动能成为田园城市的主要建设力量。在 1900—1909 年间的合作大会上，他们认为应该关注这个合作运动中的商店、工厂和住宅，保护它们的独立性（Fishman，1977，p65；Hall and Ward，1998，p80）。 103

莱斯（Leys）大街，莱奇沃思购物中心，约 1909 年

不仅每个商人在某种意义上都成为市政公务人员，而且他们的雇员也是这样。这些商人的确拥有雇佣和辞退自己雇员的权利；但如果他的做法专横跋扈，工资待遇低，对待员工轻慢，他面临的风险将是很有可能失去大部分顾客的口碑，即便在其他的方面他仍可能是一个值得称赞的公务人员。另一方面，如果采取利润分红制，并将其促成为一种惯例，那么在所有人成为合作者的简单过程中，雇员与雇主之间的差异将会逐渐消失。[1]

102右（79） 这种应用于商铺经营的本地人选择权体系不是一门生意，而是提供了一个表达公共良知的途径，反对那些现已激起民怨的压榨者，但是压榨者却不知道怎样有效地去对这个新趋势作出反应。几年前，在伦敦成立了消费者联盟（Consumer's League），它的名字耐人寻味，似乎是要保护消费者，抵抗不良商人。但实际上，它的初衷是保护那些饱受压榨、疲惫不堪的生产者免受消费者要求降价的聒噪。其宗旨是协助那些厌恶和憎恨压榨制度的老百姓，利用联盟认真搜集的情报，不要买到这些经过压榨者之手的产品。但是，如果没有店主的支持，消费者联盟所提倡的这种运动将会举步维艰。消费者们必须饱含热情地去反对血汗工厂，执拗地追踪每一件商品的来源，而店主通常很少会透露每件所售商品的详细信息，也不太会确保所有商品均在“公正”的条件下生产；既想要开店，又要抵制压榨性企业，这在大城市行不通，那里早已挤满了各种分销商。然而，在田园城市的这个方面，是公众良知表达自己的大好机会。

还有一个与术语“本地人选择权”一词最密切的相关问题，可以在这里讨论。
104左（80） 我指的是禁酒问题。现在请注意，市政当局，作为唯一的土地拥有者，“有权”采取最激进的方式禁酒。众所周知，很多土地拥有者是不允许在其土地上开设酒吧的。而田园城市的拥有者——也就是居民自己——“可以”采用这一方针。但是，这样明智吗？我想未必。首先，这一限制会把为数众多而且还在不断增多的适量饮酒者拒之门外，也会把酗酒之徒拒之门外，而改革者牵挂的是要把他们带到田园城市周围，这样对他们的健康有利。在这样一个社区里面，酒吧，或者类似的地方，会有许多利人利己的竞争者；而在大城市，由于享受便宜又合理的机会少之又少，那只能听之任之了。如果允许合理卖酒而不是严令禁止，那么这项试验在禁酒运动方面会更有价值。因为，在禁酒运动的发展态势上，前者可以清晰地描绘出一种更自然、更

1　本地人选择权这一原则，主要适用于分销行业，可能也适用于它的一些衍生生产行业。因此，面包店和洗衣店，这些在很大程度上取决于其店铺地点的生意，似乎在目前情况下可以谨慎使用。很少有什么行业比它们更需要彻底的监督和控制，也很少有像它们那样直接关乎健康。确实，在极端的情况下可采用市营的面包店和市营的洗衣店，但是很显然，由社区控制这一产业即便是可取的和可行的，也只是一种权宜之计。

这是一种症状——这个运动在两次世界大战之间达到顶峰，随后衰落，现在几乎销声匿迹，成为懒散管理和政治惰性的牺牲品。但在这里，霍华德似乎给出了正确的处方——他似乎预料到了一个截然不同的发展方向，即资本主义的老板会把股票分给他的工人。1914 年，约翰·史派登·路易斯（John Spedan Lewis）沿用了这个原则，他的父亲非常成功地靠布料生意起家，他接管了父亲在伦敦斯隆广场（Sloane Square）的彼得·琼斯百货并开始应用有限合伙制度,最后在 1929 年将此方案扩展到所有业务。包括维特罗斯连锁超市（Waitrose）在内的约翰·刘易斯（John Lewis）合伙企业，已成为世界上最杰出的合作典范之一。当然，它既不是生产者合作社，也不是消费者合作社。霍华德掌握了正确的处方，但他并没有一以贯之。

1925 年在伍利奇的前皇家阿森纳合作社（Royal Arsenal Co-operative Society in Woolwich）（1868 年创立，1908 年歇业）

这里，霍华德继续他在前一章开始的讨论， 105
同时为了强调自由意志主义方法的有效性，他提到了酒类交易问题。霍华德自己不喝酒，但他以自由意志的方式指出——禁止田园城市的酒吧或酒店的决议是不明智的。当时，人们就酒类交易的控制引发了非常激烈的辩论，因为出于某些原因，饮酒被视为工人阶级的祸根。当然其中一个原因是拥挤的房屋和公寓迫使工人去酒吧。在田园城市，有人认为没有理由去那里。

健康的生活方式；如果采取后者，毫无疑义，那将只能证明，应用限制手段可以使一个小范围内做不成卖酒的生意，却会伤及无辜的其他地方。

但是，社区肯定会防止持有政府特许经营执照的酒吧过度发展，而且会自由选
择一种禁酒运动改革者所倡导的、更温和的措施。市政当局亦可自己经营售酒业，
104右（81） 利用收益降低地方税。然而，这种社区的税收来源遭到许多力量的反对，因此，最
好将这些收益全部应用于反对售酒行业的竞争，或是为酒鬼建立收容所，把酗酒的
不当影响最小化。我热切欢迎那些跟这个主题相关的各种有实用价值的建议。小城
镇虽小，但在不同分区中，却未尝不可以测试各种有前景的建议。

事实上，田园城市莱奇沃思最初是不销售酒水的：九柱戏酒吧（Skittles Inn）仅仅销售柠檬水。汉普斯特德花园郊区（Hampstead Garden Suburb）也是如此；更早些的时候贝德福德公园（Bedford Park）也尝试过同一类型的酒吧，例如曾经运营过（现在依然还在）的战袍酒吧（Tabard Inn）。多年来，格拉斯哥一直不给其庞大的市政住宅区发放任何特许经营场所牌照，带来的结局是成千上万人浩浩荡荡乘坐巴士返回市中心的酒吧。

莱奇沃思的“三磁铁”酒吧（The Three Magnets Free House）*，显然没有留意九柱戏酒吧早期的禁酒令

1913 年，九柱戏酒吧的建造工人罢工，要求建造师协会增加工资

* “Free House”指没有与任何酿酒厂绑定，可提供品种丰富酒类的酒吧。——译者注

106左（82）

第 8 章　准市政工作

“每个群体里面，只有一部分人有足够的胆识扛起新真理的旗帜，还有足够的耐力背负着它沿着崎岖不平、人迹罕至的道路前行。……如果新习惯和新思想才开始被当时最进步的思想者所接受，就要求整个社会的公众立刻遵从其主导地位——即使理论上可行，也会使生活举步维艰，加速社会的解体。…… 一个新的社会状态从来无法确立其思想，除非有人公开承认它们，并且真诚有效地支持它们。”

——约翰·莫雷（John Morley），《论妥协》（On Compromise），第五章

在每一个进步的社团和组织中，都能发现比其所拥有或展现的集体能力更胜一筹的公共精神和追求。也许任何一个社区政府从未达到过社区所要求的高境界，或在社区要求的高水准上运营过；不过，国家机关或市政自治机构的工作热情，一旦受到社会责任感高于一般水准的人的激励和鼓舞，将更能惠及社会福祉。

田园城市也许正是这样。这里有很多为公众服务的机会，它们既不要求整个社区，
106右（83） 甚至也不要求大部分成员首先承认其重要性，或对此敞开胸怀予以接纳，因此，不要指望市政当局会去承担这些公共服务；但在田园城市自由的氛围中，那些心系社会福祉的人，总能实践自己的职责，从而提升公众良知，扩大公众的理解。

本书所描述的整个试验确实是这个性质。它是开拓性的，由那些虔诚而又对土地共有制的经济、卫生和社会优越性具有实际信心的人来贯彻执行，因此，他们将并不满足于宣扬这些优越性要由国家经费予以最大限度的保障，而且热忱地要把他们的观点尽可能形象地表达出来，把志趣相投的人尽量地汇聚起来。要想在全国推行整个试验，那么我们所谓的“准市政”事业就要在田园城市的社区和社会中大行其道。就像更大的试验是想引导国家推行一种更加公正、更加合理的土地所有权制度，在城镇建设上达成一种更加美好、更加广泛的共识。那么田园城市的各种准市政事业也是如此，它们由准备大显身手、推动城镇福祉的人提出来的，但他们的计划或方案尚未成功地

准市政工作 107

霍华德这里引用的是约翰·莫雷（John Morley，参见本书第 21 页）1874 年出版的《论妥协》(On Compromise)。

霍华德在他的著作中写道，当时有成千上万友好的社团，在劳苦大众之间组织了以自愿为原则的互助;这些社团蓬勃发展,直到 1948 年国民医疗保健制度 (National Health Service) 的出台，它们才退出历史舞台。在 19 世纪 90 年代，秉持互惠原则组织起来的建筑社团，也逐步地从"临时社团"发展为"永久社团"。他们将成为 20 世纪从租房到自有住房的巨大转变的主要推动者——讽刺的是，在这一转变进行到最后，大多数人都"不再互助" (de-mutualized)。但更为讽刺的是——这些社团通过他们自己的成功，极大地促进了人口的郊区化，这就否定了霍华德及其追随者为之奋斗的主张。

英国在莱奇沃思和韦林建设田园城市的前两个试验的倡议，是霍华德在书中提出的——由非官方的爱好者团体发起，霍华德亲自组织起来的。但它们迫切需要满足于对资本回报要求并不高的投资者，以及满足地方政府的法定服务。霍华德的讨论提出了一些仍然相关的问题。因此，当前的政治争端在于"公私合作"的优缺点。

在这里，霍华德提出了一个颇有意思的原则：工人团体应该组成自愿组织，把他 109
们的劳动和微薄的积蓄结合起来，去建立自己的家园。这一点在合作运动 (cooperative movement) 的原始目标中是明确的。1844 年，先驱者罗奇代尔社团 (Rochdale Society) 规定，"建造、购买或安装大量的房屋，那些渴望互相帮助改善他们的家庭和社会条件的成员可得以居住。" (Bailey，1955，p19，引自 Hall and Ward，1998，p31)。但是，如前所述，合作社 (cooperative societies) 在实践中是作为消费者而不是生产者发展起来的。

被中央议会采纳。

各种慈善机构、宗教团体和各类教育机构，是准市政机关或准国家机关的主要组成部分，这些我们已经讲过，它们的性质和目的众所周知。可是，那些更直接的以社
108左（84） 会福利物质方面为目标的机构，譬如银行和建筑社团，可能也是如此（参见图5）。正如便士银行（Penny Bank）的创始人为邮政储蓄银行（Post Office Savings Bank）铺平了道路一样，一些认真研究田园城市建设试验的人可能体会到银行的作用。像便士银行那样，其主要目标是为整个社会谋福祉，不在于为其创始人获利。这样的银行，可能会准备将其全部净利润或某一比例之上的利润交给市政的财政部门，并且允许市政当局在确信它的公用事业性和普惠健全性的时候来接管它。

准市政活动中另一件大有作为的工作，是为人们建设家园。如果市政当局试图承担这一任务，那么至少在初期阶段，就会包揽太多。虽然这个做法或许与惯常经验相去甚远，但对于掌管充裕资金的市政实体而言，这个做法可能更为有益。然而，在为人们建设美观明亮的住宅方面，市政当局已经尽其所能。它在辖区内有效地防止了过度拥挤，从而解决了现有城市不可能解决的一个问题，而且它以每年平均6英镑的土地租金和地方税(ground-rent and rates)提供了宽敞的场地。做了这么多的事情之后，市政当局要认真对待一位经验丰富的、坚决支持扩展市营企业的市政改革者即伦敦郡
108右（85） 议会下议院议员约翰·伯恩斯先生（Mr. John Burns, M. P., L. C. C.）的警告，他说，“议员们把大量的工作扔给了伦敦郡议会的工程委员会（Works Committee），他们对委员会的成功寄予厚望，可是工作的重担将会把委员会压垮。”

不过，工人们还有其他途径来建造自己的家园。他们可以组成建筑社团，或者发起合作社团、友好社团，工会将贷给他们必要的资金，并帮助他们组织必要的机构。假定真正的社会精神确实存在，而非徒有虚名，那么这种精神将以多种途径表现出来。谁会怀疑呢？——在这个国家，许多个人和社团愿意筹集资金和组织协会，协助工人团体获得良好的工资待遇，并以优惠条件建造自家的住宅。

贷款方几乎没有更好的保障，尤其是考虑到借款人支付的地主地租真是少得可怜。可以肯定的是，如果把为工人们盖房子这件事交给那些鼓吹个人主义的建造投机商，让他们赚得钵满盆满，一定是目前还把资金放在银行的大型劳工组织的错误之一，“剥削者”会攫取那些存款人的钱。工人想要控诉这种自投罗网的剥削，认为由他们自己
110左（86） 的阶级来执行全国土地和资本的国有化是无济于事的——除非他们首先学会做好那些谦卑的工作，组织男女劳工用他们自己的资金来筹建不那么起眼的房子；除非他们在筹措资金方面做得比过去更好，不要把资金浪费在罢工上或者受雇于资本家去打击罢

布伦瑟姆的居民和股东聚集在哈芬纹章酒吧(Haven Arms)的外面，分享他们的创业精神，掀开布伦瑟姆的历史。正是在这间酒吧，100 年前，亨利·维维安向布伦瑟姆的拓荒者们发表演说，并说服他们，他们的新庄园应该以合作伙伴的形式组织起来

不过，有一个特殊的例外：1901 年，一群工人在英国伊灵（Ealing）的哈芬纹章酒吧（Haven Arms），跟自由党国会议员亨利·维维安（Henry Vivian）碰面，他是合租房客模式（Co–Partnership Tenants）的创始人（Reid，2000，p58）。他们在布伦瑟姆（Brentham）建了第一个花园郊区，又在莱斯特（Leicester）、加的夫（Cardiff）和特伦特河畔的斯托克城（Stoke–on–Trent）外围接二连三地打造花园郊区。《1909 年住房和城镇规划法》（1909 Housing and Town Planning Act）允许这样的“公共事业协会”以较低的利率借入公共资金；到了 1918 年，这样的协会超过了 100 个，而霍华德的“田园城市和城镇规划协会”热情支持他们。

但是，财政部不允许他们以和地方当局同等的条件来借款。1918 年后，这对他们带来了致命的约束——地方当局的住房取而代之他们的住房（Jackson，1985，p73，109—110；Reiss，1918，p85—86；Skilleter 1996，p139）。颇为讽刺的是，正是霍华德的盟友雷蒙德·昂温起草了《1918 年都铎·沃尔特斯报告》（Tudor Walters Report of 1918），这份报告为我们现在所说的两次世界大战之间的“社会住房”（social housing）设定了标准，认为从中央政府获得补贴的唯一住房供应者将是地方政府。

直到二战结束后不久，随着公共住房政策的幻灭，导致了住房社团（housing 111
societies）作用的复兴和扩张，并发现自建团体的可行性，以及住房合作社（housing cooperatives）的重新建立。在 20 世纪 70 年代，在英国只有两个住房合作社。今天，可能是 1000 个，但可能在霍华德眼里，这仍然是一个可悲的数字。与此同时，两大政党的政策迫使地方当局无法供应住房（Ward，1989）。

工者上，而是以公正体面的方式确保自己和他人安居乐业。对付资本主义压迫的真正补救办法，不是为“没有工作”而斗争，而是为获得“真正的工作”而斗争，对于后一种打击，压迫者是无计可施的。如果劳工领袖把目前浪费在解散合作社上的一半精力用于组织合作社，那么目前不公正的制度就将会终结。在田园城市，劳工领导人将有一个公平的机会发挥准市政功能——虽然这些职能是为市政当局所行使的，但不是经由市政当局之手来行使——组建这种类型的建筑社团将最为行之有效。

但是，为 3 万人口的城镇建造住宅所需的总资金不是一笔巨款吗？我曾经和一些人讨论过这个问题，他们这样看待这个问题。田园城市有那么多住宅，每栋要几百英镑，需要的资金非常庞大。[1] 但这也是错误的。我们来考察一下。最近 10 年来，伦敦已经建了多少栋住宅？根据最粗略的估算，约莫为 15 万栋，平均每栋耗资 300 英镑——暂且不论商店、工厂和仓库。嗯，那就是 4500 万英镑。为此要筹集 4500 万英镑吗？是的，确实如此，否则这些住宅就建不起来。但钱并不是一次性筹齐的，如果审视建
110右（87）造这 15 万栋住宅所筹集的金币，人们会发现，同一枚硬币一次次地在流通周转。田园城市里面也会是这样的。一共要造 5500 栋住宅，暂定每栋 300 英镑，全部竣工将需要 116.5 万英镑。但这些资金不会一次全部筹齐，在这里，同样一笔金币要比在伦敦更多次地用于住宅建设。实际上，所花的钱并没有消失或消费掉。它只不过是易了手。田园城市的工人从准市政建筑社团借得 200 英镑，并用它造了一栋住宅。这房子花了他 200 英镑，但他拥有了自己的房子，对他而言这 200 英镑消失了，但它们成了制砖者、施工者、木匠、水管工、泥水工等他的房屋建造者的财产，而这些钱币又以各种途径流通到与这些工匠有交易的商人和其他人的口袋，并得以进入城镇的准市政银行。不久，这 200 个金币可能又会被取出，用来建设另一栋住宅。这样，我们详细描述了建造两栋住宅的情况，后续将有第三、四栋，乃至更多的住宅。每栋 200 英镑，用 200 个金币建造。[2] 这些就不再赘述。当然，任何情形下，钱币本身不能建造房子，钱币只是用于价值计量的单位，就像一副天平和砝码，可以一次又一次地使用而不会有可察觉的
112左（88）损耗。建造房屋，那可真的是用劳动、技能和进取心对大自然的恩赐去改造；虽然每个工人可以获得的报酬以钱币为度量，但田园城市所有的建筑和工程成本，则主要取决于劳动的技能和付出。尽管如此，只要金银还是交换的媒介，则不可避免地用到它们，那就应当技巧性地使用它们——因为，技巧性的使用或者规避不必要的开销，恰如在

1 柏金汉先生（Mr. Buckingham）在《国家的罪恶和实际的补救措施》（National Evils and Practical Remedies）中这样描述，参见第 10 章。

2 题为《工业生理学》（*The Physiology of Industry*，Mummery and Hobson 著，MacMillan & Co. 出版社出版）的一本佳作中很全面地详述了类似观点。

霍华德似乎正在发展一种概念，类似于 40 年后[*]约翰·梅纳德·凯恩斯（John Maynard Keynes）出版《就业、利息与货币通论》（General Theory）一书中的货币流通速度的理念。他当然理解基本的经济学概念，即货币只是一种交换媒介，真正重要的是经济的根本性增长。

当然，霍华德在 1898 年原著第 86 页的脚注中，提到了詹姆斯·西尔克·柏金汉（James Silk Buckingham）所著的《国家的罪恶和实际的补救措施，附示范城镇规划》（National Evils and Practical Remedies，with the Plan of a Model Town，1849 年出版于伦敦）（参见本书第 141 页）。

霍华德在第 87 页脚注中提到的《工业生理学》（The Physiology of Industry）出版于 1889 年。约翰·阿特金森·霍布森（John Atkinson Hobson，1858—1940 年）是一名记者和职业作家，是费边社的活跃成员。他把他的自传命名为《经济异端的自白》（The Confessions of an Economic Heretic），这或许概括了他在世时，许多人对他的看法。他的合著者是 A·F·马默里（A. F. Mummery），最出名的可能是他的登山壮举。

1909 年锚定租客屋宇署（Anchor Tenants Building Department 1909）。在霍华德的启发下，英国城市莱斯特（Leicester）的锚书鞋合作社（Anchor Book and Shoe Co-operative Society）的工人们成立了锚定租客合作社（Anchor Tenants Co-partnership），并在附近的亨伯斯通（Humberstone）村庄的边缘购买了一块土地。到 1914 年，他们已经造了 94 座有山墙的小屋

* 凯恩斯（1883—1946 年），《就业、利息与货币通论》（The General Theory of Employment，Interest and Money，London：Palgrave Macmillan，February），该书发表于 1936 年，晚于 1898 年霍华德的《明日》38 年。——译者注

银行家的票据交换所那样，将会对城镇的造价、成本，以及基于资本借贷利息的年度税费产生最重要的影响。因此，技能必须跟钱币的使用目的一致，这样钱币才能度量价值，发挥效益，并进而去评价下一次的价值。这样，每一个钱币才能在一年内尽可能多次周转，使每一枚钱币计量的劳动力尽可能的大。因此，尽管所借钱币的利息金额是按通用利率支付的，但劳动力在其中的占比应尽可能地少。如果能这样有效地运营，那么社区在利息方面的节约，就可能与比较容易论证的地主地租的节约一样多。

现在请读者们注意，一场有组织的向公共土地迁徙的运动，如何自然而然地、令人称道地节省了资金，让每一个钱币派上多个用场。人们常说，金钱是“市场上的兴奋剂”。就像劳动本身一样，它似乎被施了魔法，因此人们看到数以百万计的金子、银
112右（89） 子闲置在银行里，正对着大街，而人们在街上游荡，没有工作，身无分文。但在这里，在田园城市的土地上，不会再听到希望工作的人为了就业而徒劳地呼喊。就在昨天，情况可能还是这样，但今天，沉睡的土地已经觉醒，它大声呼唤着它的孩子。找工作——赚钱的工作——并不困难，田园城市的建设确实迫切地需要有人工作。1893 年 12 月 12 日，下院议员贝尔福先生（Mr. A. J. Balfour）在众议院表示，阻止人们从乡镇向城镇迁移绝不可行，因为在乡村，需要去做的工作极为有限，但在城镇并没有这样的限制。[1] 在这里，田园城市刚刚从长期的昏睡中苏醒，有各种各样丰富的工作，吸引着人们去参与完成。是的，贝尔福先生，所谓的“不可能”将再次发生，并且，人们将加快建设自己的城镇，而其他城镇必将遵循着它的结构去建设，向过去陈旧、拥挤、混乱的贫民窟城镇迁移的情况将被有效遏制，人流正好转到相反的方向——迁入明亮、公平、健康和美丽的新城镇。

1　下议院贝尔福先生谈到向城镇迁徙的问题——“毫无疑问，当农业贫困时，向城镇的迁移必然会增加，但不要让任何议员以为，如果现在的农业像它 20 年前一样欣欣向荣，或者如幻想中最伟大的梦想家的美梦那样，你就可能停止从乡村的迁移。迁移取决于那种我们无法通过法律使其永久改变的原因和自然的法则。显而易
114左（90） 见，在农村地区资本投资可能只有一种对象，劳动力就业可能只有一种方式。当农业繁荣时，向城镇的迁移无疑会减少；可是，不管农业达到怎样的繁荣程度，它一定会来到某一个正常点，届时，不会有更多的资金投入，不会有更多的劳动力被雇佣。而且，一旦达到了那个点位，如果结婚的频率和家庭的规模都与目前相同，那就必然会出现从乡村向城镇的迁移，从那个仅有一种劳动力就业方式、土地自然容量被严格限制的地方，迁往另一个除了受资金投放总额的限制，以及利用这些资金的劳动力总量限制外，劳动就业没有任何其他限制的地方。如果这只是政治经济学的深奥学说，我就不敢在下议院里发表了，因为在这里的政治经济学已然成为笑柄和被责难的东西。但实际上，它是对自然法则的质朴陈述，我诚挚奉劝诸位用心对待。”——1893 年 12 月 12 日，《议会辩论》（Parliamentary Debates），第 19 卷，p.1218

霍华德进一步发展了他关于流通速度的观点， 113
并将其直接应用于凯恩斯主义的一个经典概念：他批评金钱在银行中毫无用处地储存，而不是被有效地拿来投资，从而使失业者重新找到工作。霍华德巧妙地将这一点与他先前论述的开发联系起来：建设田园城市不仅会创造土地价值，而且在创造价值的基础上，还会启动、催生出一个成熟的城市经济，而在此之前，所有劳动力都是依附于农业的。

亚瑟·詹姆斯·贝尔福（Arthur James Balfour）。由哈里·弗尼斯（Harry Furniss）用钢笔和墨水绘制

亚瑟·詹姆斯·贝尔福（Arthur James Balfour，1848—1930 年）是半个世纪以来的保守党领袖，霍华德在这里援引了他的话。他是索尔兹伯里伯爵（Earl of Salisbury）的侄子，来自一个显赫的贵族家庭。他在叔叔的第一届政府（1885—1886 年）担任地方政府委员会主席；在第二届政府（1886—1892 年）担任苏格兰大臣和爱尔兰首席大臣，并在内阁占有一席之地；他坚决反对爱尔兰自治制度（Irish Home Rule）。1891 年，他成为下议院领袖和第一财政大臣。在格莱斯顿（Gladstone）最后一届政府期间（1892—1894 年），他是反对党的领袖。在索尔兹伯里最后一届政府期间（1895—1902 年），随着他叔叔的健康每况愈下，他变得更有权势。他于 1902—1905 年担任英国首相，1916—1919 年担任英国外交大臣。

114右（90）

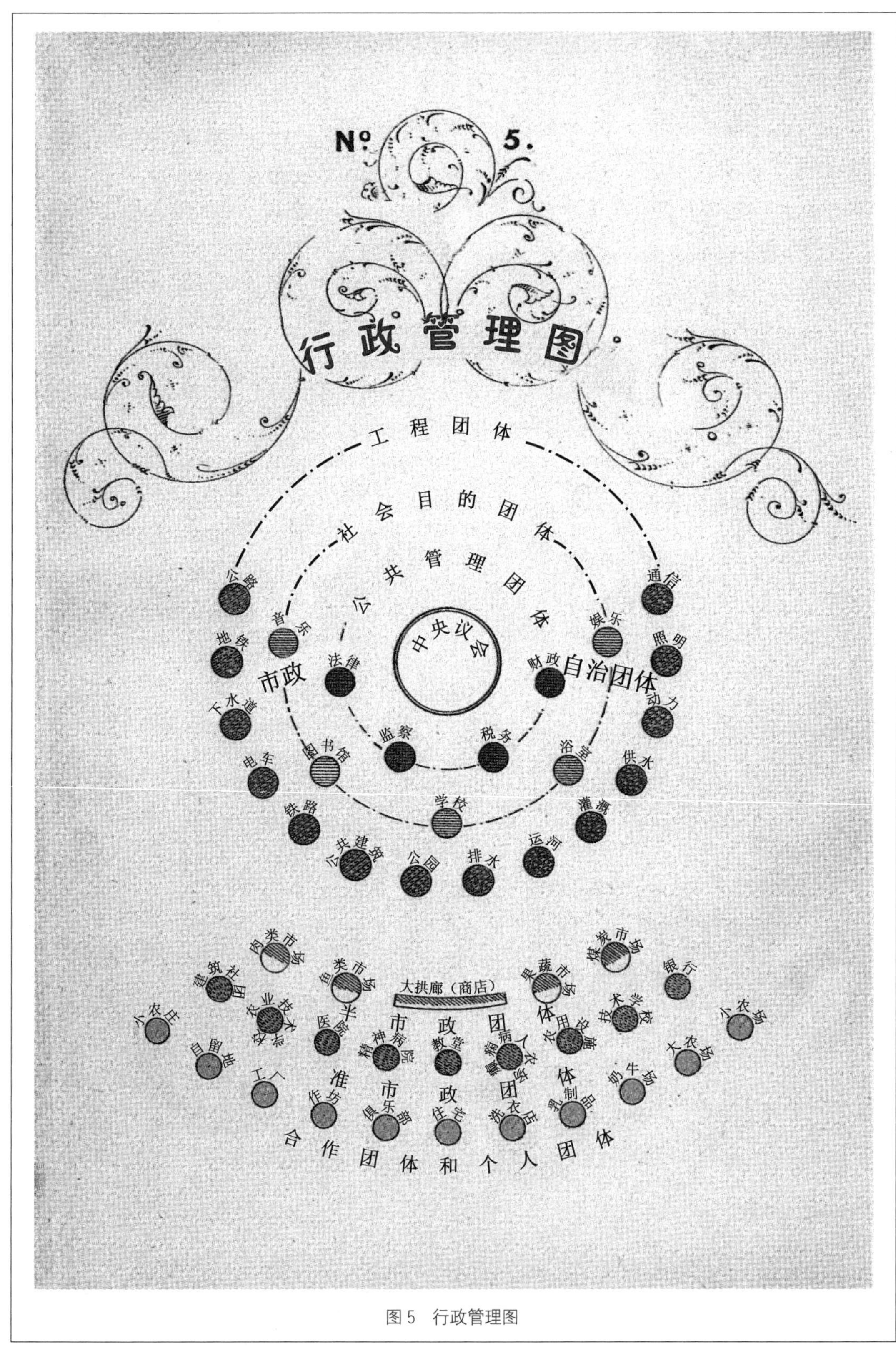

图5　行政管理图

图 5——这张图没有出现在 1902 年和 1946 年的版本里面，这是一个重大的遗 115
漏——它是后面所有章节的关键，没有这张图，我们就不容易理解霍华德的倡议的激进本质。它清楚地显示了在田园城市里不同类型企业的性质。“市政团体”本质上是一个选举产生的城镇议会，通过三个“团体”提供市政服务：工程团体、社会目的团体和公共管理团体。前面第 7 章讨论的“半市政团体”，是位于“水晶宫”的一组有市场许可证的组织，旨在为当地的商店加入一定程度的竞争。第 8 章讨论的“准市政团体”，本质上是公共服务——从为癫痫病人提供的农场到技术学校，到建筑社团——都是由志愿团体或慈善机构运行的。在图的外缘的“合作团体和个人团体”（cooperative & individualistic group），由自愿的合作行为（cooperative action）发展起来的各类企业组成，范围涵盖从依靠自耕农业用地的小农场到各类工厂；紧接其后的第 9 章将对它们进行更全面的解读。

莱奇沃思建设署的成员

116右（91）

第 9 章　行政管理——总览

“人们经常向瓦特请教设想中的发明和发现，他一成不变的回答是，应该去做一个模型进行实验。他认为这是检验机械学里面创新价值的唯一方法。”

——《岁月之书》（Book of Days），第一卷，第 134 页

“自私又爱争论的人不会团结，不团结则一事无成。”

——《人类的起源》（Descent of Man），第五章

我现在要为读者介绍行政管理示意图，它方便地总结了第 6 章、第 7 章、第 8 章关于行政管理工作的内容。

图上居中的是中央议会（Central Council），它对所有公共部门的首席官员，都有充分的协调和财政控制权力（参见第 6 章，第 67 页）。

与中央议会密切相关的是公共管理团体，负责处理一般的行政问题（参见第 6 章，第 69 页）。

接下来的是工程团体，它的各个部门各司其职，但又跟整个团体紧密相关，所以，有关其性质的问题，不仅可以从细处着眼，还应当从全局入手。

接下来是社会与教育团体（Educational and Social Group）*，它们着手解决的是
118左（92）那些需要洞察通晓人性的问题，而不是我们周围物质方面的技术问题——在这个团体里面，女性的影响将会充分地体现出来。

不过，每一团体都有意地用不封闭的圆形来表示其并非完整的，因为系统很有弹性，可以根据需要适时候添加其他部门。

上述团体代表的是城镇纯粹的市政行业（municipal industries）。

而与市政当局工作密切相关的团体被称为半市政团体（semi-municipal group），

* 对应第 8 章图 5 中的“社会目的团体”（Social Purposes）。——译者注

行政管理——总览

1857 年，查尔斯·达尔文（Charles Darwin，1809—1882 年）写道："你们问我是否要探讨人类。我想，我应该回避整个问题，因为我的周遭充满了偏见。"但是，随着 1871 年《人类的起源》（The Descent of Man）的发表，达尔文确实把《论借助自然选择的方法的物种起源》（On the Origin of Species by Means of Natural Selection，1859 年）一书中的进化论直接应用到了人类身上。霍华德此处援引的就是该书。

奇怪的是，霍华德似乎认为，选举产生的中央议会还包括任命的公共部门首席官员。同样地，似乎有关官员将会是不同团体的成员，而不是如同英国城镇理事会（English town council）的委员通常那样，只是受邀出席，提交报告和回答问题。从这一段的论述来看，霍华德是否完全制定了他的委员会章程还不清楚。

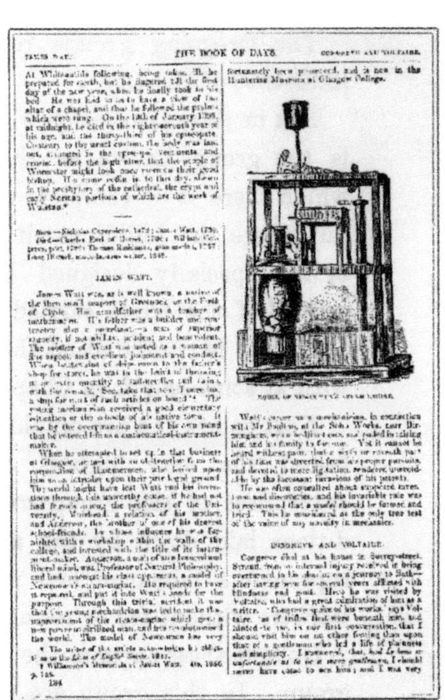

THE BOOK OF DAYS

霍华德提到的钱伯斯（Chambers）著作《岁月之书》节选。《岁月之书》是三卷本，1879 年由 J. B. Lippincott and Co. 公司出版

市政当局不完全控制半市政团体的工作，但那里的建筑物要么是属于市政当局的，要么是由市政当局工作人员专门设计的，而且，半市政团体中的各成员遵从贸易管控原则，通常按照第 7 章中的“本地人选择权原则”执行。

接下来是准市政团体。在这里，我们会看到已被实证过的公共事业的最高级形式。这类团体的企业几乎不受田园城市当局所制定的条件的束缚，而是由一群勤奋的工作者无偿地或不求回报地在做热爱的事情（参见第 8 章）。

外围的是个人团体和合作团体（individualistic and co-operative group）。[*]在这类团体中，有各种各样的以私人利益为目的的企业或小组织，例如各种俱乐部和合作（生产）社团，它们可能没有最广泛的社会目标，但目的是使其成员受益。尽管这样划
118右（93）分颇为方便，但是，希望读者不要在个人主义和社会主义之间划清界限。个人主义和社会主义可能只不过是同一问题的两个不同方面：没有哪一个试图压制个人发展想法的社会制度是健康的或是进步的，因为，不把个人生活看作是更大社会生活一部分的人，永远无法保护自己的最佳利益。因此，田园城市当局的目的不在于强行吸收所有的个体产业；他们更愿意相信公共精神和相互信任的增长——这种增长趋势必然会使人们结成更紧密的联盟——一个将以无限多种方式表达自己的联盟。随着这种精神的增长，立体地看待生活的时代终将来临——当这两种不同的观点同时关注生活——个人的福祉和社会的福祉——这一时代也将更加真实，因为所有社会成员将在一起享有更完整的人生观。

---

* 此处，霍华德原著第 8 章图 5 中文字是“co-operative & individualistic group”（合作团体和个人团体）；而霍华德原著第 9 章文字是“individualistic and co-operative group”（个人团体和合作团体），顺序不同。——译者注

第一届莱奇沃思市区委员会成员。1919年4月17日，这张照片载于《公民》(The Citizen) 杂志，作为补充资料

霍华德再次明确表示，女性有资格成为他提议的委员会的正式成员——或者可能 119
是官员，尽管表达得并不十分明确。

霍华德表示，准市政团体将会对那些代表“做热爱的事情……无偿或不求回报”的企业：即志愿组织。这些志愿组织跟“个人团体和合作团体”之间的界限很模糊，这些“个人团体和合作团体”的目的，要么是为了造福自己的成员（即各种俱乐部），要么纯粹是为了组织的一己私利。霍华德煞费苦心地强调，在田园城市，政府将鼓励个人企业和互助；他期待有一天，生活将被“立体地”（stereoscopically）看待，两者能以某种方式友好地融合在一起。

在这里，霍华德再一次试图赢得不同政见的各派读者对自己倡议的支持，急于表明他们都会在田园城市的建立中发挥作用。但毫无疑问，在实践过程中，田园城市将会是一个混合的经济体，它包含了各种各样的组织——公共的、私人的和志愿的。耐人寻味的是，他似乎在很大程度上依赖于一种后世称作“社会资本”（social capital）的增长：这是一个庞大而复杂的志愿组织，从事各种各样的工作，既为互惠互利，也以慈善为目的。在美国，罗伯特·帕特南（Robert Putnam）最近指出，这种曾经在美国社会如此强大的动力，可能正在走下坡路（Putnam，2000）。

120左（94）

第 10 章　预料的困难

“共产主义的困难，或是任何公平完善的社会主义制度的困难，在于它妨碍了人类多面性的天性需求，妨碍了尽情满足这些需求的自由。也许，它保证了人人都有面包，但它忽略了人活着不能仅靠面包的信条。未来可能属于那些不把社会主义和个人主义对立起来的人，他们将寻求实现一种真正的、至关重要的、有机的社会观念，及个人主义和社会主义各得其所的国家观念。因此，为文明人带来好运的呼声，将会在无政府主义的惊涛和专制主义的骇浪之间开辟出一条坦途。”

——《每日纪事报》，1894 年 7 月 2 日

在具体而不是抽象地陈述本方案的目标和宗旨之后，现在也许可以稍稍简单地来解决读者可能的疑虑了。“你的方案或许很有吸引力，可它只是众多曾经尝试过但收效甚微的事情之一。你打算如何使其脱颖而出？面对这些失败的记录，你期望如何获得公众的大力支持？这些支持是实施这一计划的必需！”

这个疑问很自然，需要有一个答案。我的回答是，的确，通往更好社会状态的道
120右（95）路上荆棘密布，但任何值得一试的道路又何尝不是如此？大部分成功都基于失败。正如沃德夫人（Mrs. Humphrey Ward）在《罗伯特·埃尔斯米尔》（Robert Elsemere）书中的评论：“所有伟大的变化都以偶发的事件为先导，例如，旁观者的思考，时断时续的努力。”成功的发明或发现常常有一个缓慢的成长过程，新的元素补进来，旧的元素剔出去，最初是在发明创造者的脑海里面，接下来是在外部的形式上，直到最后，各种正确的元素恰到好处地结合在一起，别无其他。事实上，严肃地讲，如果不同领域的工作者经年累月地进行一系列实验，最终他们将会因孜孜不倦的求索而有所收获。虽然会遭遇失败和挫折，但持之以恒的努力却是取得圆满成功的前提。但凡希望获得成功的人，遵守这个前提条件，就能把过去的失败变成将来的胜利。他必须从过往的经验中获益，去伪存真，避免重蹈覆辙。

预料的困难

在这里，霍华德引用了非常成功的小说家汉弗莱·沃德夫人（Mrs. Humphry Ward）笔下的《罗伯特·埃尔斯米尔》(Robert Elsemere)，可是他拼错了她的名字。*1872 年，玛丽·奥古斯塔·阿诺德（Mary Augusta Arnold，1851—1920 年）与托马斯·汉弗莱·沃德（Thomas Humphry Ward）结婚;1881 年,她发表了第一部小说《米莉和奥利》(Millie and Olly)。1888 年,《罗伯特·埃尔斯米尔》出版，立即成为畅销书，这本书和她的其他著作一样，关注的是那些需要帮助的穷人和弱者。但是，她彻底反对女性选举权。1908 年，她成为反对妇女参政联盟（Anti-Suffrage League）的第一任主席。1914 年，她被看作是在美国的最有名的英国女性；1915 年，她成为第一个访问西部前线的女记者。

霍华德似乎在建议通过不断的尝试和纠错来发展“第三条道路”。

1842 年，弗格斯·费康纳（Feargus O'Connor）的国家土地公司（National Land Company），从一位富有的农民手中买下了牛津郡（Oxfordshire）的敏斯特·洛弗尔（Minster Lovell）的 244 英亩土地，以宪章运动（Chartist movement）的名字命名的查特维尔村（Charterville）由此诞生。这块地被分成大约 80 幅土地，每一幅土地包括一块可耕地和一间小平房

* 应该是 Robert Elsmere。——译者注

在此，详尽讨论社会实验的历史将超出本书的范畴，但是，为了直面本章开篇所述的质疑，需要注意几个特征。

在以前的社会实验中，失败的主要原因可能是误解了问题的主要因素——人性本身。那些试图提出社会组织新形式的人，并没有充分考虑到人性在利他主义方面能承
122 左（96） 受多少压力。把一项行动的原则看作和其他原则水火不容，就会产生类似的错误。以共产主义为例。共产主义是最优秀的原则，在某种程度上，我们每一个人都是共产主义者，甚至包括那些对共产主义存有疑虑的人。但是，虽然共产主义是一个优秀的原则，个人奋斗也同样优秀。一个大型管弦乐队，有男有女，用它美妙的音乐使我们陶醉。通常他们合奏，但也可以独奏，可以众乐乐，也可以独乐乐，相对来说，管弦乐团的努力可能是微弱的。更重要的是，如果要取得最佳的组合效果，独立的个人思想和行动必不可少，正像若要取得最佳的个人成就，联袂和合作也必不可少。依靠独立的思想，带来新的组合；通过合作的经验教训，方能完成最佳的个人作品；个人和团体合作都有最自由和最充分的机会，这样的社会是最健康、最有活力的。

现在，难道不能把所有社会结构实验的失败归咎于——其双重性原则没有得到认知，反而循着这个自身相当优秀的原则的某一特性一意孤行吗？他们假定公共财产是好的，因而所有的财产都应该共有；协作努力可以产生奇迹，因此个人的努力就被视为危途，至少也毫无价值；有些极端分子甚至力图完全消除家族或家庭的概念。

122 右（97） 也不要把这个方案看作是社会结构实验。社会主义者，或许可以看作是比较温和的共产主义者，他们主张在土地以及所有生产、分配和交换的装配上享有公共财产——铁路、机械、工厂、码头、银行等；但他们会保留私人所有权的原则，原则中所有这些都以工资的形式支付给社区雇员。然而前提条件是，这些工资不得用于有组织的创造性工作，包括雇用一个以上员工的工作。因为他们主张，所有支付报酬的雇佣都应在政府认可的某些部门的指导之下，这被认为是一种严格的垄断。这一原则，对人类天性中的个人及社会属性都有某种程度的认识，但它是否是一项有望将实验公平推进、永葆成功的基础，目前有存疑。他们似乎面临着两个主要的难题。首先，人类的自我追求——这是非常普遍的欲望，目的在于为自己的使用和享用而占有；其次，热爱独立和创作，胸怀个人志向，因而不愿意在所有工作日都把自己置于别人的领导下，因而鲜有机会展开一些独立活动，或在创立新型企业时处于领导地位。

现在，即使我们避而不谈第一个困难——人类的自我追求——即使假设我们当中有一群人，他们已经意识到真相，就是在为社区成员提供适用的商品方面，社会协作
124 左（98） 远比普通竞争方式——各自为政的奋斗——达成的结果更好；我们还有另一个困难，

1902 年，C·R·阿什比（C. R. Ashbee）挑选奇平·凯姆登（Chipping Camden）的科茨沃尔德（Cotswold）村作为手工艺行会的新址，当时他们的伦敦房屋的租赁到期了。他的一群工匠，有些人一直在这里工作，直到 1908 年

霍华德这里引用的“共产主义”可能会引起误导：《明日》一书的出版，比《共产党宣言》整整晚 50 年，《共产党宣言》比马克思《资本论》第一卷发表还要早 15 年。但是，霍华德根本没有直截了当地引用马克思主义者的思想——即使 19 世纪 90 年代的伦敦知识界对马克思主义的讨论汗牛充栋。相反，他的“共产主义”是指那些在 19 世纪及以后的英格兰乡村中兴衰起伏的无数乌托邦社区的试验，马克思可能会轻蔑地称之为“原始共产主义”。对于其中一些试验，全部的记录及其无一例外的失败，详见 Hardy（2000）；Darley（1975），书中列了一个全面的清单。 123

看过一个世纪以来社会主义和共产主义在不同国度实验的读者，可能会对霍华德关于这两种意识形态的结论露出心有戚戚的苦笑，而对扩大自愿合作范围给予信赖的其他人，可能会赞成他的观点，“那些试图提出社会组织新形式的人，并没有充分考虑到人性在利他主义方面所能承受的压力。”

由于缺乏 20 世纪政府型社会主义的经验，欧文不得不在墨西哥的加利福尼亚湾的托波洛万波（Topolobampo on the Gulf of California in Mexico），以及巴拉圭的澳大利亚移民进行实验。他声称，与早期的社会实验不同，他的发明的各种原材料都“准备好了，只是需要组装在一起。”但是，苏联在技术或生产创新方面的显著失败，尤其是苏联最后的解体，将为他提供进一步的充分证据。 125

它来源于这些组织起来的人群更高级而不是更低级的天性——热爱独立和热爱创造。人们热爱共同的努力，但他们也热爱个人的努力，他们不会满足于在一个僵化的社会主义社会里仅被给予那么一丁点个人实现的机会。人们不反对唯贤者马首是瞻，但也有些人喜欢当领导，希望在组织工作中有一席之地；他们喜欢“领导”和“被领导”。此外，人们会很容易地想象到，有些人怀着为社会服务的一腔愿望，但整个社会却很难即刻体会到这种愿望的好处。

现在，正因为这一点，在托波洛万波（Topolobampo）进行的一个极为有趣的实验已经失败了。这个实验由一位美国土木工程师 A·K·欧文先生（A. K. Owen）发起，经墨西哥政府特许，在一片相当大的土地上启动。欧文先生采用的一条原则是“所有雇佣事宜必须由国内产业多样化部门（Department for the Diversity of Home Industries）经手。一个成员不能直接雇用另一个成员，成员的雇用只能通过这个机制
124右（99） 进行。”[1] 换言之，如果 A 和 B 对这种管理不满，无论是质疑社区的资格还是其公正性，他们都无法共同工作，即便他们唯一想要的可能只是共同的利益，否则他们必须离开这个社区。结果，大多数人一走了之。

在巴拉圭，澳大利亚人最近新建立的社区里，似乎也能遭遇类似的情形。1894 年 7 月 21 日《每日纪事报》一篇文章中，记录了曾经拜访过殖民地的牧师黑斯廷斯先生（Rev. Mr. Hastings）的描述：“在伊维卡（Eveca）和大牧场，大概有 110 人养牛。最初的 200 名定居者已经对莱恩先生的管理心生不满，萌生退意，因为他借助尚未参与成员的投票当选为公社主席。因此，他凌驾于任何先驱者的组合，压制人们对独裁统治的抱怨。”

有鉴于此，托波洛万波的实验和本书所倡导的方案有着显见的区别。在托波洛万波，这个组织（即欧文的托波洛班波实验组织）宣称对所有生产工作实行垄断，并且每个成员必须在垄断控制者的指导下工作，否则必须离开该组织。但田园城市从不主张这种垄断，在田园城市里，对城镇公共管理事务的任何不满，都不一定招致比其他市政当局更为普遍的分裂。至少，一开始，大部分要做的工作都由个人或者个人的联合体
126左（100） 去做，而不是市政公务人员来做，就像现今其他的市政当局那样；与其他团体的工作相比，市政工作的范围仍然狭小。

部分社会实验的失败，其他原因是迁居者到达未来的劳动现场之前的花销巨大，与任何一个大市场的距离太遥远，并且之前难以了解那里的生活和劳动条件。可获取的一大优势——便宜的土地——似乎难以弥补这些和其他方面的缺点。

1 《工作中不可或缺的合作》（Integral Co-operation at Work），A·K·欧文先生（A. K. Owen，U. S. Book Co.，150 Worth St.，N.Y.）。

在托波洛万波湾殖民地背后的驱动力是一个唯心主义的社会主义者阿尔伯特·基姆西·欧文（Albert Kimsey Owen，1847—1916 年）。他原计划修筑一条从得克萨斯州到托波洛万波湾的铁路，但现在，他把铁路线延长到合作社所在的殖民地。霍华德指出，欧文为殖民地工作中整体合作的劳动组织和分配方式制定了计划。1886 年，第一批 27 个殖民者到达，但随着大量的派系内斗，殖民活动失败了。1893 年，欧文离开了那里，从此再也没有回去过。

1893 年，威廉·莱恩（William Lane）和 220 个澳大利亚人，从悉尼启航到巴拉圭去建立社会主义殖民地。在他们建立殖民地的一年之内，“新澳大利亚”，成为一个饱受争议的地方。莱恩和他的支持者离开去了向南 75 公里的地方——科斯梅（Cosme），形成了一个新的殖民地。但是这个实验也失败了。1887 年，新澳大利亚解体；1909 年，科斯梅解体；1900 年，莱恩重返澳大利亚。

托波洛万波：在圭亚马斯（Guyamas）的 5 月份聚会

拉罗西亚（La Logia）嘉年华。1886 年 11 月 17 日，托波洛万波第一批征信移民登陆第 3 周年

现在，让我们来看看，本书所倡导的方案，与过往倡导的已经实施的类似方案之间，主要区别是什么？其区别在于：其他方案试图把他们未组成小团体的个人，或者为了加入更大的组织而脱离小团体的个人，结合成一个大组织；我的倡议不仅仅对于个人有吸引力，而且对于联合团体、制造商、慈善机构，以及其他经过组织历练的人，或者在他们控制下的各种组织，都具有吸引力，这些团体参与到这里之后，并没有什么新的限制和约束，而且可以保证的是获得更广泛的自由。另外，本方案的一个显著特征是，生活在这片土地上的大量原住民不必搬迁（除了那些在城镇位置上的人需要逐渐迁移外），这些人自身就会形成一个有价值的核心，从这项事业的最开始，就支付租金，这笔租金将大大地有助于支付购买该地产的贷款的利息——他们将更愿意把地租
126右(101) 支付给一个对待他们完全公平，并为他们的产品带来家门口生意的土地所有者。因此，组织的工作已经完成大部分了。田园城市的大军是现成的；他们只需一声令下整装待发；我们无须与不守纪律的乌合之众打交道。或者可以说，这个实验和之前的那些实验相比，就如同是两台机器——其中一台必须由各种矿石做起，先把矿石集中，然后浇铸成型，而另一台机器，所有部件都已就绪，只待组装。

霍华德再一次认为，唯独他的方案能使各种人进入那种马克思明确地称之为“自由王国”的社会，既不让他们在马克思认为的、不可避免的资本主义制度下劳动，也不使其被完全统一的国家组织所限制。他曾设想，有很多各种各样的小规模企业——人们能自由地进入，并且能实现他们最大的创造力，其中一些适度盈利，纯粹自愿和公益。他写道当时有很多这种小型实验，作为对大规模机器生产的回应，其中很多与手工艺品的推销有关。在这里，可以画一条直线，从威廉·莫里斯（William Morris）在伦敦默顿修道院（Merton Abbey）的工厂，到建设于 1881 年的休闲郊外，再到建设于 1906 年德国德累斯顿市外赫勒劳（Hellerau）的田园城市——德国的手艺坊。不幸的是，它们鲜有长期存活的。 127

赫勒劳，原德累斯顿市手艺坊园地（Deutsche Werkstätte für Handwerkskunst）

默顿修道院（Merton Abbey）正在制作印花棉布，摄于 20 世纪初

128左(102)

第 11 章　各种主张的巧妙组合

“当下，人类如同簇拥在同一根枝条上的蜂群。它们的位置是暂时的，肯定会改变。它们要飞起来，为自己找一处新居。每只蜜蜂都知道这点，并渴望改变自己和其他个体的位置。但是，除非蜂群飞起，否则没有哪只蜜蜂愿意挪动。整个蜂群无法立即搬家，因为每一只蜜蜂都依附于别的蜜蜂，以免与蜂群分离，所以，它们只能继续悬在那里。它们似乎没有办法从这个位置脱身，就像那些深陷社会罗网的人们。如果它们之中的每一只都不是拥有一对翅膀的独立生灵，这些蜜蜂将毫无出路。同样，如果每个人都不是独立的理性存在者，不具有接受基督教人生观的能力，人们也无法从现实的困境中解脱。如果每一只会飞的蜜蜂都不愿意开始这种改变，整个蜂群就将继续保持现状。同理，如果每一个接受了基督教人生观的人都在等待他人，然后才肯按照基督教的人生观去生活的话，人类的生存条件将永远无法得到改变。将一个静止的蜂群变成一群飞翔的群体，需要的是某一只蜜蜂振翅飞翔。一旦某一只蜜蜂展翅飞离，第二只、第三只、第十只乃至第一百只也将随之而起。同理，要打破人类社会生活的魔障，从看似改变无望的处境中解脱，需要有那么一个人能够按照基督教的教义理解生活，且据此安排自己的生活。”

——列夫·托尔斯泰伯爵（Count Leo Tolstoi），《天国在你心中》（The Kingdom of God is within you），第九章，沃尔特·斯各特（Walter Scott）出版社

在上一章中，我已指出，呈现给本书读者的方案与那些以灾难告终的实验性社会改革
128右(103) 方案之间，存在原则性的重大差异；并且坚持认为，我所建议的实验与那些不成功实验的特征是完全不一样的；以那些实验来推断现在本书所倡导的实验的结果是很不公平的。

现在，我建议，尽管该计划整体上是一个新计划，某些考虑事项也可能是新的；但请公众注意以下主要方面：它结合了不同时期倡导方案的主要特征；而且去掉了显见的危险和困难，即便它们只是在作者的头脑里。

各种主张的巧妙组合

这里引用的沃尔特 · 斯各特（Walter Scott），当然不是那位苏格兰小说家，而是英国一家激进的出版公司。1894 年，他出版了托尔斯泰那篇极具影响力的散文的英文第一版。1898 年，在科茨沃尔德（Cotswolds）的怀特威（Whiteway）建立了一个托尔斯泰式社区（Tolstoyan community），是最著名的乌托邦式乡村公社之一（Hardy，2000），许多年过去了，它慢慢成了一个繁荣的无政府主义社区，人们住在各种自制的小屋、房子和火车车厢里，仍然在最原初的制度下运作，是英国存活时间最长的非宗教社区。

脚注表明，霍华德的观点大部分是自己独自形成的。他可能是在 1884 年的《当代评论》（Contemporary Review）中，才读到马歇尔的那篇文章，当时他是在一次议会委员会议上见到马歇尔的——很可能是在 1891—1894 年，马歇尔担任英国皇家工党委员会（Royal Commission on Labour）期间（Keynes，1933，p242）。

显然，他熟悉哲学家兼经济学家约翰·斯图尔特·穆勒（1806—1873 年）的著作（参见本书第 3 页）。穆勒是一个功利主义者，他写了大量的文章，但他最有名的著作，可能是霍华德在书中提到过的《政治经济学原理》（Principles of Political Economy，1848 年）。1865 年，穆勒成为威斯敏斯特的国会议员。1866 年，他提交了一份请愿书，支持由艾米丽 · 戴维斯（Emily Davies）和伊丽莎白 · 加勒特（Elizabeth Garrett）等人组织的妇女选举权（参见本书第 97 页）。1868 年，穆勒失去了议员席位，重新开始写作他那本未完成的书《妇女的屈从地位》（The Subjection of Women）。该书出版于 1869 年，现在被视为自由女权主义的经典宣言。

简而言之，我的方案是3个不同方案的组合，我想，先前它们应该从未组合过。它们是：（1）由韦克菲尔德（Wakefield）和马歇尔教授（Marshall）提出的有组织的人口迁移；（2）由托马斯·斯彭斯（Thomas Spence）率先提出，后来由赫伯特·斯宾塞先生（Herbert Spencer）做出重大修订的土地所有制；（3）詹姆斯·西尔克·柏金汉（James Silk Buckingham）提出的示范城市（不过设计略有不同）。[1]

130左(104) 让我们按提名的顺序谈谈这些主张。韦克菲尔德在其《殖民艺术》（Art of Colonisation）（London, J, W. Parker, 1849）中提出在形成殖民地时——他没有想过本乡本土的殖民地——应该以科学原则为基础。他说（《殖民艺术》，第 109 页）："我们向殖民地派遣的是头脑简单、四肢发达的穷人，他们中的很多人不过是乞丐，甚至是罪犯；殖民地由社区的'单一阶层的人群'（a single class of persons）构成，无助于也不适合于让我们的民族性格不朽，不足以使其成为一个在思想上和感情上，和我们故乡所珍爱的风俗习惯一样的民族的祖先。相反，先贤们派遣的是'本国的代表团——来自各阶层的殖民拓荒者'（a representation of the parent State—colonists from all ranks）。犹如人们在农场种植蔓生植物和攀缘植物，却没有任何可以让其缠绕的坚实树木。一块没有立柱的啤酒花地，植物胡乱缠结，一些在地面上不断缠绕，一些依附在茂盛的蓟草和毒芹之上，这正是现代殖民地的景象。如果不是本国元首，古人首先会提名殖民地有威望的行政部门的领导及官员，就像蜂王领导工蜂那样。君主制派遣的皇室亲王；贵族阶级派遣精选的贵族；民主制派遣最有影响力的公民。自然地，他们会捎带一些他们生
130右(105) 活中的人——同事和朋友，以及介于他们和底层阶级之间的贴身侍从，并且各方面都乐见其成。底层阶级也会欣然而往，他们感觉是随着自己曾经的生活环境迁徙，而不是被撵走。这还是生养他们的社会与政治环境；为避免造成社会的对立印象，在移风易俗上，极为谨慎。他们带去了自己的上帝、自己的节日、自己的游戏与运动——总之，保留所有的一切，维持故国家园原有的整个社会组织结构。在背井离乡的人们心目中，任何东西都不会被遗漏。新殖民地中，时间和机遇似乎使得整个社区缩小了规模，它为现有成员提供了大体与本国相同的国家和家园。它由各个阶层成员的整体贡献所构成，因此，它的首个定居点已然是一个成熟的国家，并且拥有不断前行的一切因素。这是一次人口流动，因此不会有被贬黜的感觉，不是把聚居者从好的社区撵到差一点的社区。"

1 我可能要作一点声明，在探索真理的过程中，人们的思想何其接近，或许，正如为了让这些组合起来的各种主张更趋合理而提出来的其他论点一样，在我的方案成熟以前，我没有见过马歇尔教授和韦克菲尔德的建议［除了在约翰·斯图尔特·穆勒（J. S. Mill）的《政治经济学要义》（Elements of Political Economy）中见过很小一段有关后者的论述外］，也没有见过柏金汉（Buckingham）的著作（他的著作大约发表在50年前，似乎未能引来多少关注）。

爱德华·吉本·韦克菲尔德（Edward Gibbon Wakefield），微型画，作者佚名，作于 1820 年左右

奥斯本（F. J. Osborn）指出，“霍华德把这段话误认为是韦克菲尔德的。韦克 131
菲尔德在他自己的《殖民艺术》（Art of Colonization）中的这段话，引自卡莱尔学院院长辛德博士（Dr Hind，Dean of Carlisle）的《论二级惩罚》（Thoughts on Secondary Punishment，1832 年）的附录。这当然与韦克菲尔德的主张是一致的，即通过平衡的移民群体对澳大利亚和新西兰殖民。”（Osborn，1946，p120n.）

无论错误与否，霍华德在这里提到了韦克菲尔德 1849 年出版的《殖民艺术》，但没有提到它来源于 1836 年韦克菲尔德推广南澳大利亚方面的经验。南澳大利亚是澳大利亚第一个居住着自由定居者而不是罪犯的殖民地（他将在第 13 章“社会城市”中弥补这一遗漏。）这个规划的本质是从一开始就应该建立一个中心城市，作为周围社区农产品的集散地。威廉·莱特（William Light）上校的为阿德莱德举办的庆祝规划（参见本书第 7 页），为霍华德提供了一个关于田园城市结构设计的关键想法（Bunker，1988，1998）。

1826 年，第二次逃跑后，韦克菲尔德（Edward Gibbon Wakefield，1796—1862 年）坐了 3 年牢，在此期间他学习了经济学和社会话题，发展了自己的殖民思想。1830 年，他和其他人一起组成了国家殖民社团（National Colonization Society）。由于名声不好，他被禁止在英国从事政治活动，他参与了对南澳大利亚和新西兰的殖民计划。他帮助建立了新西兰协会（New Zealand Association），即后来的新西兰公司（New Zealand Company）。1839 年，建立了惠灵顿（Wellington）市。1843 年，他的哥哥在怀劳（Wairau）的一场混战中丧生，他不得不为公司及其在英国的政策辩护。

他没有被吓倒，1848 年，他牵头建立了坎特伯雷协会（Canterbury Association），计划在南岛建立殖民地，然后发起了一场新西兰自治运动。他被选为惠灵顿省议会和众议院议员。但是，他的职业生涯由于政治问题和健康欠佳而终结。

穆勒（J. S. Mill）在他的《政治经济学要义》第一卷第八章第三节中曾谈到这本书："韦克菲尔德的殖民地开拓理论早已饱受关注，而且毫无疑问，会引起更多的注意。……他设计的体制包括保障体系，就是每一个殖民地从一开始就需保证合理的城市与农业人口比例，这样，土地耕作者不会太过分散，以致因远离城市居民而丧失其产品市场。"

132左(106) 马歇尔教授关于有组织地把人口从伦敦迁出的主张，前文已经论及；但文中下列相关篇章仍需引用：

> "办法或许很多，但是，总要为这个委员会定一个总体计划，不论这个委员会是否为此专门成立，以便使他们有兴趣在伦敦雾霾之外的某个地方开拓殖民地。当他们设法在那里建造或购买合适的村舍后，他们将开始与低薪劳动力的雇主们联系。首先，他们会选择对固定资产要求不高的行业；幸而大多数需要迁移的行业均属此类。他们会找到雇主——肯定有很多这样的人——心系雇员疾苦的雇主。和他一起行动，根据他的建议，他们会让自己成为雇员的朋友，或者与适合从事他的行业的人成为朋友；他们会阐明迁徙的好处，并且帮助他们迁徙，无论是用法律还是金钱。他们还会组织往返派遣工作，雇主有必要在新的定居点开设一处代理机构。而一旦开始，就需要自给自足，因为运输费用，甚至还包括雇员不定期的培训费用，无论如何都要少于节省下来的地租——这样田园生产才有价值。而且，戒除了在伦敦借酒浇愁的诱惑，还将节省出更多的收入。最初，他们还会遇到不少消极的抗拒。未知使人感到恐惧，特别是对于那些失去自然天性的
> 132右(107) 人。那些一直居住在伦敦昏暗陋巷中的人，也许会逃避希望的光芒；家乡的朋友虽然穷，但好过举目无亲的陌生之地。但是，在温和的坚持下，委员会将以他们的方式，努力让那些彼此相熟的人一起行动；通过温暖、耐心的同情，消除改变过程中的战战兢兢。迈出第一步，那么接下来的每一步都会顺理成章。有时候，几个企业，不一定是一个行业的，可以一同搬迁。慢慢地，一个繁茂的工业区逐渐成形，之后，仅仅出于自身利益的考量，雇主们会减少主厂区的车间，甚至在新城镇开设很多新工厂。最终，所有人都会受益，受益最多的是土地所有者以及连接新城镇的铁路系统。"[1]

1　"一家"伦敦大型制造商把他的事业，从伦敦东区转移到乡村，是由玛丽安·法宁厄姆（Marianne Farningham）小姐所著的一本书名为《1900 年？》小说（Jas. Clarke & Co. 出版）的主题。

133

马歇尔（参见本书第 55 页）肯定已经意识到一批工业乡村是由具有社会意识的雇主创建的，像创建新拉纳克村*的罗伯特·欧文（Robert Owen），或者创建伯恩维尔区（Bournville）的乔治·卡德伯里（George Cadbury）。乔治·卡德伯里早在霍华德动手写作的 5 年前，就从小规模开始创建（以家人为重要员工）。还有 1888 年创建阳光港的威廉·赫斯基思·利华（William Hesketh Lever）。这些雇主，就像更早的理查德·阿克莱特（Richard Arkwright）在马特洛克郊外的克伦福德（Cromford outside Matlock）那样，一定程度上是迫不得已：他们希望在偏远地区建起新工厂（阿克莱特和欧文是靠水力发电的；乔治·卡德伯里和威廉·赫斯基思·利华，则是因为想在现有城市范围之外的廉价土地上建立一家更高效的工厂），但是除非他们同时为工人建造房屋，否则他们找不到工人。不过，欧文、卡德伯里和利华也有严肃的社会目标。另一位贵格会巧克力大亨约瑟夫·朗特里（Joseph Rowntree），在约克市郊外的纽厄斯韦克（New Earswick outside York）村也进行了类似的实践。他聘请雷蒙德·昂温和巴里·帕克担任建筑师兼规划师，因而与第一个田园城市莱奇沃思直接挂上了钩。但马歇尔提出的论点是：如果愿意付钱给一家制造商来迈出这一步，那么，更多的制造商将参与进来，从而在工业地区实现聚集经济效应。这将是多么有利——正如马歇尔在《经济学原理》中接下来将要论证的那样。

伯恩维尔的住房，由乔治·卡德伯里（George Cadbury）设计建造

纽厄斯韦克（New Earswick），由帕克和昂温规划

霍华德脚注中提及的玛丽安·法宁厄姆（Marianne Farningham），笔名玛丽·安妮·赫恩（Mary Anne Hearn，1834—1909 年）。她在 19 世纪下半叶的福音派圈子里非常有名，50 多年来，她的评论、诗歌、传记和小说，都是受欢迎的基督教出版物。

* 新拉纳克村（New Lanark），是距离格拉斯哥火车 1 小时的一个小镇，19 世纪初空想社会主义实践基地。——译者注

还有什么比马歇尔教授建议中的最后一句话，更能有力地说明先要“购入”土地的必要性呢？从而使托马斯·斯彭斯最令人钦佩的计划得以付诸实施，进而避免马歇尔教授所预见的可怕的租金上涨呢？100 多年前，就如何确保目标的实现，托马斯·斯彭斯提出了一项主张。主张如下：

“之后，你可以看到，人们缴纳到教区金库中的地租，由每个教区支付经
134左(108) 国会或议会批准的那部分政府款项，扶助救济本教区的穷人和失业者；支付公务人员的薪水；建造、修理和装饰住宅、桥梁和其他建筑物；建造和维护便利且舒适的街道、公路以及步行、马车的通道；制造和维护运河以及其他通商和通航设施；开垦荒地；鼓励农业或任何其他值得鼓励的事情上；总而言之，想民众之所想，而不是像以前那样，助长骄奢淫逸之气……除了上述租金，他们之间不再收取任何本地人或外国人需支付的通行费或税收，仅需根据各自在其中占用土地的数量、质量和便利程度，向教区支付。政府部门、贫民救济和公路……等开支，都将由地租来维持，因此所有的仓储业、制造业以及获得允许的商业雇佣与经营行为，都完全是免税的。”

——引自 1775 年 11 月 8 日，马歇尔在纽卡斯尔哲学协会（Philosophical Society in Newcastle）上宣读的讲演稿，哲学协会惠允作者复印［现由 Wm. Reeves 公司出版（英国伦敦东部中央邮区弗利特街 185 号）］

可以看到，这一建议和本书提出的关于土地改革建议的唯一区别，不是制度上的不同，而是在实行“方法”上的不同（也是非常重要的不同）。托马斯·斯彭斯似乎想通过一项法令，剥夺现有所有者的所有权，并在全国范围内立即建立这一制度。然而，
134右(109) 本书则建议购买必要的土地，小范围地建立这一制度，并相信这一制度的内在优势，逐渐使其推广开来。

托马斯·斯彭斯提出该建议 70 多年后，赫伯特·斯宾塞先生（首先定下一个大原则，即作为同等自由法则的一般性推论，所有人都有使用地球的同等权利）* 在讨论这个主题时，以他惯有的说服力和清晰的表达，如此评述：

“但是，人们都有使用地球的同等权利这一信条有什么用呢？难道要我们

* 《社会静力学》第一原理是“同等自由法则”——“每个人都有做一切他愿做的事的自由，前提是他不侵犯任何他人的同等自由。”——译者注

霍华德在这里描述了他自己的学术朝圣之旅：他从斯宾塞颇具影响力的土地国有化的主张开始，特别是斯宾塞《社会静力学》一书。赫伯特·斯宾塞先生（Herbert Spencer，1820—1903 年）是一名土木工程师，后来成为记者和政治作家；1848—1853 年，为《经济学人》（The Economist）杂志社工作。期间遇见政治争论者，例如托马斯·卡莱尔（Thomas Carlyle）、乔治·亨利·刘易斯（George Henry Lewes）、刘易斯后来的情人乔治·艾略特 [George Eliot，即玛丽·安·埃文斯（Mary Ann Evans），1819—1880 年] 和赫胥黎（T. H. Huxley）等。 135

赫伯特·斯宾塞肖像

托马斯·斯彭斯（Thomas Spence）作，《皮特在绞刑架上》（Pitt on the Gallows），贸易货币，约 1800 年。一天的工作之后，他在伦敦的大街上乱涂乱画，写着“规划和填饱肚子”和“土地就是人民的农场”。不出所料，当局曾有羁押他的念头

赫伯特·斯宾塞的第一本书，《社会静力学，或人类幸福的必要条件——人类幸福所必需的条件，发展的首要和特殊条件》（Social Statics，or the Conditions Essential to Human Happiness：or the Conditions essential to Human Happiness specified，and the first of them developed），1851 年出版，以进化论为基础，讲述了人类自由的发展和对个人自由的捍卫。他为激进的事业辩护——土地国有化，自由不干预经济的批判和女性在社会中的地位和角色——他后来放弃了其中的大部分。

赫伯特·斯宾塞的第二本书，《心理学原理》（The Principles of Psychology，1855 年）就不如《社会静力学》那么成功。由于患有心理健康问题，他花了 30 年时间才完成他的九卷本《综合哲学体系》（A System of Synthetic Philosophy），系统地阐述了自己在生物学、社会学、伦理学和政治学方面的见解。他是著名的学术杂志和报纸的投稿人，他的崇拜者里面有激进的思想家和杰出的科学家，有名的如约翰·斯图尔特·穆勒（参见本书第 131 页）。他的进化论与达尔文的学说不相上下（参见本书 119 页）。

但后来，霍华德从 18 世纪的激进分子托马斯·斯彭斯（Thomas Spence，1750—1814 年）的一部鲜为人知的著作中，找到了更好的解决方案。斯彭斯的父亲是泰恩河畔纽卡斯尔（Newcastle upon Tyne）的一位鞋匠和渔网编织手艺人，一共有 19 个孩子。父亲教斯彭斯读

回到无垠的荒野，以树根、浆果和猎物为生的时代？还是要我们置身于傅立叶（Fourrier）、欧文（Owen）、路易·布朗（Louis Blanc，1811—1882 年，法国历史学家、社会主义者——译者注）股份公司的管理之下？都不是。这一信条和最高级的文明是一致的，可以在不涉及财产的共有（a community of goods）情况下实施，而且不需要在现有安排中引发非常严重的革命。这种变化只要土地所有者稍作改变即可。分散的所有制将合并为公众的股份所有制；国家将不再由个人拥有，而是由大型团体——即社会所拥有；农民不再向单独的所有者而是向国家租用田地；他们也不用把租金交给约翰爵士（Sir John）及其阁下的代理人，而是把租金交给社区的代理人或副代理人；管理人员是公务人员而不是私人，租佃是占用土地的唯一方式。如此安排国家事务，将完全符合道德规范。在这样的国家中，所有人都是平等的土地所有者，所有人也都能同等自由地成为承租人。A、B、C 和其他的人可能会像现在一样竞争一个空置的农场，其
136左(110) 中一个人可能会在丝毫没有违反纯粹同等原则的情况下得到那个农场。所有人都可以同等自由地投标，所有人都可以同等自由地解约。当农场租给 A、B 或 C 以后，所有各方都会按照自己的意愿行事，一方选择为某些土地的使用权而向他的合作伙伴支付一定的款项，另一方则不愿意支付这笔钱。因此，明确地说，根据这种体制，可以在完全遵守同等自由法则的条件下圈地、占用和耕种土地。”

——《社会静力学》（Social Statics），第九章第八节

赫伯特·斯宾塞先生写下这段话之后，发现自己主张的方法存在两大难点，因此，毫无保留地收回了主张。其中一个困难是，他认为国家所有制必然会带来各种弊端［参见《正义论》（Justice），1891 年版，附录 B，第 290 页］；第二个困难是，在斯宾塞先生看来，想要既对现有土地所有者公平又要对社区有利，几乎不可能获得土地。

但是，如果读者仔细研究托马斯·斯彭斯的计划（它时间上早于赫伯特·斯宾塞先生现在这个已经撤回的主张），就会发现，如同本书所提出的方案一样，托马斯的计划完全摆脱了可能由国家控制的反对意见的影响。[1] 在托马斯·斯彭斯的提议下，和我的
136右(111) 方案一样，地租不是由与人们接触甚少的“中央政府”来征收的，而是应由民众定居所在的教区来征收的。至于赫伯特·斯宾塞思想里的另一个困难——既要公平地获取土地，又要使买方有利可图，对此，赫伯特·斯宾塞先生束手无策，草率地得出此题无解的结论。

1 虽然赫伯特·斯宾塞先生似乎也在反省自己的关于国家控制本质上是不好的理论，他说：“根据国家处于任何情况下本质都一样的假设所得出的政治推测，必然会以完全错误的结论而告终。”

书识字。斯彭斯后来当了一名老师。他深受汤姆·潘恩（Tom Paine）作品的影响，在街边出售他自己的小册子。他受到自由民和纽卡斯尔公司（corporation of Newcastle）就该城市公共土地使用权提起的诉讼的启发，创立了“斯彭斯式慈善事业”（Spencean Philanthropy）。

1792 年，托马斯·斯彭斯搬到伦敦。在那里，他先是在一家商店里，出售自己用 137
特有的拼写方式书写的小册子，后来又在一辆街头手推车上叫卖。他因煽动叛乱而多次被捕入狱。1793—1796 年，他出版了一本名为《猪肉》（Pig's Meat）的激进期刊，以回应埃德蒙·伯克（Edmund Burke）提到下层阶级所用的词语“猪一样的大多数”（the swinish multitude）。

他的小册子《人权论，讲座发言，在纽卡斯尔哲学协会上宣读的论文》（The Rights of Man，as Exhibited in a Lecture，Read at the Philosophical Society in Newcastle），1775 年 11 月出版，1882 年由社会民主联盟（Social Democratic Federation）的创始人（本书评注第 147 页）H·M·海因德曼（H. M. Hyndman）再版。再版时 [书名为《1775 年和 1882 年的土地国有化》（The Nationalisation of the Land in 1775 and 1882，再版于 Beer，1920 年）] 海因德曼做了注解和评论。霍华德肯定是在那前后，发现了这本书。

托马斯·斯彭斯认为，每个独立的教区都应该成为一个公司，并夺回那些被土地所有者联手侵占的土地权利。从今以后，租金将支付给教区，用于建造和维修房屋道路等公共用途。这些租金将产生盈余，用于分配给穷人和社会开支。他的理想社区将由一个由股东选出的董事会来管理（Beevers，1988，p21—23；Hall and Ward，1998，p9—10）。

但是托马斯·斯彭斯未能解释人们要怎样占用土地，因此霍华德采用了韦克菲尔德的有计划迁移和殖民地开拓的想法。19 世纪 80 年代早期，社会民主联盟（Social Democratic Federation）、基尔·哈迪（Keir Hardie），以及托马斯·戴维森（Thomas Davidson），提出了为失业者提供“家园殖民地”（home colonies）的想法。托马斯·戴维森是“新生活联谊会”（Fellowship of The New Life）的联合创始人之一，1884 年，费边社就是从这个协会派生的。但霍华德意识到，城镇失业者不会重返农业，他们需要的是制造业岗位（Beevers，1988，p25—26）。

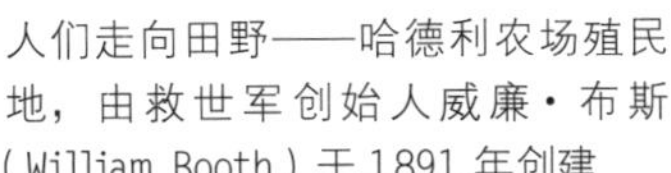
人们走向田野——哈德利农场殖民地，由救世军创始人威廉·布斯（William Booth）于 1891 年创建

但我的建议，购买耕地或者荒地，完全可以解决这一困难。让它以托马斯·斯彭斯的方式出租，然后推行韦克菲尔德和马歇尔教授倡导的科学迁徙，尽管不是那么大胆。

当然，将赫伯特·斯宾塞先生一贯宣称的“绝对合乎道德的宣言”——所有人享有平等的土地使用权——带入现实生活，让它成为其拥护者可以实施的方案，那必将是最重要的公众事件之一。而实际上，一位伟大的哲学家说，我们的生活难以符合最高的道德标准。因为在过去，前人已为我们定下了不道德的基础，但是“倘若，人们拥有产生社会纪律的道德情操的同时，还立足于一块尚未被私人瓜分的土地上，他们将毫不犹豫地宣称有权平等地占有土地，就像宣称有权平等地占有阳光和空气一样。”[1] 生活似乎就是这么矛盾。人们不禁希望有不期而遇的机会：迁往一个沉浸在“目前已经产生社会纪律的道德情操”的星球。但是，如果我们足够真诚，就不必非得有一个
138左(112) 新的星球，或者“一块尚未被私人瓜分的领土”。因为现已证明，一个有组织的迁移运动——从过度开发、价格高昂的土地，迁往相对原始和未被占用的土地——可以使向往这种生活的人们享有同等的自由和机会。于是我的心灵和头脑中立即浮现出，在地球上建立一种有序且自由生活的可能性。

我把托马斯·斯彭斯和赫伯特·斯宾塞先生、韦克菲尔德和马歇尔教授的主张组合在一起，形成第三个提议。这个提议包含了詹姆斯·西尔克·柏金汉（James Silk Buckingham）方案中的一个重要特征[2]，但同时，我故意删除了这个方案的一个重要特征。柏金汉先生说（《国家的弊病及实用对策》，第 25 页）：“因此，我关注现有城镇的重大缺陷，以及至少建立一个示范城镇的可取之处，它将避免这些缺陷中最突出的部分，并代之以其他城镇未曾具备的优点。”在他的作品里面，展示了一个占地 1000 英亩小镇的规划和草案，这个小镇拥有 25000 人口，耕地环绕四周。和韦克菲尔德一样，柏金汉看到了把农业社区和工业社区结合所带来的巨大优势，他确信：“在任何可行的地方，工农业劳动力相互交融，各种社会结构和原料也相互作用，在彼此之间交替进
138右(113) 行的短暂劳动，会产生一种满足和自由，使人摆脱单调乏味的工作，多样化的工作比任何单一职业更能完美地发展精神和身体的机能。”

尽管在这些方面，该方案和我的方案尤为相似，但它仍然是一个截然不同的方案。正如柏金汉所认为的，他把社会弊病归因于竞争、酗酒和战争。因此，他建议建立全面的合作体制来消灭竞争；通过严格禁令来消除酗酒；通过禁绝火药来制止战争。他

1 《正义论》第十一章，第 85 页。

2 柏金汉的方案，发表在一本名为《国家的弊病及实用对策》（National Evils and Practical Remedies）著作中，这本书大约在 1849 年，由 Peter Jackson，St. Martins le Grand 出版。

1837 年，詹姆斯·西尔克·柏金汉肖像，埃德温·道尔顿·史密斯（Edwin Dalton Smith）作

詹姆斯·西尔克·柏金汉（James Silk Buckingham，1786—1855 年），10 岁便出 139
海，在印度转行到新闻业之前，他当了 20 年的海员。1832 年至 1837 年，他在设菲尔德（Sheffield）担任国会议员。然后，他去美国旅行和演讲；他写旅行传记，同时也撰写关于那个时代一些议题的宣传册。他在《国家的罪恶和实际的补救措施》（National Evils and Practical Remedies）（Buckingham，1849）中提出了若干经济和政治改革，其中包括一个示范城市的规划及其描述。直到后期，他才意识到他的改革方案和克里斯托弗·雷恩（Christopher Wren）的重建伦敦计划相似。

一英里见方大小的城镇，有宽阔的对角线林荫大道，通往一个中心广场，还有一系列渐渐变得宽敞豪华的房子，从外到里都规划在内。它们被食堂、浴室和学校等公共建筑的开放空间分隔开来，被商店、工厂或公共娱乐场所的拱廊所覆盖。

在两个中心广场（一个外部的，一个内部的）之间主要是公共建筑。外部广场上有教堂、博物馆、艺术画廊、音乐会大厅、科技大学和公共图书馆；内部广场上有一个法院、理事会议厅和邮局，以及矗立着带一个中央钟楼的、可供步行和娱乐的巨大空间。

柏金汉这样解释："建筑按同心的正方形排列，工人阶级的居住区布置在最靠近绿 141
地的区域（绿地设置在最接近城镇边缘的地带），这有利于他们的健康，而且靠近工厂，这也有利于节省他们的劳动力和时间。"此外，"既不存在啤酒店、豪华酒店、酒吧、建议组建一个资本为 400 万英镑的大公司；购买一大块地，并建造教堂、学校、工厂、仓库、食堂和年租金为 30—300 英镑的住宅；从事各种工农业生产，犹如一个包罗万象的大事业，不允许竞争者存在。

现在可以看到，从表象上来看，柏金汉的方案和我的方案有一些共同特征，一个建立在农业用地上的示范城市，人们得以在此健康、自然地务工务农，但两个社区的内部生活却迥然不同——田园城市的居民享有充分的自由联合权，展示了多样化的个人努力与合作的工作形式。而柏金汉方案里，城市成员则由清规戒律束缚在一起，除非离开，或者将其分解，否则毫无出路。

140左（114） 本章内容归纳如下。我认为，应当努力把人口从稠密的中心区迁往人烟稀少的农村去；不要扰乱民众的思想，也不要让组织者徒费心力地在全国范围内完成这项工作，而应把主要思想和精力集中于一项运动，但规模要大，成果要丰富显著，要足以引起关注；项目启动前要做好安排，向迁居者保证，由于他们迁徙而产生的土地增值都归他们。这些将建立一个组织来完成，前提是不侵犯他人利益，它允许其成员做自己看来合适的事情，分享收到的全部“税金地租”，把它们用于迁徙过程中必要的，或有用的公共工程。这样就消除了税率，至少大大减少了强制征税的必要。而这一绝佳的机会基于以下事实，待开垦的土地上只有很少的建筑或工程，因此能得到最充分的利用；根据田园城市的规划，随着其发展，大自然免费的馈赠，新鲜的空气、阳光、呼吸及游戏空间——都应该保持充裕；通过利用现代科学的资源，艺术可以补充自然，生活可以成为永恒的愉悦和欢乐。这个计划中，还需着重指出的是，这个方案虽然还不完善，
140右（115） 但它不是出自一个狂热者不眠之夜的大脑发热，而是源自对许多方案和精辟见解的深入研究和不懈努力，这些工作带来一些有价值的素材，待时机成熟，细微的技巧会把这些素材组合成一个富有成效的方案。

雪茄吸烟室、典当行、赌博场所或妓院，也不允许或不可能在城镇的任何地区设立没有及时监管的部门，由此避免的诸多弊端，可能更容易想象，而不是描述。”[基于康奈尔大学的约翰 · W · 雷普斯（John W. Reps）教授的网络资料]。

霍华德以典型的华丽辞藻结尾。但他确立了自己的中心观点：他将大量精心构建的、而且被广泛讨论的观点汇集起来，因此，这不是一个无足轻重的善辩者的突发奇想。显然，这也是他最想要避免的。

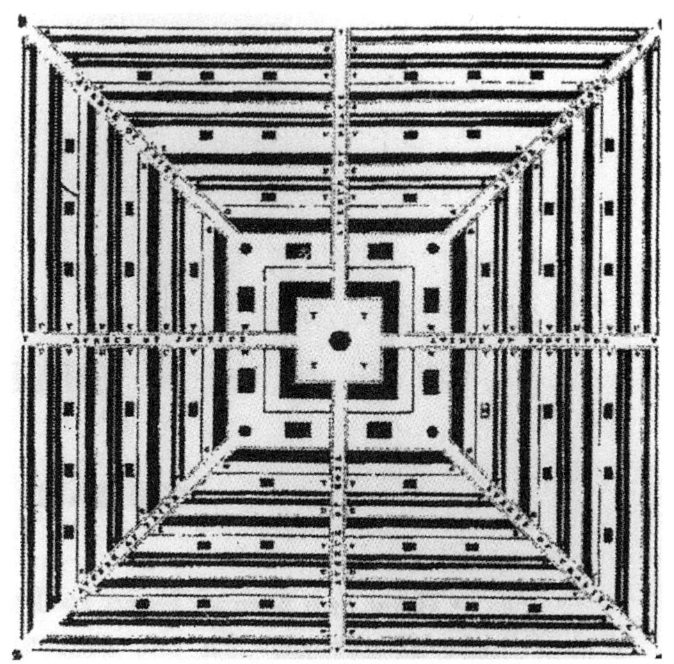

柏金汉规划的一个典型城镇

142左（116）

第 12 章　遵循的道路

“一个人怎样才能认识自己呢？绝不是通过思考，惟有付诸行动。尽力去履行自己的职责，你会立刻知道自身的价值。可是职责又是什么呢？那就是当下的现实要求。”

——歌德（Goethe）

为了进一步讨论，请读者姑且假设我们的田园城市实验早已启动，而且注定成功，思考一下这个实物教学（object-lesson）必然会给社会带来更深远的影响，为改革道路带来启示，然后，我们将努力追溯开发之后的一些更广泛的特点。

当今人类和社会的最大需求亘古不变：一个有价值的目标和实现它的机会；工作和值得为之工作的结果。一个人是谁，他将成为谁，都归结于他的抱负，这一点对社会和个人来说都一样。现在，我斗胆在各国人民面前呈现的结论也同样“崇高而恰当”，他们应该即刻为那些住在拥挤和遍地贫民窟的城市里的人，打造美丽的小镇故乡，其
142右（117）间花园星罗棋布。我们已经弄懂怎样建设一个这样的城镇。现在让我们看看，一旦发现真正的改革之路，只要持之以恒，将带领社会走向超越梦想的高点，姑且不论这种未来曾被多么大胆的精神所预言。

过去，曾有许多发明和发现，使社会突然跃迁到更新、更高的存在层面。例如蒸汽的应用——这是一种认知已久却难以驾驭的力量，给生活方式带来了巨大的变化；而一种比蒸汽动力更强大的力量与方法被发现——在地球上，对更好、更高尚生活的渴望的长期压抑，将会使变化更显著。

我们所倡导的这种实验，一旦成功将带来什么样的经济效应？这是一条开放的道路，通过创造新的财富形式，将达成新的产业体系，社会与自然的生产力将比目前更为高效，所创造的财富在分配上将更为公平。社会成员之间或许分歧更大，但与此同时，更多的红利会以更公正的方式分配。

一般说来，产业改革者大致分为两大阵营。第一阵营的成员主张：最重要的是持续、

遵循的道路

歌德（Johann Wolfgang Von Goethe，1749—1832 年），德国著名诗人和剧作家，著有《少年维特之烦恼》（Die Leiden des jungen Werther，1774 年）和《在陶里斯的伊菲革涅亚》（Iphigenie auf Tauris，1789 年）。他的杰作《浮士德》（Faust）分上、下两册出版（1808 年，1832 年）。霍华德引用的译文封住了一切质疑，奔放洒脱。

事实上，霍华德著作被译作多种语言，在许多国家产生了直接影响——那就是模仿莱奇沃思建造田园城市。不幸的是，其中的大多数完全不是真正意义上的田园城市，正如丹尼斯·哈迪（Dennis Hardy）在本书“后记”中指出的那样，它们只是花园郊区（garden suburb）。

在这里，霍华德又回到了把田园城市作为一个“发明”的想法，类似发明铁路。他清楚地感觉到，田园城市将对人们的整个生活和工作产生同样广泛的影响。具有讽刺意味的是，一组已经存在但几乎难以察觉的新发明——电力、汽车和提供低息长期抵押贷款的永久性建筑协会，将使维多利亚城市的大规模郊区化成为可能，从而削弱了霍华德提出的论点。

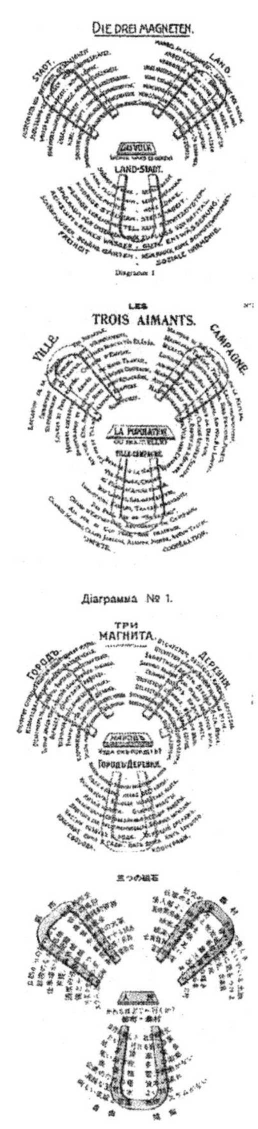

“三磁铁”图的德语、法语、俄语和日语版本

密切地关注“产能增加”的必要性;第二阵营的成员则更为关注“更公正公平的分配”。144 左（118） 实际上，前者不断地说：“只要增加国民红利，一切都会变好”；后者则说：“国民红利很充足，问题在于分配公平。”前者多属个人主义者，后者多属社会主义者。

作为前者观点的例子,我引用1894年11月14日,亚瑟·詹姆斯·贝尔福先生(Mr. A. J. Balfour）在保守党协会全国联合会（National Union of Conservative Associations）一次会议上的讲话：“那些代表社会的人，好像社会由两部分组成，争论着他们在一般性生产中所占的份额，他们完全搞错了这一重大社会问题的实质。这个国家的总产值不是一个固定值，并非雇主得到更多，雇员就会得到更少，反之亦然。对这个国家的工人阶级来说，真正的问题根本不是分配问题，而是生产问题。”而后一种观点例子则是：“在相应的程度上，提高贫民所得却不抑制富者，这种说法显然是谬论。”——《社会主义原则通解》(Principles of Socialism made plain)，弗兰克·费尔曼（Frank Fairman）著，W. Beeves 出版（185 Fleet Street），第 33 页

为清楚起见，我再次重申，那就是存在一条个人主义和社会主义迟早都会走的路。因为，我已相当明确地指出，在一个小范围内——如果个人主义意味着社会成员有更充分和更自由的机会按意愿行事、按意愿生产，并自由结成社团，那么社会可能会比现在更个人主义；如果社会主义意味着一种生活状态，在这种状态下，通过市政自治的努力，社区福利能得到更广泛的保障，集体精神能得到更广泛的弘扬，那么社会也会变得更社会主义。为达成这一理想，我取两者之长，并用一种切合实际的方法将其结合。仅“强调”生产的必要性还不够，我已说明“它应如何实现”；而另一个重要的目的，更公平的分配，诚如我所指出，也很容易实现，且其方式不需引起恶意、冲突或痛苦；不需革命性的立法；且不直接侵犯既得的利益。因此，我提到的两种改革者的愿望都可能实现。简而言之，我已遵循罗斯伯里勋爵（Lord Rosebery）的建议，“借鉴社会主义对共同努力的宏大构思，对城市生活的有力构思，以及个人主义对自尊、自立的维护”，通过具体的解说，我想我已经反驳了本杰明·基德先生（Benjamin Kidd）在他的名著《社会进化论》(Social Evolution, p85）中的基本论点：“在任何特定时间，社会有机体的利益和组成社会的个体的利益实际上都是对立的，它们从来不可能一致。本质上，它们不可调和。”

对我而言，大多数社会主义作者都过于热衷利用旧的财富形式，不是追逐利润，就
146 左（120） 是向所有者征税。他们似乎很少会有这样的意识，更正确的方法是在公正的条件下创造新的财富形式。但是，后一种观念应充分认识到大多数财富形式的短暂性。几乎所有的物质财富形式,都是转瞬即逝且易于衰败的,当然,除了我们居住的星球和自然元素之外,

霍华德提到的争论——“产能增加”和“更公正公平的分配”两个学派之间的争论，在一个世纪后有增无减。前者的主张被贴上“涓滴理论”的标签：经济增长所带来的好处将向最不幸的方向发展，因此采取可能抑制这种增长的政策是不明智的，但是它们可能出现倒退。因此，经济学家和政治学家就这个问题展开辩论，一个普遍的假设是：经济发展最初会加剧贫富差距，但随着大众教育技能的普及，降低合格工人的经济“租金”，贫富差距会随之缩小。这一假设在 20 世纪 60 年代很流行，但是在 20 世纪 80 年代和 90 年代，至少在美国和英国，收入差距的急剧扩大打破了这一假设。 145

霍华德似乎正在发展一种理念，即田园城市将被证明是唯一有利于鼓励新兴小型企业广泛播种财富的地方。这里隐含着经济高度动态的概念——这个概念后来由约瑟夫·熊彼得（Joseph Schumpeter）在他的经济发展理论中通过“新人类”引入技术或组织创新而发展起来。在 1989 年，尽管可以在马歇尔的《经济学原理》中发现这一萌芽，它仍然是一个非常原始的想法（参见本书第 55 页）。

赫伯特·斯宾塞先生（参见本书第 137 页）在 1884 年出版的《人与国家》（The Man Versus The State）一书中告诉我们，弗兰克·费尔曼（Frank Fairman）是一个笔名：“……以‘Frank Fairman’为笔名写作的这位绅士责备我，因为我没有像他在《社会静力学》一书中看到的那种，同情捍卫工人阶级……”

本杰明·基德先生（Benjamin Kidd，1858—1916 年），公务员和社会哲学家，1894 年出版《社会进化论》。他挑战了达尔文提出的“适者生存”的概念，认为通过利他主义的政策，社会可以得到提升，而不是消灭社会阶级的最底层。

约 1909 年，为吸引产业到莱奇沃思而进行的促销活动

经济学家对此的认知再清楚不过了。例如，约翰·斯图尔特·穆勒在《政治经济学要义》第一卷第五章中提到："英国现存的大部分财富，大多由人类的双手在最近 12 个月内创造出来。在那巨大的财富总额之中，只有很小的一部分是 10 年前就有的；英国现有的生产资本中，除了农业、工厂用房及少数船只和机器外，几乎没有其他部分是 10 年前创造的。甚至在大多数情况下，在此期间，若没有雇佣新的劳动力对工农业用房和船只机器加以维修，它们也不会存在这么长时间。土地几乎是唯一依然存在的东西。"当然，伟大的社会主义运动领导人完全了解这一点；然而，当他们讨论改革方法时，这个基本真理被抛诸脑后，他们看上去急于占有现有财富，似乎这才是真正的持久与永恒。

但更引人侧目的是社会主义作者的前后不一。人们不会忘记，正是这些作者最强烈
146右（121）地坚持——在形式上，当今"财富"的很大一部分根本就不是真正的"财富"，而是"邪恶"(filth)*；任何形式的社会，只要向它们的理想前进一步，就必须摒弃这些财富形式，创造新的财富形式和新的场所。这种明显的前后不一，令人瞠目结舌。他们表现出一种永不满足的欲望，想要拥有那些不仅迅速衰落，而且在他们看来百无一用甚至颇为有害的财富。

还有，1893年3月29日，海因德曼先生在民主俱乐部讲话中提到："理想的情况是，当下所谓的个人主义土崩瓦解时，他们应该筹划和制定社会主义的思想，并希望看到这些思想付诸实践，这不可避免。作为社会主义者，其首要任务就是减少城市中心人口的拥挤。他们的大城市不再有大量的农业人口来应征，由于食品的短缺和质量堪忧、空气的浑浊，以及卫生条件的恶劣，大多数城市居民身心俱疲。"但是，准确地说，难道海因德曼先生没有看到，为争取现有的财富形式，他选错了攻击的堡垒吗？如果将来一旦发生什么事情，要把伦敦的人口或大部分伦敦的人口疏导到其他地方，为什么我们不能"现在"就引导大量人口自动外迁呢，难道要到伦敦的行政管理和改革的问题，就像我们很快会发现的那样，一发而不可收拾的时候？

148左（122）在一本畅销的小册子《快乐的英国》[Merrie England，Clarion Offices 出版(Fleet St.)] 中也能看到类似的矛盾。作者努科沃姆(Nunquam)在一开始就谈到："我们必须思索的问题是，对于特定的国家和人民，他的人民怎样才能做最好的自己、建设最好的国家。"然后，他开始强烈地谴责我们的城市——房屋丑陋、街道狭窄、花园稀少，并强调户外活动的好处。他谴责工厂制度，并说："我要让人们自给自足，种植小麦和水果，饲养牛和家禽。接下来，我会发展渔业，建造大型的鱼类养殖湖

* 霍华德原著拼写成"ilth"，有误，应作"filth"。——译者注

1842 年，亨利 · M · 海因德曼（Henry M. Hyndman）出生于伦敦的一个富裕家庭，后来成了一名记者，为《帕尔摩报》（Pall Mall Gazette）供稿。1869 年，他开始周游世界;1880 年，他决定从政，但是没有找到自己支持的政党。他开始对卡尔·马克思（Karl Marx）的观点感兴趣，尤其是马克思对资本主义的分析，并在 1881 年成立了社会民主联盟（Social Democratic Federation），成员有威廉 · 莫里斯（William Morris）、本 · 蒂利特（Ben Tillett）、汤姆 · 曼（Tom Mann）和马克思的女儿艾琳娜（Eleanor）（参见本书第 25 页）。1884 年，党内的紧张局势导致了威廉 · 莫里斯和其他人离开，他们转而成立了社会主义联盟（Socialist League）。1890 年，党内的进一步冲突造成了汤姆 · 曼和其他人离开，他们随后加入了独立工党（Independent Labour Party）。1911 年，海因德曼继续成立了英国社会主义党（British Socialist Party），但是分裂为两个派别，然后他建了一个新的国家社会主义党（National Socialist Party）。1921 年，海因德曼离世。 147

霍华德继续发挥自己的论点，尽管他没有具体说明它们的性质，但他认为田园城市将创造新的商业和财富形式。他似乎在跟海因德曼争论，认为不必过于担心代表旧经济秩序的现有企业。但事实上，他早前已经承认，其中一些人需要被吸引到田园城市来，以便为那些打算迁移的人提供最初的工作机会。实际上，在莱奇沃思，具有吸引力的行业成为主要问题，并且，为了克服这一点，他的合作董事不得不放弃“税金地租”定期上涨的原则，而这是霍华德整个方案的经济基础。

斯皮雷拉束身衣工厂（Spirella Corset Factory）与员工

斯皮雷拉束身衣工厂今貌

泊和港口。之后，我会限制我们的矿业、冶炼业、化学厂和制造厂的数量，可以满足我们民众自己的需求就够了。此后，我要发展水利与电力，减少烟尘雾霾。为了达到这些目标，我要使所有土地、磨坊、矿产、工厂、作坊、商店、船舶和铁路都成为公民财产。”（着重号是我加的）*也就是说，人民要努力奋斗，才能拥有工厂、磨坊、车间和商店。而如果“努科沃姆”的愿望达成，它们中的至少一半必须关闭；如果我们的对外贸易被抛弃（详见《快乐的英国》第四章），这些船舶将会毫无用处；倘若诚如“努科沃姆”所愿，对人口分布作全面的调整，大部分铁路也必将闲置。然而，这种徒劳的挣扎要持续多久？敬请“努科沃姆”仔细思量，不妨先研究一个小问题，然后用他的话来说，“假定有 6000 英亩土地，怎样物尽其用，地尽其
148 右(123) 利呢？”因为，只有解决了这个问题，我们才能学会处理更广泛的事情。

让我从另一个角度谈谈财富形式的短暂性，然后鉴于上述论述，提出应有的建议。社会呈现的变化很大——如今我们文明所呈现的外在形式和可见形式，最近 60 年以来，诸如公共建筑和私人建筑，交通方式及其应用，机械、码头、人工港口、战争与和平的工具等，其中的大多数都经历了一场彻底的改变，有些甚至脱胎换骨了好几次。我推测，这个国家不到 5% 的人住在 60 年前的房子里；不到千分之一的水手在驾驶 60 年前的船；不到 1% 的手工业者或工人所处的车间、操作的工具或驾驶的货车是 60 年前的。从伯明翰到伦敦的第一条铁路建成至今已有 60 年了，我们铁路公司拥有 10 亿英镑的投资资产，而我们的供水系统、燃气系统、电力照明系统和污水处理系统，大部分都是最近才建成的。那些 60 年前创造的实物遗存，虽然其中一些作为纪念品、样品和传家宝是无价之宝，但其中的大多数，肯定不是我们需要为之分辩和争论的东西。其中最好的是我们的大学、学校、教堂和圣殿，这些肯定是哺育滋养我们的另一种教材。

但是，任何一个理性的人，只要思考一下人类进步和发明正以无与伦比的速
150 左(124) 度发展，难道会怀疑未来 60 年的变化很大吗？难道会有人认为，这些犹如雨后春笋、一夜之间就冒出来的财富形式，会有任何实质性的持久吗？即便暂且不谈劳动力的问题，以及为成千上万渴望工作的闲置劳动力寻找工作，我认为，我已经论证了一种解决方法的正确性——仅仅由潜心探索新动力、新的机动手段、新的供水方式或新的人口分布方式带来各种可能性的同时，就会使多少物质形式变得过时而且全然无用啊！那么，我们为什么要为人类“已经”制造了什么而争吵不休呢？为什么不致力于去探寻人类“能够”制造什么呢？为了实现这一目标，我

* 霍华德原著如此。——译者注

“努科沃姆”（Nunquam）是罗伯特·布拉奇福德（Robert Blatchford，1851—1943 149
年）的笔名。布拉奇福德的父亲是一位演员，在他 2 岁时就过世了。十几岁的时候，布拉奇福德离家出走，后来去参军。1878 年他退伍后，成了一名自由撰稿人。布拉奇福德从事劳工阶层的新闻经历，使他成为一个社会主义者。1890 年，他创办了曼彻斯特费边社（Manchester Fabian Society）；1891 年，他创办并编辑社会主义报纸《号角》（The Clarion）。《号角》派送员骑着自行车在乡村草坪上摆摊，在英格兰乡村地区发行。1892—1893 年，他在《号角》上连载自己执笔撰写的《快乐的英国》（Merrie England）。书中描述了小佃农重新定居英格兰乡村的情景。连载集结成书出版之后的几年里，销量达到了惊人的 100 万册（Blatchford，1976，1893）。《快乐的英国》和布拉奇福德在 1898 年出版的《土地国有化》（Land Nationalisation），被认为是“土地改革理论对劳动人民思想产生的深刻而持久影响的有力见证”（Douglas，1976）。

在讨论布拉奇福德的观点时，霍华德明确表示，田园城市将依靠电力等新技术，以及一些明显的旧技术，如水力发电。事实上，他对技术的了解，似乎远不及同时代的克鲁泡特金。他提醒我们，在维多利亚时代创造的各种固定资产有多么巨大，当然，他在假设同等巨大的资产形式会在接下来一个世纪产生这一点上是正确的。但他没有看到的是，在很大程度上，以高速公路和电力传输的形式，将会让各种各样的定居形式——从郊区到远程网络小屋成为可能。毫无疑问，田园城市将成为他们唯一或者必然的出路。

1895 年 12 月，《铁童军》（The Scout）的封面，由弗利特街的《号角》杂志社（Clarion Office in Fleer Street）出版（左）

罗伯特·布拉奇福德（Robent Blatchford）肖像画（右）

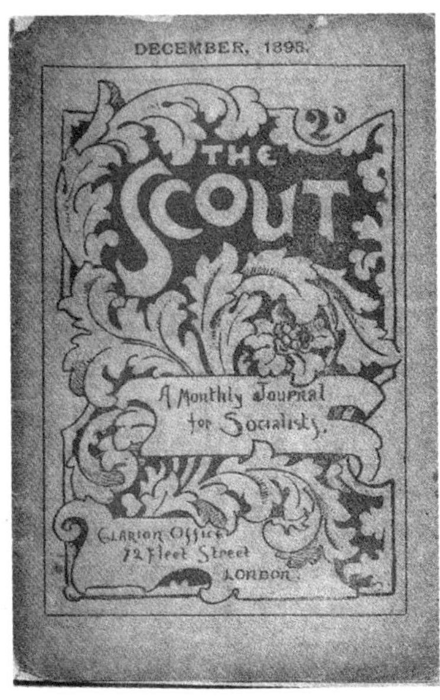

们也许会发现大量的机会，不仅能创造更好的财富形式，而且知道怎样在更公平的条件下创造它们。引用《快乐的英国》作者的话："我们应该首先确定有利于我们的身心健康和快乐的东西是什么，然后组织我们的人民，以最好和最简单的方式生产这些。"

因此，就其本质而言，财富的形式是"短暂的"(fugitive)，而且在不断进步的社会中，不断出现的更好的形式还会不断迭代。然而，有一种形式的物质财富是最持久和最永恒的。我们最奇妙的发明所具有的价值和效用，决不会减损一分一毫，
150右(125) 而只会使这些价值和效用更加明确，并使它们的使用更加普遍。我们所居住的星球已经存在了数百万年，物种正是从它的原始状态中萌生。我们当中那些相信在大自然背后有一个宏大旨意的人们，不相信地球的历程可能会迅速缩短，因为他们心中正在萌发更好的愿望，而且，对它鲜为人知的秘密有所了解以后，他们正不辞辛苦，去找寻利用地球上无穷宝藏更为高尚的途径。为了一切实际的目的，地球可以被视作永恒。

现在，每一种财富形式必须以地球为基础，也必须由其表面或接近其表面的构成要素来建造，因此（因为基础永远是首要的），改革者应该首先考虑怎样使地球最好地为人类服务。但是，我们的朋友——社会改革者，又错过了关键的一点。他们宣称的理想是使社会成为土地的主人和"一切生产工具"的主人；但是，他们如此急功近利地在其计划中同时贯彻这两点，以至于在考虑土地问题的特殊重要性方面有点缓慢，因此错过了通往改革的真正道路。

然而，也有一类改革者把土地问题放在首位，虽然在我看来，似乎有点把它们的观点强加于社会的态度。亨利·乔治先生（Henry George）在他的名著《进步与贫困》(Progress and Poverty）中雄辩但并非正确地推理到，我们的各项土地法要对社会的各种经济弊端负责；我们的土地所有者并没有比海盗和强盗强多少，因此国家越快强制没收他们的地租，情况才会越好。因为他认为，国家这么做以后就可以完全解决贫困问题。
152左(126) 但是，尝试把目前社会的可悲现状归咎于人类的某一阶层，难道不是一个极大的错误吗？土地所有者作为一个阶层，在哪方面不如平民呢？倘若给予平民机会，可以成为土地所有者，并占有承租人创造的土地价值，次日他就会欣然接受。如果每个平民都是一个潜在的土地所有者，那么平民抨击土地所有者个人的行为犹如国家起草一份反对自身的起诉书，而且随后把一个特定阶层当作此事件的替罪羊。[1]

1 我从《进步与贫困》中得到许多启发，但愿我这样写不算是忘恩负义。

在这里，霍华德很少在其他地方详细提到包括“新动力”和“新的移动手段”的新技术，尽管电灯、电力和汽车那个时候已经存在，如 20 年前就有了电灯，10 多年前有了汽车。在提到“新的供水方法”时，他可能指的是书里的附录。他在附录中建议，应该利用风车将水从低处向高处抽水，尽管早在 17 世纪荷兰人就已经引进了这种技术抽干沼泽地，因此这不算是“新”技术。也许他心中有一些更具革命性的事情，例如人工降雨播种。但是这并不确定，而且在任何情况下，对于英国的气候来说，没有什么必要。 151

尽管霍华德可能并不知道可能采取何种形式，但他明确设想了一个人口大规模重新分配。事实上，到 19 世纪 90 年代，相较于原有基于煤田的北部工业区，伦敦人口有了明显增长。20 世纪将会见证英国人口分布的前工业化模式显著回归，伴随而来的是所谓的“向南挪移”（drift south），它首先在 20 世纪 30 年代呈现，在二战后持续出现。

霍华德提到的“地球”有一个奇怪的现代环（modern ring），这使得他被贴上了环境保护运动先驱的身份标签。

亨利·乔治先生（Henry George，1839—1897 年），大概是美国 19 世纪最重要的经济学家和激进的社会思想家，也是美国最有名的人之一，如今他几乎快被人遗忘了。乔治出生在费城，15 岁时曾漂洋过海。1859 年，他定居旧金山，职业是记者和排字工人。1867 年，他成为《旧金山时报》（San Francisco Times）的执行主编。5 年后，他和别人共同创办了《旧金山晚报》（San Francisco Evening Post），售价 1 美分，大获成功。 153

伦敦拥挤的街道“向南挪移”：20 世纪 30 年代的伦敦桥

但是，力图改变我们的土地制度和攻击那些代表制度的个人完全是两码事。不过，如何实现这种改变呢？我的回答是：依靠榜样的力量，即建立一个更好的土地制度，在组织力量和处理想法上运用一些技巧。每一个普通人都是一个潜在的土地所有者，并像他们呼吁反对占有土地一样，随时准备占有土地的自然增值（unearned increment），这种说法完全正确。但是平民鲜有机会成为一个土地所有者并占有其他人创造的地租价值，因此他最能冷静地思考这种做法是否妥当，是否有可能逐步建立一个新的更公正的制度。由于在这种制度下没有占用他人所创造的地租价值的特权，他就能确保自己一直创造或持有的地租价值不被霸占。我们已经论证了怎样在小范围内实施土地制度的改革，接下来需要考虑怎样在更大范围内推广这项实验，这件事我们最好留待下一章去做。

亨利·乔治先生（Henry George）肖像画

那一年，在一本小册子《我们的土地和土地政策》（Our Land and Land Policy）中，他主张单一土地税。6 年后他撰写《进步与贫困》（Progress and Poverty）一书，并亲自出版，甚至还负责大部分的排版工作。该书轰动一时，销量达数十万册，并被翻译成多种语言。他在书中指出，“巨大财富和不断降低的需求之间的惊人反差”是由资本家在土地价值中积累的“自然增值”（unearned profit）造成的，这些资本家将土地扣留在市场之外，直到它们被劳动力增值。他主张对这些自然增值征收“单一税”（single tax），这将使所有其他税种都没有必要再征收。

1880 年，他搬到纽约；1886 年，他作为工会候选人竞选纽约市长，但输给了有欺诈嫌疑的民主党候选人。同年，他出版了《保护或自由贸易》（Protection or Free Trade）。1891 年，回复教皇利奥十三世（Pope Leo XIII）一个“在劳动力条件下”（On the Condition of Labour）的通谕；1892 年，给哲学家赫伯特·斯宾塞先生（参见本书第 137 页）回复一篇评论。亨利·乔治去世后，他的儿子出版了他视为自己杰作的书——《政治经济科学》（The Science of Political Economy）。

霍华德很可能在海因德曼的一次巡回演讲中听过他的讲话，可能是 1881 年他在伦敦与海因德曼（参见本书第 149 页）辩论的时候。他对乔治的反对，让他回想起早年反对过的赫伯特·斯宾塞先生对于土地国有化的观点：他想要看到这个进程被一步步完成，几乎察觉不到地通过自由市场购买当地土地——尽管随后他承认，随着这个过程呈现增长势头，存在以公开市值强制购买的可能性。

154左(128) # 第 13 章　社会城市

“人类的本性不会一直葳蕤茂盛，好比一个土豆，在同一块贫瘠种乏的土地上，种了又种，一茬又一茬，总归要断代的。我的孩子是在别的地方出生的，即便我能左右他们的福祉，他们依然会在不熟悉的土壤里生根发芽。”

——纳撒尼尔·霍桑（Nathaniel Hawthorne），《红字》（The Scarlet Letter）

“现在人们感兴趣的问题是，我们已经拥有了民主，拿它来做什么呢？在它的帮助下，我们要创建怎样的社会呢？难道我们只能看着伦敦、曼彻斯特、纽约、芝加哥的滚滚红尘：熙熙攘攘、利来利往、丑态毕露，他们的‘独霸一方’和‘小圈子’、他们的罢工，他们悬殊的贫富对比？或者，我们能否建立一种让人人享有艺术和文化的社会，并以某种强大的精神目标支配人类的生活？”

——《每日纪事报》（Daily Chronicle），1891 年 3 月 4 日

简而言之，我们现在必须处理的问题是：怎样使我们的田园城市试验，成为遍及全国的、更高更好的生产生活方式的基石。在最初的试验取得成功后，对推广这么健康优越的方法，必然会产生广泛需求。因此，最好考虑一些在推广过程中必定会面临的主要问题。

我认为，以铁路事业的早期发展作类比，这个问题就会迎刃而解。这将有助于我们将这一点看得更清楚，新的开发建设特点更加广泛，它们就摆在我们面前，前提是我们表现出足够的活力和想象力就行。铁路最初是在没有任何法定权力的情况下修建
154右(129) 的。它们建设规模小、长度短，只要取得一位、充其量几位土地拥有者的同意即可，因此，很容易达成私下的协议和安排，根本不是一个需要诉诸国家立法机关的合适话题。然而，当“火箭号”* 出现，机车的霸主地位完全确立时，倘若铁路事业要继续前进，就必须获得立法权。要想让方圆数十英里、数百英里之内，所有的土地拥有者都达成一个公

* 由乔治·史蒂文森（George Stephenson）制造的火车机车，1829 年在利物浦－曼切斯特铁路公司组织的机车竞赛中获优胜奖。——译者注

社会城市 155

纳撒尼尔·霍桑（Nathaniel Hawthorne，1804—1864 年）生于美国马萨诸塞州的塞勒姆（Salem）。1828 年，他下定决心成为一名作家，他自费匿名出版了《范肖：一个故事》(Fanshawe: A Tale)。接下来的 10 年时间，他写了多篇短篇小说。1838 年，他与索菲亚·皮博迪(Sophia Peabody)订婚，皮博迪引导他投身于由拉尔夫·沃尔多·爱默生（Ralph Waldo Emerson）领导的超验主义运动。1841 年，他在布鲁克农场(Brook Farm）的乌托邦社区住了 7 个月，但很快就幻灭了。1842 年结婚后，他和妻子在马萨诸塞州的协和城（Concord）定居，与爱默生和其他作家过往密切。1850 年，他出版了《红字》(The Scarlet Letter)。这部小说据说是美国第一部以 17 世纪波士顿殖民地为背景的心理小说，讲述了海丝特·白兰（Hester Prynne）因通奸而被判佩戴红色字母“A”的故事。1853 年，皮尔斯总统（Pierce）任命霍桑为美国驻利物浦领事，在那里任职 4 年。

很明显，霍华德再一次确认田园城市是一种发明：一旦人们意识到它的有用性，每个人都会想要采用它。但他承认，这可能会带来问题：就像一开始可能发生的那样，即以一种私下交易的方式，为未来的田园城市购买土地将不再可能，因为现在，土地拥有者对正在发生的事情，保持警惕、戒备。

平合理的协定是不可能的，至少非常困难。因为，只要有一个顽固的土地所有者利用他的区位，为自己的土地漫天要价，就有可能扼杀这项事业。因此，有必要获得权力，确保以市场价值或不太离谱的代价，强制获取土地；这项工作已做完，铁路事业高歌猛进，国会每年批准用于铁路建设的资金都不会少于 13260 万英镑。[1]

现在，如果国会权力对于铁路事业的扩张是必要的，那么当建设经过妥善规划的新城镇，让人口自然地从旧贫民窟迁来的时候，事情本身的可行性也需要这些权力；而且，按
156左(130) 比例来行使权力，就像一户人家从破烂的旧公寓搬到舒适的新住宅一样容易，这是人们公认的。要建设这样的城镇，必须获得大片土地。如果只需要跟一个或者几个土地拥有者来协商安排的话，那么到处都可以找到合适的地点，但是，如果要以科学的方式进行这项运动，就必须获得比我们第一次试验面积大得多的土地。正如第一条短短的铁路，它是铁路事业的幼芽，传递着在全国各地铺设铁路网这一概念的一些思想。所以，也许像我所描述的一个经过妥善规划的城镇的理念，并没有为读者应对后续开发必然会遇到的事情作好准备——城镇集群的规划与建设，其中每个城镇的设计各有不同，而且只是大规划系统中的局部——整个序列都由经过特殊设计的、完整的铁路和水路系统相连，它们要在建造城镇

156右(130)

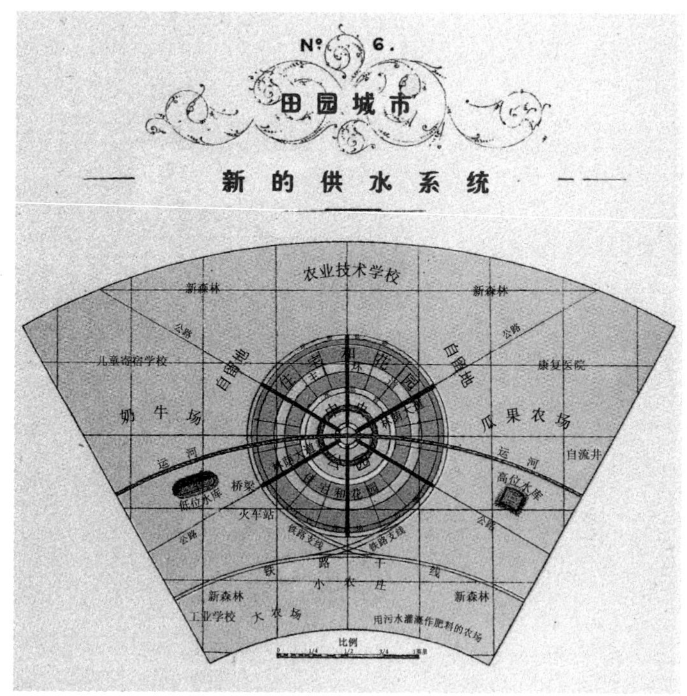

图 6　田园城市：新的供水系统

1　克利福德（Clifford）著，《私人法案立法史》（History of Private Bill Legislation），Butterworth 出版，1885 年，导言，第 88 页。

这是霍华德最耐人寻味的一章。尽管他不信任国家，但他在这里辩称，某种立法 157
是必要的，就像铁路的修建一样，要以现有的使用价值强制获得土地。

霍华德这里介绍的他那张著名的“无贫民窟、无雾霾的城市组群”示意图，却没有收录在 1902 年的版本和后来的版本里面 [取而代之的是一张新图 4，显示的是城市阿德莱德（Adelaide）]，不过，新近的一系列规划文献中都收录了。当纪念霍华德这个版本的书籍出版 100 年之际，这本书被认为对解决当今住房和规划问题很重要（Hall and Ward，1998）。我们发现，专家们在新定居点最节能和最可持续的形式上达成了显著共识。英国，这一点在迈克尔·布雷赫尼（Michael Breheny）和拉尔夫·卢克伍德（Ralph Rookwood）（Breheny and Rookwood，1993）和苏珊·欧文斯（Susan Owens）（Owens，1986）的作品中很明显；美国则是在彼得·卡尔索普（Peter Calthorpe）（Calthorpe，1993；Calthorpe and Fulton，2001）（参见本书第 221 页）。

从本质上讲，这种共识是围绕着霍华德“社会城市”的线性城市版本（around a linear version of Howard's Social City），相对较小的步行尺度的社区（20000—30000 人口），沿着公共交通路线汇聚成（正如霍华德提出的）交通走廊沿线的更大单元，人口可达 20 万或 25 万人，交通走廊包含了现有城镇的扩张。

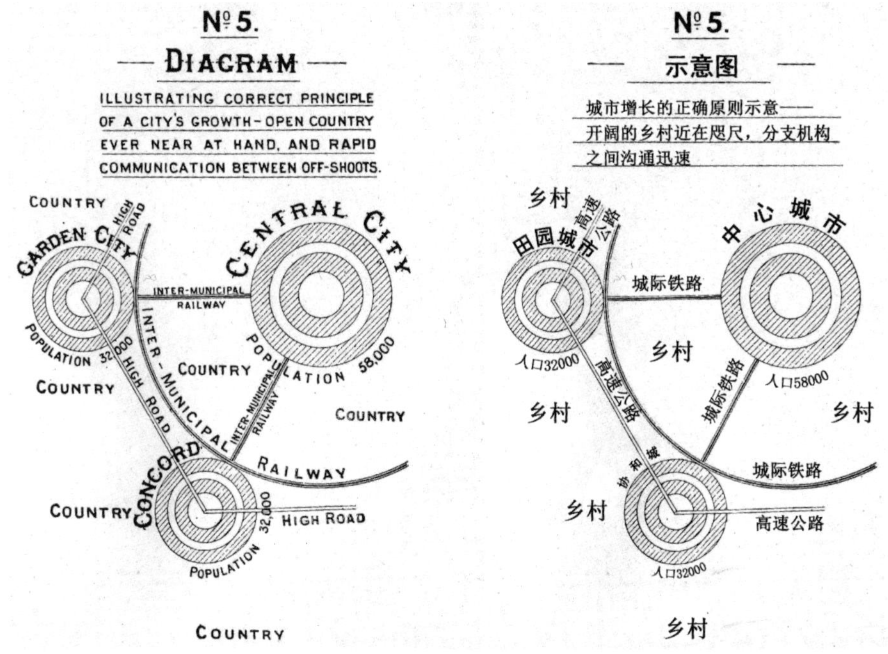

在 1902 年的版本中，霍华德用更加朴素的示意图取代了社会城市图。这个示意图是根据莱特上校（Colonel Light）为阿德莱德（Adelaide）及其卫星城北阿德莱德（North Adelaide）所作的规划

158(130–131)

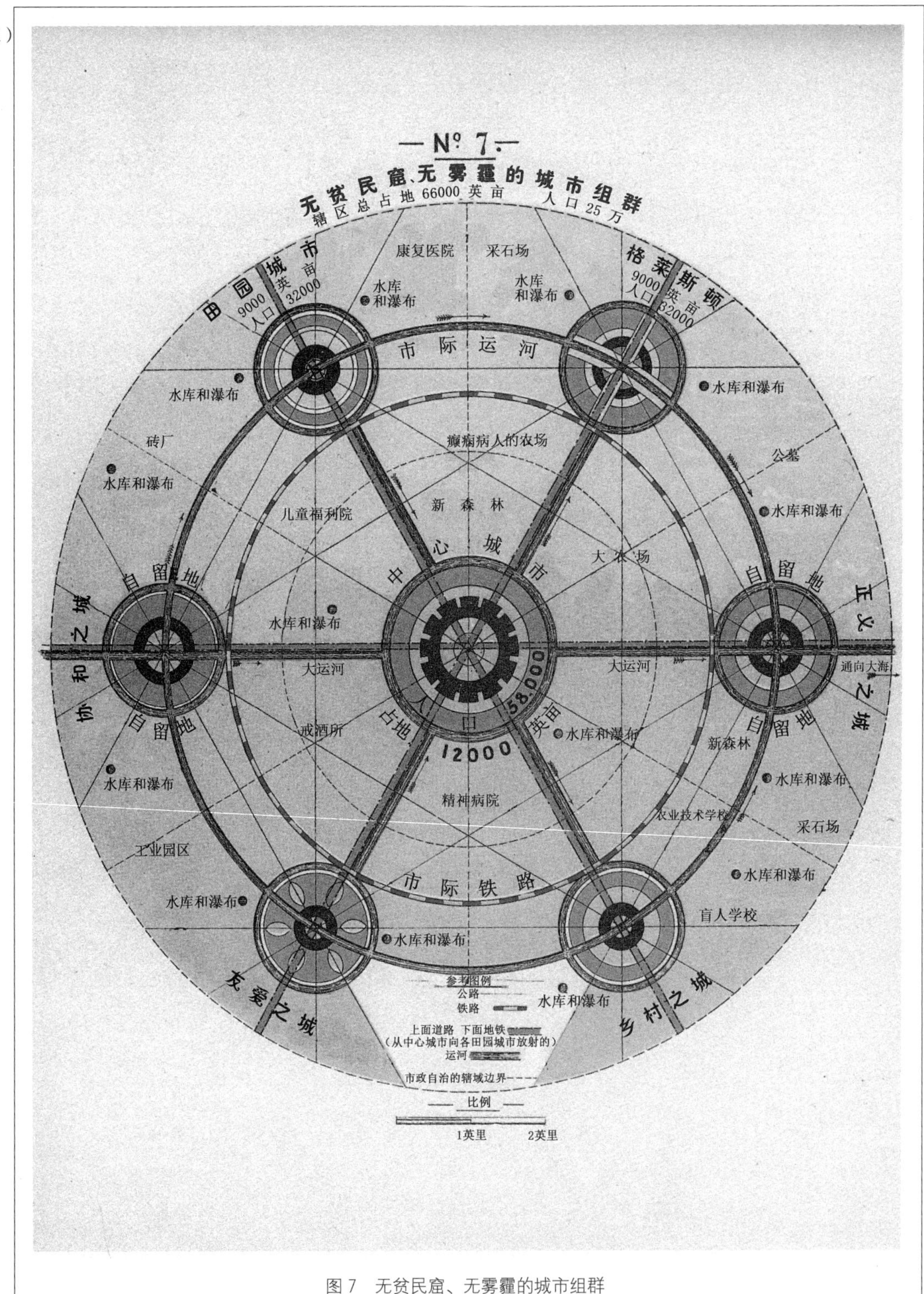

图 7　无贫民窟、无雾霾的城市组群

第二次世界大战后，在赫特福德郡形成了类似的社会城市：霍华德最初的两个田园城市（莱奇沃思和韦林），战后新镇哈特菲尔德（Hatfield）和斯蒂夫尼奇（Stevenage），加上原来的城镇希钦（Hitchin）和内布沃斯（Knebworth）村庄，汇聚在一起，成为一组沿英国东海岸主线和 A1（M）高速公路线路的社会城市。从希思罗机场（Heathrow）飞往阿姆斯特丹的飞机上俯视，这一点非常明显。 159

在上一页中，霍华德提到了他的概念与《再生自然：或地球的新生》（Palingenesia：or, the Earth's New Birth）[该书分为两部分，1884 年在格拉斯哥，由海·尼斯贝特有限公司（Hay Nisbet & Co.）出版] 的相似之处。吉迪恩·贾斯珀·乌斯利（Gideon Jasper Ouseley，1835—1906 年）是一名盎格鲁 – 爱尔兰牧师（Anglo-Irish clergyman），他在都柏林上学。1861 年被委任为英国国教牧师。但是，1870 年，他“自愿戒除所有肉类、烈酒和烟草，不符合人性和基督的真正宗教，恰如他和他的使徒所教导的”，他成了天主教使徒教会的牧师，但是由于他“反基督教”的观点，在 1894 年被“暂停”职位。1881 年，他创立了“合一秩序”（The Order of At-one-ment）和“圣殿骑士团”（United Templars Society），其座右铭是：“同一个上帝，同一个宗教，不同的名字，不同的形式”，目的是调和对立的思想、事物、人或制度。一直以来，他的成员不太多，很快就销声匿迹了。

从北阿德莱德眺望阿德莱德的今貌：莱特上校的愿景实现

霍华德的社会城市鸟瞰，今貌

之前深思熟虑，要考虑周全，就像建造一座设施完善的房子里的楼梯和走廊那样。

在此介绍图 7，它所描绘的是一组或者说一系列的城镇[1]；当然，并没有要求读者严格地遵照这个设想所提出的形式来实行。对于任何精心规划过的城镇，更重要的是
160（131）对于城镇群而言，必须认真地处理其基地和周边的关系。然而，随着科学和工程技艺的进步，人们对自然障碍的顾虑越来越少，思想对物质的掌握反而越来越多，并让思想及其力量服务于人们。因此，基于这种理解，我在这里绘制的这张图可能是有用的，因为它显示了应该广泛遵循的一些原则。

从这张图中可以看到，一座精心规划的城镇概念也适用于城镇集群的精心规划，因为，这样的设计中，在人口相对较少的一座小城镇，每位居民可以通过设计完善的铁路系统、水路系统、公路系统，轻松、快速、实惠地跟一个较大的聚集人群享受交流的乐趣。如此一来，大城市才享有的高级聚居生活形式的优势，可以惠及每一个人，而且，注定成为世界上最美丽的城市里的每一位市民，都会住在一个空气纯净清新的地区，距离乡村只有数步之遥。

图中，社会城市所覆盖的总面积假定为 66000 英亩（比伦敦郡议会的辖区略小一点），人口 25 万。而每一个较小的城市，面积 9000 英亩，人口 32000 人；中心城市（Central city）面积 12000 英亩，人口 58000 人。

水路系统，以蓝色线条标识，可以参照图 6 和关于供水的那一章（参见“附录”）来理解。读者将会看到，这里描述的水路系统可以很自然、很方便地适应更大范围的
162左（132）集体协作。精心收集来的水，被不断地提升到“田园城市”地界里的较高水位，当然，在一年里，水位一定会涨涨落落的；然后流到“格莱斯顿”（Gladstone），而且由于落差而产生相当大的动力；同样地，“乡村牧歌”（Rurisville）将受益于从“兄弟友爱”（Philadelphia）流过来的水流。*

1　在许多方面，这幅画（在画完之后），很像我曾留意的一本书，书名为《再现自然：或地球的新生》（“Palingenesia: or, The Earth’s New Birth”, Hay, Nisbet & Co., Glasgow, 1894）。

*　在图 7 中，中心城市（Central City，人口 58000）周围簇拥着 6 座小城（每城人口 32000），霍华德给予他自己乌托邦计划中的基本城市单元——每一座小城一个田园诗歌般的名字，如“Philadelphia”（兄弟友爱）、“Rurisville”（乡村牧歌）、“Justitia”（正义）、“Gladstone”（格莱斯顿，曾经的一位英国首相）、“Garden City”（田园城市）和“Concord”（协和城）。——译者注

乌斯利（Ouseley）是《圣十二福音》（The Gospel of the Holy Twelve）最有名的译者，161
他声称这个阿拉姆语（Aramaic）的文本，耶稣的艾塞尼·拿撒勒《新约》的原始版本（the original Essene Nazarene New Testament of Jesus）——即公元 325 年尼西亚理事会（Nicene Council）通过世俗权力修改后的《圣经》之前的那个版本（甚至是保罗和在那之前的追随者修改后的版本）。他声称这个版本囊括了耶稣关于素食主义、轮回转世和上帝的女性化一面等种种遗失的教诲。乌斯利声称早期的基督教神父都有故意伪造的罪行；建立在素食主义和戒酒戒烟的基础上，他敦促恢复最初的基督教信仰。这部作品的问世，多多少少有点坎坷，先是在《林赛和林肯郡星报》（The Lindsey & Lincolnshire Star）上连载，1901 年集结成书出版。不过，1884 年，他出版了一部具有象征意义的作品《再现自然：或地球的新生》（Palingenesia：or，The Earth's New Birth），其中包括“完美生命福音的片段”（Fragments from the Gospel of the Perfect Life），这是他在“夜之梦与异象”（in dreams and visions of the night）中看到的。在书的前言中，他称自己为“先知”；还有一种说法，这本书是由“圣所的牧师西奥索沃（Theosopho）和圣所的女先知埃洛拉（Ellora）”所写的。

霍华德对供水系统的描述在本书的“附录”中有更详细的阐述。他建议水可以循环使用，但并没有表达得很明确。无论如何，这些运河既用于供水，也用于运输——这是一个有先见之明的建议，因为今天有观点认为，对于那些既沉重又非紧急的货物，运河运输将会复兴。

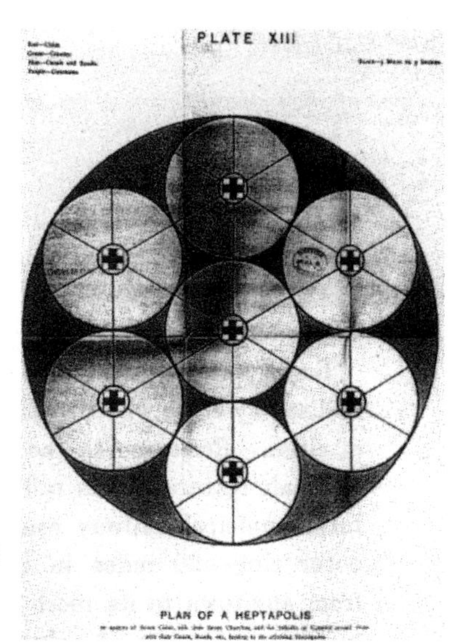

乌斯利的“教堂七城（Heptapolis），或 7 个城市系统的规划。其中有 7 座教堂，四周有郊区或乡村围绕着它们的运河，通往毗邻的七城的道路等”。图片来自《再生自然：或地球的新生》（1884 年）一书；就像霍华德表示的那样，令人惊讶的相似

在这个优美的城市或者城市群里面，快捷的铁路运输是人们能察觉到的另一个明显优势。参考图 7，铁路系统的主要特点一目了然。首先，它有一条城际铁路，连接着外环的所有城镇——周长 20 英里。所以，任意一个城镇到它最遥远的邻居，只需一段 10 英里铁路，12 分钟内就能走完。两个城镇之间不设站点——城镇之间的交通，由在公路上穿梭的有轨电车来承担。这种公路为数不少，在城市群的各个城镇之间都有直达线路。

还有一种铁路系统，它把各个城镇与中心城市直接相连起来。任一城镇到中心城市的核心仅有 3.25 英里，只需 5 分钟。

那些奔波在伦敦郊区各地之间的人们，饱尝通勤之苦，马上体会到，居住在如图
162右(133) 所示的城市群有多便利，为他们服务的铁路是一个“系统”而不是一片“混沌”。伦敦遭受的困境无疑是由于缺乏远见和事先安排引起的。这一点，不妨引用本杰明·贝克爵士（Sir Benjamin Baker）1895 年 11 月 12 日在土木工程师学会主席的就职演说：“我们伦敦人经常抱怨，在大都市内外铁路和终点站的安排中缺乏系统，这让我们不得不租用马车在不同的铁路系统间长途奔波。我觉得，这种困难的存在，是因为缺乏像政治家罗伯特·皮尔爵士（Sir Robert Peel）这样富于远见的人。早在 1836 年，英国下议院（House of Commons）就提出一项动议，所有拟在伦敦设立车站的铁路法案（Railway Bills），应该提交特别委员会（Special Committee）处理。这样一来，整个计划可以在递交国会之前衍生出多个项目，而且不至于因为竞争方案，使得财产遭受不必要的损失。基于政府的立场，罗伯特·皮尔爵士反对了这项动议，理由是‘除非国会多数议员宣布其原则和方案令人满意，且有利可图，否则任何铁路项目都不可开始运作。在这种情况下，一个公认的原则是，在列入一项法案之前，应该证明一项事业可能的利润足以维持长效运转状态，而土地所有者完全有理由期待并要求国会对此提供担保。’因此，由于他们没有在大都市建立一个中央车站，伦敦人无意中受到了无法估量的伤害，事实表明，认为通过一项法案就意味着铁路的财务前景得到保证的这种假设是多么错误。”

雷·托马斯（Ray Thomas）在介绍 1985 年再版的《明日的田园城市》时，指出了 163
霍华德的思想里，跟第一次阐述它们时相比，现在看来更有意义的另一个领域，那就是个体的移动性（personal mobility）：

> “霍华德设想的个人运动方式主要是步行和铁路。随着公路运输的发展……霍华德的愿景几十年来都显得不合时宜……
>
> 一直到 20 世纪 70 年代，面对日益增长的汽车保有量，政府的主要反应都是改善道路。但是，1973 年的石油危机标志着个人交通的一个转折点。很明显，道路的改善带来了交通，却并不一定减少拥堵。人们开始认识到，汽车出行的增长可能造成社会分裂，因为只占总人口 40% 的人即成年人，才是驾驶执照的持有者，这么一个比例的人口才可以独立使用汽车。人们逐渐意识到，道路的改善往往加剧了这一问题，会使步行和公共交通的可达性更加困难。”（Thomas in Howard，1985，pxxv）

正如雷·托马斯总结的那样，意识到私家车带来的交通问题和它解决的问题一样多，“要把霍华德对社会城市的设计思想重新带回舞台中央。”20 世纪 50 年代初，有轨电车从英国城市的街道上消失，到 20 世纪末，它才重新出现在曼彻斯特、设菲尔德和克罗伊登（Croydon）。一些城市的报道称，现代人性化的有轨电车“说服了”城市通勤者把汽车留在家里。在任何情况下，霍华德的计划惊人地类似于荷兰环形城市（Randstad Holland）的多中心交通系统。在那里，城市通过当地优秀的电车服务（优先于其他车辆）和频繁密集的火车相互联系，时速约 90 英里——霍华德为自己的系统假定的速度——在中央城市的火车站，通过性能卓越的换乘设施相连。

如今的设菲尔德大教堂外的有轨电车

164左(134) 可是，英国人要永远受此苦难吗，就因为一些人对铁路的梦想甚少，缺乏远见？不，当然不会。铺设第一张铁路网就要符合真正的原则，自然不太可能；但鉴于快速交通手段的巨大进步，现在，正是充分利用这些手段，在我早已粗略展示过的方案上建设我们城市的时候了。除此，鉴于快速交通的目的，我们应该彼此接近而不是蜷缩在拥挤的城市中，与此同时，我们还应将自己置身于健康、优越的环境中。

一些我的朋友认为，这样一个城镇群方案，非常适于一个新国家，但在一个大部分的铁路和运河“系统”大体已成定局的老城则截然不同。但是，这种观点真的是在抬杠，换句话说，难道这个国家现有的财富形式将一成不变，而且要在引入更好的形式时一直设置障碍吗？我们美丽的岛屿满目疮痍——太拥挤、通风差、没规划、不便利、不健康——这些问题都将横亘在这个城市面前，使其裹足不前；而这个城市本应该天开地阔，在这里，社会改革者目标远大，现代科学方法尽其所能，物尽其用。不，不能这样，至少不能长期这样。那些逞一时威风的东西，不能阻挡进步
164右(135) 的潮流。这些拥挤的城市已经完成了使命；很大程度上，它们是自私、贪婪的社会所能构建的最好形式，它们的本质完全不适应这样一个社会——在这个社会中，我们天性里的社会属性需要更多的认同；这个社会中，即便那种极度的自爱都会让我们更加关心同胞的福祉。今日的大都市，适合表达博爱精神的程度，不会比我们学校里能接受地球中心论的天文著作强多少。每一代人都应该根据自己的需要来建设；有些事情不再理所当然，难道祖辈住过的老地方，人们就得一直住在那里吗？人们不要因循守旧，抱残守缺，一个更广泛的信仰和理解已经破壳而出。于是，衷心希望读者们不要想当然，你引以为傲的大城市肯定会比那时候人们所钟情的、正在被铁路系统悄然取代的驿站马车系统更长久。[1] 我们将要面对，而且必定面对的一个简单问题是——在尚未开垦的土地上实施这项大胆的计划，还是试图让我们的旧城满足我们更新、更高的要求，哪一个更好？这么明了的问题，只有，而且只能以一种方式作答：把握简单事实，迅速开始社会改革。

1 例如，参见沃尔特·司各特爵士（Sir Walter Scott），《密得洛西恩监狱》（The Heart of Midlothian）第一章。

伦敦中央铁路，是伦敦第三条深层管线铁路，于 1900 年投入运营，当时地段从 Bank 至 Shepherd's Bush。第一次世界大战后，铁路线的扩展使得伦敦郊区的巨大增长成为可能

霍华德再次引介了他深谙其道的田园城市和铁路之间的比较，把田园城市和铁路 165
两者都列为具有深远影响的基本“发明”。具有讽刺意味的是，正如他所写的，维多利亚时代英国的最后一条主要铁路线，通往伦敦马里波恩车站（Marylebone Station）的中央铁路，才刚刚开始修建，将于次年开通；除了在 1906—1910 年间完成的帕丁顿铁路连接线，这成了英国铁路时代的有效终结。在 2003 年莱奇沃思百年纪念时开放运营的英吉利海峡隧道铁路线的第一段，可能标志着第二个时代的开始。

不管怎样，霍华德可能已经看到了另一波重大的发明和投资浪潮，这种浪潮事后证明对他的事业不利。都市与南伦敦铁路（City and South London Railway）是世界上第一条深层管线铁路，1890 年开通；滑铁卢和城市铁路（Waterloo and City Railway）在他的书出版的那一年开通了；带有更大雄心的伦敦中央铁路（Central London Railway）已经动工，并于 1900 年开始运营。这些轨道铁路以城市为中心，最终延伸到地面之上，它们将极大地助推伦敦中央办公区的集中化和郊区住宅的分散化——对于这些开发，霍华德追随者的抗议也徒劳。

汽车的影响更大，对此他保持沉默。但即使在 1904 年，当收集到第一批国家登记数据时，英国的道路上只有 8500 辆汽车（Plowden，1971，p60）。霍华德撰写这本书的时候，《红旗法案》（Red Flag Act）刚刚被废除，英国道路上的汽车数量几乎可以忽略不计。因此，或许人们可以谅解他未能领会到它们在未来的影响，即便是赫伯特·乔治·威尔斯（Herbert George Wells，1866—1946 年），在他 1902 年的写作中，也已经准确预测高速公路的到来以及它们对英国各地分散城市人口的影响（Wells，1902）。

166左(136) 我们的国家土地充裕，足以建造我所描述的城镇群，对既得利益的干扰也“相对”较少，因此，显而易见，几乎无需任何补偿。当第一个试验取得成果以后，获得议会必要的授权以购买土地，逐步落实必要的工作，并不会有太大的困难。郡议会正在寻求更大的权力，负担过重的议院也正急于把部分职责移交给他们。但愿这种权力的让渡越来越多。如果给予地方的自治权越来越大，那么我在图中所描绘的一切——将不仅是一个不错的计划，而且在协调一致、集思广益之后，它会触手可及。

但有人会说：“公开承认国家的既得利益面临巨大风险，并且受到你方案的间接威胁，你不是在搬起石头砸自己的脚，让通地立法作出改变的希望变得渺茫吗？”对此，我不以为然。原因有三。第一，坚定的既得利益集团，被描述为反对进步的坚实方阵的这些人，将由于环境和事态的力量，分裂成对立的阵营。第二，业主们，他们不会屈从于威胁，诸如某些激进分子的不断指责，却更乐于为事件的逻辑作出让步，以彰显其推动了社会的必然发展。第三，最大且最重要的，也是最终对所有
166右(137) 投资者最具影响力的——我是指那些为生活而奔忙的脑力劳动者和体力劳动者，他们的既得利益，自然会在他们理解变化的本质时顺应这种变化。

下面，我将逐一论述。首先，我想说，投资收益分为两部分，且互相对立。这在以前发生过。例如，在铁路立法的早期，运河航运及铁路货运感觉受到了威胁，因此它们尽其所能的对这些威胁予以干扰、阻挠。但其他大的既得利益者却轻易地将这些成见抛诸脑后。这些既得利益主要是两类：寻求投资的资本和渴望出售的土地（第三种既得利益，名义上叫作寻求工作的劳动力，那时尚未宣称其要求）。那么现在请看，像田园城市这样一个成功的试验，仿若插进既得利益集团基石上的一个巨大楔子，必然使其四分五裂，并让现行的立法朝着新的方向强有力地前进。这样一个实验究竟证明了什么呢？除了其他不胜枚举的事项外，事实将有力证明，在未开垦的土地上（前提是该土地在公正的条件下持有）所能获得的健康和经济条件，远比在目前市场价值高昂的土地上所能获得更多。为了证明这点，它将打开移民的大门，使其从拥挤不堪的旧城市，带着人为设定的，不断膨胀的房租，回归到价格低廉的土地上。两个不那么明显的其他趋势也将显现。[1] 其一，
168左(138) 城市土地将会贬值；其二，农业用地的持有者，至少那些愿意出售土地的——现在，他们中的许多人甚至急于如此——将会欢迎这项试验的扩展，它将有望再次繁荣英国的农业。而当下，城市土地的所有者，如果仅考虑自身利益，那将非常忌惮。

1 其主要原因是，相比城市，农业用地数量更多。

正如 20 世纪的历史所显示的那样，霍华德的论点在原则上无疑是正确的。霍华德认为，现有城市的投资者将面临一个同样强大的集团，该集团急于投资新的城市开发项目。问题是，主要的力量——以电力机车和汽车的形式出现的技术力量，以及以廉价抵押贷款融资的形式出现的组织力量——都在扩大现有的城市，而不是发展新的城市。也许，有一种比 1909 年第一部《城镇规划法》(Town Planning Act of 1909) 更为强大的权力，情况则可能会有所不同。 167

但是，即使激进的工党政府最终在 1946 年为国家资助的新城镇和 1947 年为有效的土地使用规划立法，这些新城镇最终只容纳了不断增长人口的一小部分。市场可能处于田园城市建设的引导和控制下，但它将需要比 20 世纪英国政府曾经试图提高的更有力的国家干预。

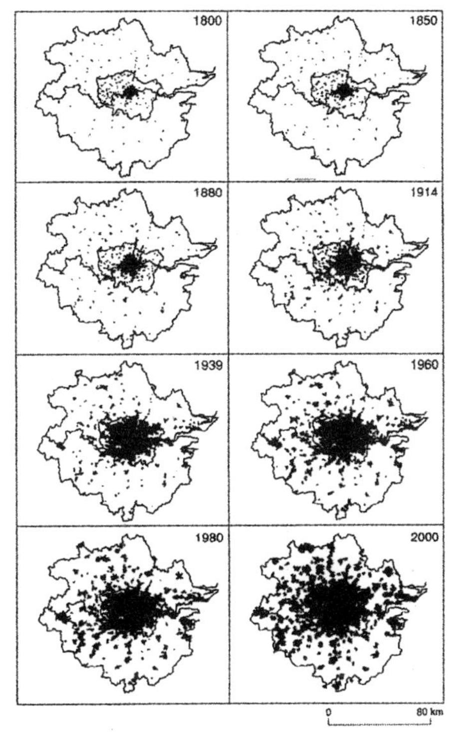

伦敦 1800—2000 年间的增长

这样，全国的土地所有者们将分裂为两个对立的派系，而土地改革——所有其他改革的基础——将相对简单。

同样，资本也将分裂成两个对立阵营。投资资金，也就是投入企业的资本，被认为属于旧秩序——会收到警报，价值大幅下降；而另一方面，寻求投资的资金需要一个出口，这是它的长期迫切需求。另一种考虑将进一步消除投资资本的负面作用。持有现有资本形式的人将努力出售部分长期持有的股票——付出巨大的代价也要在市政用地上投资新企业，他们不希望把“所有的鸡蛋都放在一个篮子里”，因此，既得财产的对立影响将相互抵消。

但是，我相信，既得利益者仍然将以其他方式发挥更显著的作用。当一个富人受到人身攻击并被谴责为社会公敌时，就很难再相信那些指责他的人会有善意，
168右(139) 而且，当国家强制征税时，他会竭力反抗这种图谋，不论是否合法，不顾有无胜算。但是，一般的富人并不比一般的穷人更自私。如果他看到他的房子或土地贬值，而不是用武力，而是因为生活、工作在那里的人们已经学会了如何建立自己更好的家园，在对他们更有利的条件下拥有土地，让他们的孩子们拥有更多在其他土地上得不到的好处，他会开明地屈从于这种不可避免的趋势。心情好的时候，他甚至欢迎这种变化，即便这种变化很可能让他遭受比任何税收改制都更为巨大的经济损失。每个人的内心，都有一丝求变的天性，都有一丝对同伴的尊重。其结果是，某种程度上，人们的对立情绪不可避免地会被软化；而在一些人心里，这种情绪完全地取代为追求国家利益的炽热情感，即使牺牲许多珍贵的财物也在所不惜。这就是所谓的，外部暴力抢不走的东西，却会因为内心的推动而欣然转让。

现在让我来谈一下所有既得利益中最伟大、最宝贵、最持久的部分——技能、劳动、能源、人才和工业的既得利益者。他们将受怎样的影响呢？我的回答是，把土地和资金的既得利益者们一分为二的力量将把劳动者的利益团结和巩固起
170左(140) 来，并且将引导其把自身的力量与农业用地、投资资金的持有者相联合。并促使国家认识到，尽快为社会重建提供设施的必要性；而当国家行动迟缓时，可采取类似田园城市实验中的自愿集体行动，并根据经验作出修改。建设一个如图所示的城市簇群，这样一份重任，将激起具有凝聚力的激情，它将需要各种相关工程行业的才俊们，例如建筑师、艺术家、医护人员、卫生专家、景观园艺师、农业专家、土地测量师、承包商、制造商、商人、金融家、行会组织者、友好协作的社团，同时也需要那些最简单又不需要特殊技能的工人，以及介于前面两类人士

在曼彻斯特的贝斯威克（Beswick），一处废弃的住宅

霍华德依靠市场力量降低现有城市的土地价值，并在他的新田园城市提高土地价值。这样的事情在接下来的一个世纪里的的确确发生了，因为新的交通设施给那些以前远离城市工作和服务的地区带来了便利。尽管有些矛盾，但它们也提高了城市中心的商业土地价值。在 21 世纪初，这种悖论在英国主要的省级城市扩展：虽然商业和住宅开发的土地市场在城市中心都很坚挺，但周边地区的土地价值却在不断下跌并遭到抛弃。在这里，霍华德的预言可以说已经成为现实，但后来的城市规划学者认为这不是解决方案，而是问题。 169

霍华德对利他主义的呼吁可能反映出他在美国的经历。在美国，慈善捐赠的传统在历史上比在英国更强大，尤其是那些非常富有、最成功的人，从安德鲁·卡内基（Andrew Carnegie）到比尔·盖茨（Bill Gates）。

之间，要求相对偏低的具有不同技能的各类专业人士。因为，这项看起来让我的
朋友们感到畏惧的艰巨任务，只要怀着高尚的精神和高尚的使命来执行，实际上
就反映了它对社区的价值分量。如前文多次提及，充足的工作乃是当今最大的需
求之一。自人类文明以来，还没有出现过这样的就业领域，我们面临的挑战是重
构整个社会的外部结构，在我们的建设中，将使用那些积淀数个世纪的经验所教
给我们的技能和知识。19 世纪初，曾提出过一项“大订单”，即在这个岛上全境
修建铁路网，把岛上所有城镇都连成一个巨型网络。虽然铁路事业影响巨大，但
170右(141) 与新号召相比，却很少触及人们的生活。新号召——为贫民窟城市建造家园；为
拥挤的庭院种植花园；在淹水的山谷中修建优美的水道；建立科学的分配制度来
代替混乱；建立公正的土地制度来取代我们希望废除的自私体制；不受限制地为
我们身陷济贫院的贫困老人建立养老金；让那些已经沉沦的人不再绝望，重新点
燃心中的希望；让愤怒的嘶吼之声平息，重新唤起友爱和善良的温柔音符；用有
力的双手捏住和平与建设的工具，让战争和破坏的工具毫无立锥之地。这项使命
很可能团结一大批劳工来利用这种力量，眼下，这种力量的浪费是我们大半贫困、
疾病和痛苦的根源。

建设中的莱奇沃思。1905 年的廉价小屋展览，以及大约在同一时间，还在铺设的内维尔斯路（Nevells Road）

这是霍华德最富远见的一段话，甚至是最具修辞色彩的一段。他在字里行间，明 171
确指出他的主张包罗万象，而且性质激进：在某种程度上，建设田园城市将代表一项庞大的公共工程计划，以缓解失业问题，虽然不是通过国家计划，而是通过一系列地方上的举措来进行的。但在另一个层面，它将创建一个宽松的地方福利性质的网络，这将结束残酷的维多利亚时期的济贫法，为单身母亲和她们的孩子作了准备，甚至引发了反对重整军备与战争的全球和平运动。在南非，日益加深的危机无疑激发了这种情绪。

172左(142)

第 14 章　伦敦的未来

“从使英格兰成为一个伟大的军事和皇权国家的角度来看，过去的贵族政治是博大恢宏的。自由党和辉格党使英格兰成为伟大的商业帝国，但我们认为这并不是真正的伟大，不是使英联邦真正幸福的那种伟大。过去的伟大仅仅是把战利品分配给少数人，并赋予‘他们’帝国的特权地位。帝国意味着战争、危机，这副重担落在了英国普通士兵（Tommy Atkins）肩上。别提什么英雄主义，我想统治阶级应该把征讨别国时的全部精力，直接用在行政上，用在产业上，用在人民的福祉上。毕竟，这并不是卑鄙的野心。”

——约翰·伯恩斯（Mr. John Burns），《闲人》（The Idler），1893 年 1 月，第 678 页

现在，我们可以意兴盎然地来设想，因为打开了一片新天地，有这么广阔的就业领域，对我们当前拥挤不堪的城市在很多的方面将会产生显著影响；希望读者在某种程度上能够更清楚地认识到这一点。在我们的岛国上一些至今荒无人烟的地方，新的城镇和城镇群如雨后春笋般出现；世上现有最科学的新交通工具正在建造；新的分配方式把消费者和生产者结合得更紧密，而且（通过减少铁路税费、运费和利润额）在
172右(143) 提高生产价格的同时，又能减少消费支出；公园、花园、果园和树林，点缀在人们忙碌的生活之间，供人们尽情享用；为长期困顿在贫民窟的人们建造家园；居者有其屋，耕者有其田；英雄有用武之地。当个人的才情被唤醒，内心会充盈着一种新的愉悦和自由；人们在社会生活中发现，这里既有最彻底的集体行动，也有最充分的个人自由，他们将找到长期追求的自由与秩序的统一、个人福祉与社会福祉的统一。

新旧一对比，我们过度拥挤的那些城市，在形式上看起来一下子就显得陈旧过时了，但在性质上，它们的影响是深远的。为了有效研究这些影响，让我们把目光转向伦敦，伦敦是我们当中最大而无当的城市，这些影响的烙印尤为明显。

在本书的开篇，我提过一个普遍认同的思潮，迫切需要探索对策，解决乡村人口

伦敦的未来

约翰·伯恩斯（John Burns，1858—1943年），生于伦敦，后来成了一名工程学徒。一位工人同行把他介绍给约翰·斯图尔特·穆勒（John Stuart Mill，参见本书第131页）、托马斯·卡莱尔（Thomas Carlyle）和约翰·拉斯金（John Ruskin，参见本书第33页）等作家。

1879年，伯恩斯在非洲工作，为非洲人遭受到的待遇而感到震惊，后来他成了一个社会主义者。1881年回到英国后，他加入了社会民主联盟（SDF），1889年，他跟H·M·海因德曼（H. M. Hyndman，参见本书第149页）发生争执后，离开了社会民主联盟。

他代表巴特西（Battersea）* 当选为新成立的伦敦郡议会的代表，并于1892年在下议院任职。但在1900年，他拒绝加入工党前身新工党代表委员会（new Labour Representation Committee），继续保持自由派立场。当自由党在1906年的选举中获胜时，他成为地方政府委员会的主席，并负责《1909年住房和城镇规划法》（1909 Housing and Town Planning Act）。1914年，他是贸易委员会主席，但随即辞职，因为他反对与德国交战。他没有参加1918年的竞选连任，退休后享受了25年的余暇。

用钢笔和墨水画的约翰·伯恩斯（John Burns）卡通形象。作者弗朗西斯·卡拉瑟斯·古尔德先生（Francis Carruthers Gould），1908年

* 泰晤士河南岸一市区。——译者注

下降、大城市人满为患的问题。我没有说出口的惊人现实却是，虽然大家一致认为要认真探索对策，但是很少有人相信能找得到它。我们的政治家和改革者的计算所依据
174左(144) 的假设是：人口不仅不会从大城市流向农村，而且在今后很长一段时间里，还要继续按现在的方向流动，速度也不太会降低。[1] 现在很难想象，在断定根本探索不到对策的情形下，人们还会以极大的热忱或彻底的精神来投入探索。所以，不足为怪，虽然伦敦郡议会的前主席［罗斯伯里勋爵（Lord Rosebery）］认为，这座巨大城市的发展和肿瘤的生长一样（参见第 3 页）——不太会有人否认这个比方的贴切。然而那个机构的许多成员对于伦敦的改革，不是把他们的精力用来减少人口，而是大胆地提倡一项政策，即以市政当局的名义购入大量企业，这个做法跟长久探索所能找到的对策比起来，压根就是得不偿失的代价。

现在，我们不妨假设（或许读者怀疑，这仅是一个假设），本书所提倡的对策行之有效：新的田园城市雨后春笋般地遍布全国，在归属市政自治机构的土地上——这类集体财产的“税金地租”（rate-rents）所形成的基金，足以用作市政事业的资金，这些市政事业代表了现代工程师最高的技艺和开明的改革者最美好的愿望；在这些城市
174右(145) 里，健康、卫生、干净、更加公正和更加经济等事项占据上风。那么，对伦敦和伦敦人口，对土地价值，对市政债务及其资产，对伦敦作为一个劳动力市场，对民众的家园，对开放的空间，对我们的社会主义改革者和市政自治改革者当前急于促成的伟大事业来说，最显著的本质影响是什么呢？

首先，请注意，地价将显著下降！当然，只要 58000 平方英里英国土地上的 121 平方英里发挥着巨大的磁吸作用，就会像章鱼似地吸引全国 1/5 的总人口，这些人为在弹丸之地内争得一席之地而激烈竞争，土地就会出现垄断价格。但是这些人一旦“消磁”，让他们相信，移居到其他地方，他们可以在各个方面改善自己的状况，垄断价格又何以形成？它将魅力不再，巨大的泡沫将破灭。

伦敦人的生活和收入不仅抵押给了土地所有者，土地所有者惠允他们以高昂的土地租金（基于目前的地价，每年 1600 万英镑，且不断上涨）生活在伦敦，而且抵押给了大约 4000 万英镑一年的伦敦市政债务。

1　几乎没有必要举例说明这是什么意思。但我想到的一件事，伦敦继续发展的假设是《1893 年大城市供水问题的皇家顾问委员会报告》（Report of the Royal Commission on Metropolitan Water Supply，1893）的基本前提之一。

关于“汤米·阿特金斯”(Tommy Atkins,雇佣军)的起源,有很多说法。“Tommy Atkins”是 19 世纪 90 年代英国士兵的绰号。但在吉卜林(Kipling)的诗歌《军营民谣》(Barrack–Room Ballads,1892 年)中,“Tommy Atkins”一词得以不朽于世。这首诗是对公众舆论对未受过教育的工人阶级士兵的控诉,约翰·伯恩斯肯定对此耳熟能详。

霍华德总结的他对“社会城市”演化的预测,收录于帕特里克·格迪斯(Patrick 175
Geddes)1904 年在伦敦经济学院(London School of Economics)发表的一篇题为“城市学:社会学的应用”(Civics as Applied Sociology)论文的开篇部分。霍华德观察到,“尽管我们生活的时代是非常紧凑、城市过度拥挤的时代,然而有迹象表明,对于那些能读得懂它们的人来说,即将到来的如此之大、如此之巨的改变,将被称为 20 世纪时期伟大的《出埃及记》。”(转载于 Meller,1979)

虽然地产所有者始终在想方设法抬高市中心土地价格和租金,但霍华德的预测是对的。同样的,他设想了“城市绿地”,但也有一些例外,市中心的土地往往很贵,拿来作公园或小块私家菜地是过于奢侈的。但事实证明,房地产利益比霍华德想象的要强大得多,仅仅是规划许可的存在就可以使土地价值增加十倍。

霍华德从来没有想到,他的继任者们在促进公众利益和拯救土地免遭投机者侵害方面未能达成一致意见。彼得·安布罗斯和鲍勃·柯莱纳特描述了城市房地产投机的过程(Peter Ambrose and Bob Colenutt,1975)。

正如霍华德所写的,随着中产阶级发现郊区生活的乐趣,伦敦已经向外扩展。1891–1901 年,这 10 年的人口变化图,主要由伦敦郡议会辖区边界外的一个增长圈所

伊灵的皇后大道(Queen's Road):始于 1903 年。与莱奇沃思同年建设,它是当时伦敦郊区开发的典型

但请注意，市政债务人和普通债务人有一个最重要的特殊区别。“他可以通过迁徙来规避。”他只要远离特定的市政自治区域范围，就可立即“依据这一事实”，摆脱他
176左(146) 对土地所有者的所有责任和对市政债权人的所有义务。当然，在他迁居时，他必须承担起新的市政地租和新的市政债务。但是，我们的新城市里，这些东西的负担特别小，且逐年降低，移民的诱因就在于此，其他原因也很能打动人。

现在请注意，每个从伦敦迁出的移民在降低“土地租金”负担的同时，也加重了那些留在伦敦的纳税人的地方税负担。因为，尽管每一个迁出的人，会让留在那里的人跟土地所有者达成越来越有利的协议；但另一方面，市政债务是不变的，它的利息将转嫁到越来越少的人身上，于是，劳动人口由“地租下降”（reduced rent）而带来的负担减轻程度，会因“地方税增加”（increased rates）而大打折扣。这样一来，移民的诱惑会经久不衰，造成人口的进一步流失，债务日益严重，直至最后，即使租金降低，仍将不堪重负。当然，这种巨额债务从来就没有必要产生。如果伦敦一直是在市属的土地上建设，它的租金不仅可以轻松支付当下的各类开销，无须征收地方税或长期贷款，而且它会有自己的供水系统，会有许多其他有用的和能盈利的公共事业，不至于是现在资不抵债的情形。但是，恶性和不道德的制度终将崩溃，当临界点到来时，
176右(147) 伦敦债券的所有者，会像伦敦土地的所有者一样，倘若不能在公正、合理的基础上原址重建他们的古城，那就不得不向那些人低头妥协，那些人可以通过迁徙移居，轻而易举就能在别的地方重建一个更加光辉灿烂的文明。

接下来，我们简要的来了解一下，人口迁徙对两个大问题带来的影响：伦敦人的居住问题和留在伦敦的那些人的就业问题。伦敦的劳工阶层，为食宿所支付的租金最为悲惨，连年不足，在他们收入中所占的比例也越来越大，同时，工作通勤的开销也继续增加，时间和金钱上的负担都很重。想象一下，伦敦人口迅速减少，移民人群在租金低廉的地方安家落户，工作和居住的距离就在步行范围！很明显，伦敦房产的租赁价值将会下降，而且会直线下降。贫民窟会消失，所有劳工将搬进他们目前住不起的高档房屋。在斗室栖身的家庭租得起五六个房间，于是住房问题将简简单单地通过租户人数的减少而自行缓解。

但那些贫民窟的不动产会变成什么样子？它勒索伦敦穷人大部分辛苦收入的那种力量永远消失了，虽然它不再危害健康和有损体面，可还会是一个眼中钉、一个污点吗？不。这些可怜的贫民窟将会被拆除，它们的用地会变成公园、娱乐场所和私家花
178左(148) 园。这种变化，和其他变化一样都会实现，不用纳税人承担，而几乎全部由土地所有者来承担。从这个意义上说，鉴于这些不动产的等级还有一些租赁价值，至少土地租

主导，即使在 1888—1889 年伦敦郡议会形成时，这个增长圈作为伦敦的界线也已经过时了。伊灵（Ealing）、山上的哈罗（Harrow on the Hill）、穆斯威尔山（Muswell Hill）、布罗姆利（Bromley）和温布尔顿（Wimbledon）等地方，都是从很小的地方逐渐发展成相当大的城镇的。但是，因为伦敦作为一个整体是通过迁入低迷的英格兰南部农村县市来获得增长的，这在接下来的 40 年里，缓解了伦敦内部地区的拥堵：虽然伦敦郡议会辖区人口在 1901 年达到顶峰，此后缓慢下降，真正意义上人口减少只会在经历了惨烈的战争年代洗劫之后才会出现。

霍华德认为，城市地方政府将面临一场财政危机，因为他们会因为人口外迁而失 177
去税收基础。事实上，在 20 世纪，中央政府通过利率支持拨款的财政再分配避免了这种结果。但在美国，没有这样的缓冲，即使是大城市也发现自己面临破产——最引人注目的是 20 世纪 70 年代的纽约市。

尽管 21 世纪的伦敦人也许对霍华德所描绘的伦敦房价大幅下降的景象苦笑不已，但北方城市较为贫穷的居民可能会正视这幅图景。其实，像几个众所周知的案例所显示的那样，在这些城市的一些地方，土地价格已经崩溃，房东绝望地卖掉了他们的房子，无论他们能回本多少。霍华德似乎没有预料到业主自住的普及，以及城市土地贬值将会给囊中羞涩的普通百姓带来的影响。

曼彻斯特市贝斯威克地区废弃的排屋

金仍然是由伦敦人民在支付的,那么这些土地租金就应承担起改善城市的费用。我认为,无需国会的任何立法来实现这一结果——它将由土地所有者自愿实施，借由疏而不漏的复仇女神之手来推动，为他们长久以来巨大的不公正行为作些补偿。

让我们看看什么是不可避免的。由于在伦敦外部开辟了广泛的就业领域，所以除非在伦敦内部开辟相应的就业领域，否则当土地所有者陷入困境时，伦敦必定毁灭。其他地方正在建造新的城市，伦敦也必须有所改变。那里城镇渗入乡村，这里乡村融入城镇。在其他地方，是在价格低廉的土地上建设城市，然后将这些土地收归新的市政自治机构。伦敦也必须作出相应安排，否则会没有人来建设。在其他地方，买下土地所需的利息不多，各种的改进措施可以快速、科学地推进。在伦敦，既得利益集团只有在不可避免的情况下，才会接受那些在他们眼中荒唐可笑的条款，然后才会进行
178右(149) 类似的改造。因为原因很简单，市场上有更好的机器，面对激烈的竞争，使得用那些劣质的机器来生产不再有利可图。毫无疑问，资本的转移将会很大，但是劳动力的流动将会更大。少数人可能会变得相对富裕——这是一种很健康的变化,伴有轻微的罪恶，不过社会完全能够舒缓、减轻这种罪恶。

即将来到的变化已有明显的征兆——犹如地震前的轰隆声。此时，伦敦正在与其土地所有者进行斗争。期待已久的伦敦改善计划正在等待法律的变化，因为法律的变化将使伦敦的土地所有者承担部分成本。一些铁路立项了，但还没建起来，譬如，埃平森林铁路（Epping Forest Railway)。因为伦敦郡议会很明智地急于降低工人的火车票价，并敦促国会委员会对创办者以相关的条款进行约束。这些条款似乎是比较严苛和不合算的，但是公司会有丰厚的回报，如果公司不用以令人却步的价格购买铁路规划沿线上的土地及其财产。即使是现在，这些对企业的制约也会影响伦敦的发展，并使其发展速度比其他任何时候都要慢，但是，当我们打开土地上那数不清的宝藏,当生活在伦敦的人们发现无需争斗一番就可以使既得利益者就范,
180左(150) 那么伦敦的土地所有者和其他既得利益者最好尽快让步，否则伦敦，不仅会沦为格兰特·艾伦先生（Grant Allen）所说的“一个肮脏的村庄”，还可能沦为一座荒芜凋零的村庄。

但愿好的建议被采纳，新城将在旧城的废墟上崛起。这项任务确实艰巨。相比之下，在一片处女地上描绘一个如图 7 所示的宏伟城市蓝图相对容易。最犯难的问题是——即使所有的既得利益者心甘情愿地忽略他们自己——可是要在旧址上建新城,这里还居住着大量的人口呢。但至少可以肯定的一点是,(如果考虑到健康、美丽，以及常常优先的考虑事项——快速创造财富的各种形式）伦敦郡议会现有辖区的人

霍华德多多少少忽略了一些事实，即使在他写作的那个时候，一部分更成功的城市中产阶级使用新的交通工具刚从郊区的家里搬走，就有从乡村来的新居民来落脚，甚至有外国人迁来，像 19 世纪 90 年代众多犹太人移入伦敦东区一样。这在官方资料中有充分的记录，例如《1889 年移民特别委员会报告（外国人）》[1889 report of the Select Committee on Emigration and Immigration（Foreigners）]，以及《1894 年贸易总局关于最近东欧移民数量和影响的报告》（1894 Board of Trade Report on the Volume and Effects of Recent Immigration from Eastern Europe）。 179

讲到埃平森林铁路，这里提一提伦敦的时运不济。1894 年就倡议的沃尔瑟姆斯托和埃平森林铁路（Walthamstow and Epping Forest railway），是一个马蹄形的大型地铁线路，从伦敦的芬斯伯里广场（Finsbury Circus）穿城而出一直到沃尔瑟姆斯托，连接和通过柏京线至福音橡站（Barking – Gospel Oak），再到肯蒂什镇站（Kentish Town）和米德兰铁路（Midland Railway），最后回到终点摩尔门站 [Moorgate，现在是泰晤士连线（Thameslink）的一部分]。直到 1969 年维多利亚铁路线（Victoria Line）竣工，沃尔瑟姆斯托线路在眼巴巴地等了 70 多年后，还是未建成（Barker and Robbins，1974，p37—38）。

在 1901 年的人口普查中，辖区面积 117 平方英里的伦敦郡议会达到了 4536000 的人口峰值。到 1981 年，这个数字下降到 2297000——几乎是 1901 年总数的一半。然而，从那以后，它又重新崛起。实际上，新的投资规模确实很大：1890—1907 年间的地铁线路，1920—1947 年间的地面延伸段，1909—1939 年间泰晤士河南岸地面铁路的电气化，以及两次世界大战期间的干线公路建设。但是，正如霍华德所言，约瑟夫·张伯伦领导下的伯明翰，在大规模重建方面给伦敦指明了方向——1901 年后，被伦敦郡议 181

大约 20 世纪初破旧的伦敦

口数量不应超过目前人口的五分之一。如果要拯救伦敦，新的铁路、水道、码头，供水、道路、地铁、排污、排水、照明、公园等必须兴建，与此同时，整个生产和销售体系必须发生彻底而显著的变化，就像从物物交换体系到我们目前复杂的商业体系那样。

已有人做过伦敦重建规划的提案。1883 年，已故的威廉·韦斯特加斯先生（William Westgarth）向艺术学会（Society of Arts）提供 1200 英镑的奖金，用于奖励解决关于伦敦穷人居住问题的最佳手段和伦敦市中心重建问题的论文——这个奖金引发了好几个大胆的设计。[1] 最近，亚瑟·考斯顿先生（Mr. Arthur
180右(151) Cawston）所著的题为《伦敦街道改善综合方案》（A Comprehensive Scheme for Street Improvements in London）一书由斯坦福出版 [*]。书中导言部分有一段引人注目："与伦敦相关的文献众多，但没有任何著作旨在解决伦敦人最感兴趣的问题。伦敦人开始意识到，部分是由于他们的游历越来越广，部分是受到美国和其他国外评论者的触动。他们巨大的首都，在缺乏市政自治机构控制导则的情况下，不仅是世界上最庞大的城市，而且很可能也是最不规整的、最不方便的、住宅最杂乱无章的城市。1848 年以来，巴黎逐步制定了全面的改造计划；1870 年以来，柏林的贫民窟开始消失；格拉斯哥中心区，88 英亩土地已经更新；伯明翰 93 英亩肮脏的贫民窟，已经改造成了两侧建筑林立的壮丽街道；维也纳宏伟的外环线已经竣工，内城正待改造。笔者的目的是通过实例和图表来说明，那些成功地改善了这些城市的方法如何才能最好地适应伦敦的需求。"

相比如今的巴黎、柏林、格拉斯哥、伯明翰或维也纳，当伦敦彻底重建的时候，它将以一个更综合的规模出现。然而，这个时刻尚未到来。首先，应当解决一个更简单的问题必须建成一个小型田园城市作为工作模型，然后，再去建设上一章所讲
182左(152) 的城市群。这些任务完成了，而且是出色完成了，伦敦的重建改造工作必然水到渠成，既得利益集团阻止这一进程的力量，即便没有完全清除，也将所剩无几。

因此，首先让我们把所有的精力都投入这些小任务上，把置于一旁的大任务看作是一种激励，以促使人们下定决心立即行动，并且把大任务看作是实现小事情的伟大价值的一种手段，如果以正确的方式和正确的精神去做。

1　参见《伦敦市中心的重建》（*Reconstruction of Central London*，George Bell & Sons）
*　出版机构：Edward Stanford，1893 年。——译者注

会和都会自治市（Metropolitan Boroughs）所瓜分的伦敦政府，并没有证明有能力采取如此果断的行动。事实上，正如威廉·罗布森（William Robson）在 1939 年指出的那样，伦敦郡议会在这一点上的记录远不如它所取代的腐败的大都会艺术委员会(Metropolitan Board of Works）那样令人印象深刻（Robson，1939，p62—63，196）。霍华德提出的重建，直到 1943—1944 年的阿伯克隆比规划（Abercrombie plans）才得以实现，而且规模比奥斯曼（Haussmann）的巴黎重建计划要小得多。

威廉 · 韦斯特加斯先生（William Westgarth，1815—1889 年），澳大利亚商人，政治家，殖民时期维多利亚历史的研究者。著作有 :《澳大利亚菲利克斯 ; 菲利普港口殖民地描述》(Australia Felix ; an Account of the Settlement of Port Philip，1843 年)、《维多利亚，后期的澳大利亚菲利克斯》(Victoria，late Australia Felix，1853 年)、《维多利亚和 1857 年澳大利亚黄金时代》(Victoria and the Australian Goldmines in 1857，1857 年)、《早期的墨尔本和维多利亚的个人回忆录》(Personal Recollections of Early Melbourne and Victoria，1888 年)、《澳大利亚半个世纪的进展——个人回忆录》(Half-a-Century of Australian Progress ; a Personal Retrospect，1889 年)。他组织移民去维多利亚，并于 1850 年在韦斯特加斯小镇（Westgarth-town）建立一个德国殖民定居点。

亚瑟·考斯顿先生（Mr. Arthur Cawston，1857—1894 年），19 世纪晚期伦敦建筑师。他因哥特式教堂的复兴而闻名遐迩，例如圣菲利普教堂（St Philip's，Whitechapel）。现在是前伦敦医学院 [如今的伦敦玛丽女王大学（Queen Mary，University of London）] 图书馆的一部分。

利奇菲尔德街 (Litchfield Street),伯明翰，约 1870 年。拆除了一个人满为患的贫民区，以便为公司街 (Corporation Street) 让路

公司街,伯明翰,约 1899 年。按照约瑟夫·张伯伦 (Joseph Chamberlain) 的计划，成为城市的购物区

182右(153) # 附录　供水

“美必须回归实用，必须忘掉美术与实用美术的区分。如果历史被真实地讲述，生命被高尚地度过，就不再容易区分这两者。大自然中，一切有用，万物皆美。美的原因在于，它是活的、运动的、能繁殖的；它有用的原因就在于，它对称、公平。美不会在一个立法机构里面招之即来，也不会在英国或美国重复它在希腊的历史。和往常一样，无需宣布，美不期而至，在勇敢、认真的人们的脚下冒出来。寻觅天才，重复美在古老艺术中的奇迹是徒劳的；在田野，在路边，在磨坊，在商店，在新的和必要的事实中，它的天性是美丽和神圣。

难道这不是属于我们伟大的机械工程——磨坊、铁路和机械——自私甚至残忍的一面吗？难道不是这些工程惟利是图冲动的结果吗？

人们在爱中学习科学之时，由爱来行使科学的力量之时，这些力量似乎就成了物质创造的补充和发展。”

——爱默生（R. W. Emerson),《随笔·论艺术》(Essay on Art)

大自然慷慨的恩赐和人类自私的浪费,在上文爱默生的《随笔》中刻画得细致入微。也许再清楚不过地表现在另一组匪夷所思的对比上：丰富的水资源是为人类服务的免费赠品,而人类对水资源的利用却少得可怜,微不足道。这种情况可以用两段话来力证，这两段话是偶然出现在同一天的一份晚报上的：

184左(154) “中部地区的洪水几乎和西部一样严重。现在有一片大约100英里长，平均宽度1英里的水域，从北安普敦一直延伸到大海。”

——《星报》(Star)，1891年11月19日

“克莱尔市场(Clare Market,伦敦)的人们无力支付水费,导致供水中断。”

——《星报》(Star)，1891年11月19日

附录　供水 183

霍华德的“附录”几乎是一个独立的篇章。它的位置很奇怪，因为相关的示意图（图 6）并不出现在这一章，而是出现在正文里，就在那张“社会城市”示意图之前。表明这整个部分可能已经被降级到后面两页，并且允许它们自我表述。

霍华德选择美国作家爱默生（Ralph Waldo Emerson，1803—1882 年）作为他警句的来源，可能颇有深意。爱默生最初是一神论派（Unitarian）牧师，他后来失去信仰，转而从事写作和演讲。爱默生通过他的随笔文集《论自然》（Nature，1836 年），成了以波士顿为中心的超验主义运动的创始人和领袖（1836—1844 年），纳撒尼尔·霍桑（Nathaniel Hawthorne，参见本书第 157 页）也是该运动的成员。爱默生的《随笔》出版了两卷（1841 年和 1844 年），使他享誉世界。1872—1876 年，霍华德盘桓在芝加哥期间，公谊会教徒（Quaker）阿伦佐·格里芬（Alonzo Griffin）是霍华德在埃利、伯纳姆和巴特利特速记公司（shorthand firm of Ely，Burnham and Bartlett）的一位同事。阿伦佐·格里芬把霍华德介绍给爱默生（还有纳撒尼尔·霍桑），作些抄录誊清文字的事情（Beevers，1988，p5—6）。

显然，霍华德花了大量的时间来研究供水系统，不过他煞费苦心地为自己辩护开脱，理由是供水系统没有经过充分的试验和检测。

霍华德建议在低位水库中收集水，然后把水抽到高位水库中加以储存和分配。 185
当时也有类似的系统：1888 年，在英国伊灵，大汇自来水公司（Grand Junction Waterworks Co）旗下的福克斯水库（Fox Reservoir），把从英国皇家植物园（Kew）一侧的泰晤士河水，经过引流，通过重力输送到正在发展中的郊区。位于肯辛顿的坎普登山（Campden Hill in Kensington）一个更大的水库，也采用了类似的方式。不管他是否知道这些计划，都可能很熟悉新河（New River）。新河是一条 17

出现如此大范围的饥饿人群，可以说，我们的社会生活，在它最根本的源头一定出现了某个根本性的错误，谁会怀疑这一点呢？在“真正迈出与大自然和谐共处的第一步”之前，必须揭露和纠正这个根本性错误。在人类的全部物质需要中，没有什么比充足的供水更紧迫、更紧要。在所有的精神需求中，人们在实际生活中应当学会的，不是冷酷地用阴谋去对付自己的同类，而是满怀热情地去和他们共事。很有可能，只有当他充分而由衷地认识到他对生命之水的需求时，他对水的第一需求才能充分满足——即净化、洗涤，进而互相关爱和互相关心。

“每年大概有 3 英尺的降水量，以雨、雪和冰雹的形式掉落在英国的地表面。以目前的人口数量来估计，平均每人每天可以得到超过 19 吨的水。”[1] 每天从天上掉下来的这 19 吨或 4456 加仑水，是上天给每个人的免费馈赠。然而，克莱尔市场上的穷人，在离皇家法院（Royal Courts of Justice）不到一箭之遥的地方，就连他们可怜的那份每天 25 加仑的供水也要被切断！

人们忍不住要模仿《古水手之歌》（Ancient Mariner）：

184右（155）水，到处是水，在每一片田野与山谷，
水，到处是水，却没有一滴水能入口；
水，到处是水，它让农民在怒吼，
水，到处是水，却无一滴可冲洗；
水，到处是水，路边，草地，山丛里，
水，到处是水，却无一滴是甘泉；
水，到处是水，可怕的烂泥和污水，
水，到处是水，星期一没有洗漱水。

但是，笔者贯穿本书的目的，与其说是谴责目前的工业制度，倒不如说是要说明如何逐步建立一个更好的制度来取代它。因此，笔者将立即着手展示，怎样在田园城市中防止这种水资源浪费，怎样利用这笔巨大的财富储备。不过，笔者希望声明在先，尽管他相信眼下所描述的这套系统，其基本功能是可行的，并极大地有助于田园城市的成功，可是，这套系统“不是本书所提主要计划中不可或缺的一部分”。它是一个附加之物，而且可能是一个最有用的附加之物，但本书的主要方案不应该与它并列或列其之下。

1　约翰·帕里绅士（John Parry, Esq., C. E.），《水，它的组成、收集和分配》（Water, its Composition, Collection and Distribution）。

世纪的运河，从赫特福德郡起，流经斯托克纽因顿（Stoke Newington）和伊斯灵顿（Islington）约 39 英里，汇入萨德勒·威尔斯剧院（Sadlers Wells Theatre）前面的一个水库。

霍华德的一些理念，让他与当今的“绿色”思想者产生联系。例如，在霍华德原著第 157 页，他主张把饮用水和为其他目的而收集的水分开。在第 158 页和第 159 页，他展示了要用最经济的方式来供水，因为它是本地供应的，并且服务于多种目的。在接下来的几页中，他似乎在尝试进行成本效益分析（cost-benefit analysis）的初期运算，通过估算减少劳动力、日常工作量，以及所能节省的时间。

霍华德在第 162 页和第 163 页提醒我们，风车是“过时的发明”，可是依然很重要，不仅是最经济的抽水方式，而且是田园城市的发电方式。他引用了杰出的物理学家和数学家开尔文勋爵（Lord Kelvin，1824—1907 年）的话，表明他打算利用风能发电——这是 1898 年的一个新概念。在这里和在其他地方一样，霍华德展现了惊人的能力，找到了他所需要的支持他的总体计划的理念。

位于伦敦西部伊灵的汉格山（Hanger Hill）山顶的福克斯水库（Fox Reservoir），是从英国皇家植物园（Kew）一侧的泰晤士河水引流过来的。在第二次世界大战期间，它被用来对付在月光照耀下飞行的德国空军轰炸机，现在这里成了一个竞技场，而伊灵的水则来自它背后的一个地下水池（covered reservoir）

首先，很明显，田园城市的供水，设计师并没有为其附加特别的东西，所以，它
可能不仅充沛、卫生，而且非常经济。因为市政自治机构是整个 6000 英亩土地的主人，
而不用像当前我们的一些城市所做的，把水从遥远的水源地以昂贵的代价运送过来，
而是可能在自身的辖域之内获得最充足的供水，并确保它的绝对纯洁。显然，田园城
市的市政工程师可以选择最适合的位置钻井取水，也可以在合适的海拔建造水库，为
186左(156) 每个居民，以及洗衣店和工厂提供大量的雨水。因此，再次提醒读者，如果他觉得这
里所描述的供水系统的成功具有不确定性，千万请记住，这样的一个系统，在小范围、
低成本的试验证实可行之前，不会先全面范围铺开尝试。而且，任何情形下，主要计
划的成功不会受到任何有风险的实验的损害。

根据现在对于这个系统的描述——当然，一个系统，需要适应所选择的场地，并作各种修改调整，场地的选择自然应该适当考虑根据地区来分层分级（尽管工程师越来越不允许自然界的障碍物对任何周密的计划形成制约）。田园城市的市政当局，用较小的成本，不但可以为其所有成员供水，给普通家庭和做生意的供水之用，而且可以用作水电站来驱动机械和发电照明，加上大量用于运输的水可以划船、游泳、滑冰等。它可以做到这一切，也以这样的方式有效地排水和灌溉整个辖域用地，以最亮眼的方式美化城镇。

供水系统的基本方案非常简单。它的组成部分如下（参见图 6）：(a) 一个低位水
库，其形式也可用于运河；(b) 一个或多个蓄水库；(c) 一个或多个高位水库。进入
186右(157) 低位水库和蓄水库之后，整个城镇和用地一般都会得到有效排干，当然污水被排除在外。
进入高位水库的水，除了间歇性地从云层降落，主要是通过风车和水泵或其他合适的
方法，不断从低位水库或从蓄水库提升上来，并且不断从高位水库流入蓄水库或低位
水库，这样一来就获得了动力，从而用于驱动机械和发电照明。

运河里的水、蓄水库里的水和上游水库里的水不是用来饮用的，可是非常适合用来养护街道、浇灌花园、冲刷下水道和排水沟，以及喷泉和其他用途。诚然，把水从低点抽到高点，再从高位下来，水流自然而然起起落落，彻底氧化，受到阳光带来的好处，并避免在这样的天气下结冰。虽然只有一部分的水得到过滤和储存，但其水质仍优于伦敦用水。伦敦的水大部分取自排水系统，此外，还有一些取自没有排尽的污水。田园城市中的饮用水，不但比伦敦的水质标准要高，而且将取自深井，并蓄于适宜的地方——哪怕放在中央公园也行，总之要远离任何可能的污染源。

读者头脑中出现可能的几个困难，也许很快就能解决。第一，是否有足够的供水
187左(158) 以维持运河和水库处于适当水位？让我们来看一下。我们的低位水库或运河系统大概

有 3.5 英里长，45 英尺宽，相当于大约 19 英亩的水域——大概 6 英尺深。如果水深 4 英尺，这相当于 20.75 万加仑。[1] 中央公园（参见图 6 的圆形装置，比较窄而浅）用水量大概为 125 万加仑。上游水库，装满的话，可以容纳大概 8000 万加仑的水量，而蓄水库的水量是这个数量的一半，换言之，总量是大概 1.4 亿加仑（英文原版如此——译者注）。现在，我们要期待什么样的供水？尽管这个答案肯定不是十分精确，但是我认为，它还是足以令人满意。整个辖域用地面积 6000 英亩，每年降雨量 2 英尺，那么每年的总降水量 32.69 亿加仑，即装满水库水量的 23 倍，这样就有了足够的富余。显而易见，首先只有一小部分的水会流入运河，其次是蒸发和损失。在可能发生困难的情况下，地下水还可以助上一臂之力。

第二个困难是，这种成本会不会高得令人却步？我的回答是，读者越是仔细地从项目整体思考这个问题，就越会对这个困难的消融感到惊奇。最重要的，需要注意，
我刚才简要描述的这个系统是合而为一的，是同时集排水、灌溉、运输、动力、娱乐 187右(159)
和装饰于一体的系统；把这个系统设计成一个整体，是为了以最有效的方式为每一个用途服务。这样的工程，如果只是为了单一用途而建，譬如收集水、提升水，然后把它作为动力，或者只在一片辖域用地上用来排水、灌溉，或者只是用于价格便宜的运输，或者只给市民丰富的机会来划船、游泳、钓鱼，那就完全过于昂贵了。但是，如果我们把“或者”理解成“而且”，如果我们可以一举多得（if for one purpose we substitute many purposes），那么，鉴于充分满足了多种需要，这种为满足一种需要而付出的代价就会变得极其低廉。用一种方法达到许多用途才是最真实的节约。

关于费用还有几点可以讨论。首先，场地的成本微不足道。20 英亩的运河，5 英亩的运河河岸，还有 10 英亩的上游水库和 10 英亩的蓄水库——一共 45 英亩。40 英镑 1 英亩，就是 1800 英镑。这个数字除以城镇人口总数，等于是“每位居民的一次性支付，不是每年一次的税负，金额为 1 先令 3 便士！”必须承认，这是一笔微不足道的款项，足以支付必要的土地费用。

第三，水库的成本。我们先探讨上游水库。人们把它们放在环境便利，而且最高的地方。但是，除非地界内确实有一些地方的地势比最低处高出很多，否则，最好把
水库高度抬到一个非常理想的高位，这样，水库就能够储存更多的能量。现在，请观 188左(160)
察一个有组织的、科学的从老地方迁移到新地方的经济体系，并给水库建设提出一些建议。我们已经看到，水库会注满水，这些水现在要么白白流淌，要么毁坏农作物。

1　1 立方英尺的水等于 6.23 加仑。

但是，我们的水库不仅在蓄水方面几乎不用花一分钱，而且这些上游水库的大部分建筑材料都是废料，原本处理这些废弃材料也要花费一大笔费用。建造水库所使用的沙土可以是来自挖掘运河水渠和蓄水库时产生的挖方，可以是开挖地基、地下室、地铁等产生的土方等等。于是，

6 英尺深、20 英亩的低位运河产生的挖方[1]	约 193000 立方码[*]
蓄水池，10 英亩，21 英尺深	约 338000 立方码
5500 个小块建设用地，每块 40 码长	约 220000 立方码
商店、仓库、工厂等	约 110000 立方码
20 英里长的地铁	约 352000 立方码
合计	约 1213000 立方码

如果把这些材料堆积起来，四面放坡，直达底部基础，将形成一个顶部离地约
188右(161) 100英尺,总面积为6英亩的水库。因此,即便项目基地内适于建造上游水库的最高场地，只比低位水库的标高（实际上也就是整个用地的最低标高）高 40 英尺，通过在水库建设的基址里堆放挖出来的土方，将获得 140 英尺的高差。仅凭一点点开销，水库就可以很容易就建得极其美丽，形成一处巅峰上优美的风景；到了黄昏，瀑布发电，很便宜地就把它们照得通亮。

对于一个低位水库或者运河,成本不会超过 5000 英镑 / 英里,考文垂运河(Coventry Canal) 的成本[2]，包含其蓄水库，建设的开销并不大。

为我们的运河和高位水库注满水，这对社区来说花费无几。而且，一般在下游水库和城镇的建设过程中所获得的大部分废弃物，都可以用来修建上游水库。建造上游水库和下游水库时所使用的劳动力，也可以看作是对现在白白浪费的劳动力的消化，所以，真正意义上，劳动力成本也可以看作是零。这样，如果田园城市有 5000 人，平均每天往返工作要花 3/4 小时左右，他们每年将比在伦敦或者他们已经离开的其他大城市要节省下来 125 万小时，如果算 4 便士 / 小时，则每年会影响社区存款 20000 英镑[**]，即购入土地款全部支付利息的两倍以上。如果另外再算上每天上下班的车费 2

1 如果运河必须穿过一个起伏不平的乡村，由此产生的额外费用，可以由额外获得的挖方来补偿一部分。
2 牛津运河（Oxford Canal）的成本，4400 英镑 / 英里。
* yds，长度单位，1yds=1 码 =0.9144 米。——译者注
** 1971 年之前，1 英镑等于 20 先令，1 先令等于 12 便士。——译者注

便士/小时，则一年总共可节省30000英镑存款；虽然这一点在金钱上并不算多，而对于一个要养家的人来说，可以和家人一起享用午餐，是不可估量的舒适和幸福。 189左(162)

我相信任何一位工程师都不可能在自己的估算中，对我刚刚说过的那些工程量，包括打井、布置管网、修建水道、铺设干线等工作，得出一个超过90000英镑的结果。如果是这样的话，同时，假如每个成年人通过用时间和金钱的方式，把自己在两年中上下班所花费的时间和金钱都贡献给社区，那么，他就可以在自己的余生中享受那些便利，不需要额外增加费用。当然有些费用除外，比如运营和维护成本。他得到了一个辉煌的供水系统，同时在宏观上，看到社区又找出一条出路，可以让广大的“剩余劳动力”找到一份收入可观的工作，他会获得极大的满足感。

90000英镑总量看上去很多，但人均成本远低于大城市，与此同时，这种供应方式有一个巨大的优势，可以为许多在旧城市中难以达成的目标服务。举一两个可能有用的比较例子。除了已经花掉的几百万，伯明翰市议会行使权力，出资600万英镑（或人均缴纳10英镑），为公共用地追加圈地32000英亩；伦敦水务公司几年前申请3300万英镑，即人均6英镑。到目前为止，现有的供水方式已经让我们花费了好几百万英镑，而且人们普遍认为这样的供水量根本不够用，郡议会也因此正在认真地考虑一个方案，追加数百万英镑的款项，从威尔士输水。

我们可以很好地估算高位水库所能存储的能量。如果它（按静风状态，风车不抽
水时开始起算）有8000万加仑，如果每天花12小时，每一分钟释放18510加仑或 189右(163)
185000磅，在静风状态，那么它们需要6天才能释放完毕。例如，如果把185000这个数字乘以140，即水位的落差，再除以33000，我们就得到了马力。[1]这个算式的马力是784。如果我们扣除25%的摩擦等因素，我们就会得到588马力，这是在完全静风状态的6天里的连续动力。但这里假设的是在完全的静风状态没有启用水泵的情况。当然，情况并非如此，因为蒸汽机在这种情形下会封存待命，因此我们水库的容量只会受到风车（或蒸汽机静止不用时）抽水能力的限制。

在这里，我将讨论另一个反对意见，它肯定会在普通读者脑海中浮现。“为什么风车那些陈旧的发明，早已让位于蒸汽呢？”当然，这在很大程度上是正确的。但这主要是因为：风车的运转肯定是断断续续的，对于一个现代化工厂昂贵的厂房和大量的工人来说，等待风的到来是不可能的。但是，把风车用来抽水，而把水库用作蓄水池时，情况就完全不同了。困难在于不规律性几乎消失，正如我们所见，整整6天的绝对静

1　1马力等于一分钟把33000磅重的物体提高1英尺所作的功。

190左(164) 风状态，我们的水库就能有效地存满足够的能量[1]，而剩下的不规律性困难在于其他能量的储存。不过，对于风车的未来，读者可能会喜欢权威的声音。《泰晤士报》1892年8月9日报道："一些工程师相信，那些遭人诟病的风车，未来是相当光明的。用年轻女士胡德（Hood）的话来说，'为场景提供旋转的动画。'但聪明的读者更喜欢事实而不是观点。这类观点不计其数。1893年1月6日，《每日纪事报》报道："在堪萨斯州、内布拉斯加州和西部的其他州，水是通过风车和水泵从200英尺到250英尺的深度获得的。在一些地区，一个取水点上，就有100多个用于抽水的风车。"

风车有时在为蓄电池储电。因此，开尔文爵士在本页脚注注释中提到那次演讲时表示："甚至在眼下，一些地方当前非常重要的任务之一就是照明，用风力发电取代燃煤火力发电来提供照明完全不再是一种疯狂的幻想了。既然我们现在有了发电机和蓄电池，完成这项工作所缺少的一点点东西就是价格低廉的风车。"但是，还有什么比我们的水库更好的蓄电池呢？它们蒸发带来的损失，可能远远小于蓄电池的泄漏。此外，诚如我们所见，它们还有许多其他实用及装饰性的用途。

我们已经注意到，我们供水系统的投资成本是由许多不同的目标来共同负担的，
190右(165) 这些不同的目标组合到一起构成了一个分母，把达到每一个目标所需的各自的成本降至一个相当小的额度。实际情况也的确如此。维护这个系统的费用方面，情况也明显是一样的。除了因为水位落差而产生的马力动能之外，那些风车或者蒸汽机，只要是具有泵站的功能，它们都可以向社区提供服务。正是因为有了这些泵站的运行，不仅仅让运河系统成为可能，而且还获得了一个令人愉快的基础设施，一个既美观又实用的水系，一个能提供大量休闲娱乐的方式。当然，最为关键的地方在于，必须能够锁住和控制住一个巨大的水体，只是在水量多余的情况下才允许一部分水从地界区域内被排放掉，蜿蜒流向海洋。因此，最为重要的工作就是保持水体处在不断的循环状态中，尽最大可能地让水体接触阳光雨露。这样，各位读者就会很快地欣赏到这种社区的巨大优势，在这里，几乎看不到任何雾霾，可以说新的系统必然会带来这样的结果。我们得到的是健康、阳光、清洁、美丽的社区，这一点根本就无法用金钱来衡量，尽管这件事情在金钱方面也会收益不菲。不幸的是，在眼下没有道德、自私自利的方法操作下，公共福利很少受到关注，工厂在寻找廉价电力的主导思想驱动下，会很轻易地认为，最低价就会让自己的成本最少，即使那会让社会付出最大的成本。所以，我们听说各地的瀑布正在被亵渎，这么美的东西，在诸如铝厂那样的新工厂出现之际，几

1 静风状态通常不会持续超过三四天。1881年，汤姆森爵士 [Sir W. Thomson，即现在的开尔文爵士（Lord Kelvin）] 对英国协会（British Association）发表的演讲。

乎被毁坏殆尽。但是，任何谬误都无法与非理性利己主义这个谬误相比。只要我们为 191左(166)
社会谋福利，瀑布就会为他们而创建，而不会被制造业所摧毁。

我引用哈伯勒市市政局（Urban District Council of Market Harborough，哈伯勒市是一个供水系统发达的城镇）的工程师和测量师赫伯特·G·科尔斯先生[Herbert G. Coales，市政工程师协会会员（A. M. I. C. E.）]一篇论文中的一段话来结束本“附录”：

> “哪里有水，哪里就有电，不妨再提醒一下我们自己，注意这样一个事实，英国每年每英亩的降水量是3000吨左右，那么我们就会明白，这是一个巨大的电力资源，我们的任务就是让它变成能为人类提供服务。很显然，只有一部分的水能作为动力被有效加以利用，而降雨必须在大自然中服务于其他目的。但是，从另一方面来看，水是可以被反复加以使用的，不像蒸汽动力，在它从活塞中排放出去之后就蒸发掉了。永动机被证明不可能；但是在一个拥有源源不断的水流供应的条件下，有些溪流就从来没有干涸过，我们几近于找到一个长久苦苦追寻的新发现……”
>
> “毫无疑问，伴随着电力的使用，在很多领域都存在着利用水力发电的问题。大量的水在年复一年地白白流淌，汇入大海，其实这些水可以用来驱动发电机，转变为照明的电力。尤其需要指出的是，对于城镇和乡村来说更是如此。在这些城镇和乡村安装上这些设备之后，就非常有可能带动那里的许多产业，优势要比现状高出许多。政府官员的目标是尽可能防止更多的人口
> 继续涌向拥挤的大城市，同时政府在寻求增加就业机会，而就业在很大程度 191右(167)
> 上依赖于高效率的机器生产，在这种情形下，这才是当务之急，不容忽视。作为心中时刻关注我们城镇社区居民物质利益的一个群体，我们应当欢迎这里预言的这些东西，把它们看作是我们最希望得到的结果。”

— 终 —

原著索引

193左(170)

D

E

F

M

N

O

P

195左(174)

R

S

195右(175)

T

U

V

W

197 左

评注者后记

《明日》是霍华德自己贴了些钱才得以出版的一本小书，每本售价不过区区 1 先令，可是，书的影响力一定是原创作者始料未及的。1898 年，它出版面世，紧接着 1899 年就成立了田园城市协会（Garden City Association）；4 年之后，田园城市莱奇沃思开始动工。后来的一切就载入史册了。第二个田园城市，韦林（Welwyn），在第一次世界大战结束后落地成形。第三个田园城市，几经尝试，不幸搁浅。不过田园城市理念，后来在 1946 年，在二战后工党政府启动的满怀壮志的新镇计划中，焕发出生机——尽管形式有所调整。此外，过去的一个世纪，世界各地的不同国家，各种形式的田园城市和新镇开发，丰富了霍华德的原创思想的历史。

令人称奇的是，在新千年的第一个 10 年，霍华德的这本书仍然是灵感的源泉。有人会对这一次的再版不屑一顾，认定不过是轻率之举、一次回溯之旅。但是重读原文，配上彼得·霍尔（Peter Hall）和科林·沃德（Colin Ward）所作的评注，就会清楚地揭示为什么这是错误的。很简单，作为一个耳熟能详的范本，霍华德这本书对当代读者
197 右 来说，在本质上依然饶有趣味。如果没有其他原因，它是一个值得重温的文本，充满了思想。这本书触及了许多主题，即便其中一些主题所针对的是当时而并非现在，却始终呼唤批判性反思。这次的再版，还有一些实实在在的原因。首先，20 世纪，《明日》一书在它思想的发源地，在全世界，对许多思想和城市规划实践都产生了深远影响。再者，100 多年过去了，最初论点的内容，也许依然跟当代规划者和决策者的工作息息相关。

《明日》之昨天

如果说 1898 年出版的《明日》席卷全球，似乎有点言过其实，但是它最初的简装本得以重印和最初两年的销售量这两件事，都超乎作者的想象。霍华德也获得了一些激进分子的好评，譬如一些有影响力的土地国有化活动家。在这个阵营里，他已经向

皈依者传教，但其他不同倾向性的人，照例仍会对此持怀疑态度。政治评论者不喜欢作者霍华德探索的中间道路（尤其是左派认为，如果不是通过彻底的革命，那么真正的改变只能通过工人阶级的议会代表来实现），他们对霍华德的信念嗤之以鼻。而霍华 198
德坚信，可以通过理性的论证来说服资本家作出改变。对他们来说，这一切都是渺茫无望的乌托邦。

1899 年，霍华德毅然与 12 个志同道合的激进人士一起发起，成立了田园城市协会（Beevers，1998；Hardy，1991a）。它的目标很简单，弘扬《明日》的理念，为第一个田园城市试验的落地作好准备。这个新成立的协会，就像在这段时期里的数十个用心良苦的团体一样，极有可能在几年之内就失去方向，接下来就是稀稀拉拉的会议、到不了位的资金和不断流失的人员。所幸的是事情正好相反，少数自由派的“实权人物”很快接手了这项事业，一位是杰出的律师，拉尔夫·内维尔（Ralph Neville，1901 年担任协会主席）；另一位是能干的组织者，托马斯·亚当斯（Thomas Adams，担任秘书）。通过这几个人，田园城市协会很快转变为一个十分专注的组织，它的目光牢牢锁定在建设第一个田园城市的任务上。

霍华德个人的进步并非没有代价。他虽然仍是“思想的提出者”、发明者，可在其他方面，他遭到了那些更精通政治和经济的人的排挤。距离田园城市理念实现的脚步越近，它的庐山真面目展露的就越多。拉尔夫·内维尔和他的商业伙伴，一直在竭力安抚投资者，这不是一个秘密的“合作式自治政区”的计划（霍华德反倒是很希望这样）。1902 年，这本书的第二版付梓在即，人们说服霍华德把标题改成《明日的田园城市》（Garden Gities of To-Morrow），避免提及任何的“真正改革”（real reform，与 1898 年文本中更为激进的那部分内容不完全一样）。接下来，就是第一个田园城市在一个适当的时候开始动工兴建了，而且没有实施霍华德的原创规划里可能挑起争端的那些东西。重大的调整有：资金的筹集方式、 199
社区怎么从租金上涨中获益、怎样管理田园城市、公共服务的属性、土地租赁制度、辖区用地的规模、保留农业用地、对增长的限制和设计布局（Hardy，1991a，p55）。倘若说《明日》在实践中演变得面目全非，这似乎有点儿夸张，但是，毋庸置疑，因为政治的偶然性利益，原有概念中的重要内容被抛弃了。

不过，政治是妥协的艺术，霍华德愿意对他的赞助者作些让步，至少可以换取他的一些想法能够落地。资金大体筹齐了之后，在首席建筑师雷蒙德·昂温（Raymond Unwin）和巴里·帕克（Barry Parker）的启发下，1903 年，第一个田园城市莱奇沃思奠定了基本构架。尽管起步慢了点儿，但是这座新兴的田园城市很快就吸引了数以万计的游客，他们对赫特福德郡乡村新崛起的乌托邦前景充满好奇。在媒体眼里， 200 左

1903 年，田园城市莱奇沃思开幕日庆典

莱奇沃思的车站之路：屋舍由帕克和昂温设计，1905—1907 年

这是一座新耶路撒冷，经历了很多曲折。时隔不久，在第一批的入住者里，可以见到一些有名的怪杰。在旁观者看来，他们更像一群怪物：披着长袍，趿拉着家庭手工制作的凉鞋，始终吃素，并信奉那种类似外星人的信仰。事实上，这个社区是禁酒的，那些前来采访的记者肯定觉得不方便。九柱戏旅馆（Skittles Inn）里配备了一些保卫尔牛肉汁（Bovril）和热巧克力，姑且算是聊胜于无（参见本书第 107 页）。当然，除了作为头条新闻，并以牺牲一些更隽永的特色为代价，那些堪称典范的住宅、洋溢着进步气息的学校、可圈可点的公园和其他一些社交设施，撑起了第一个田园城市的骨架（Miller，1989）。

一开始，莱奇沃思发展缓慢，但它为最热心的拥护者，设定了一个无需置疑的基

食物改良餐厅和“简单生活旅馆”以及中心旅馆，它们是莱奇沃思的禁酒和素食主义方面的改进实例

本构架标准。当时，在田园城市协会的杂志上，会定期发布报告——而另外一些地方出于商业目的会盗用霍华德的理念。不动产开发商马上嗅到商机。在许多情形下，打上“田园城市”这个术语所带来的吸引力，可能远不止是房产投机。一个极端的侵权案例发生在英格兰南部海岸的皮斯哈芬（Peacehaven），始作俑者是查尔斯·内维尔（Charles Neville）。他打着“海边的田园城市”的旗号，把一片混杂的棚屋和小平房推向了市场（Hardy and Ward，1984，p71—91）。

然而，在纯粹主义者眼中，更糟糕的情形是花园郊区（garden suburb）的遍地泛滥，而不是田园城市（garden city）的发展。花园郊区是一个术语，一般甚至会套用在那种最平庸的郊区开发上，虽然开发标准比较高的，是那个有名的、开风气先河的汉普斯
200右 特德花园郊区（Hampstead Garden Suburb，设计水平不亚于帕克和昂温，追随他们在莱奇沃思的作品）带来的。对花园郊区的批评不是针对设计的，而是针对扩展大城市边界这个想法的根本性缺陷。即便是汉普斯特德的开发，也是基于居民从戈尔德斯格林（Golders Green）附近到伦敦市中心之间通勤往返的一个可接受的方案。花园郊区，不管如何精心规划，都不能简单地根据田园城市运动倡导者的想法，或根据《明日》一书的想法，通过建立一个全新的集聚定居区来获益。

在具有挑战性的本土化发展中，田园城市协会面临着趋于内向的风险，很可能会把自己逼入历史性的死胡同。在这件事上，更明智的意见占了上风，他们认为将来真正重要的，是要在建立一个完整的全国城乡规划制度方面获得实实在在的进展。他们认为，如果没有这些，田园城市的试验会不可避免地陷入孤立，田园城市原则的本身也会受到一些方案的染指侵蚀，而这些方案很少受到霍华德所提倡的原则的影响。于是，田园城市协会逐渐进入了一个更广泛的政治竞选舞台，参与了一个全国性的规划游说活动。1909年，为了配合第一个国家的规划立法，压力团体（pressure group）*，把它的名称改作“田园城市和城镇规划协会”（Garden Cities and Town Planning Association），并修改了章程。在这个更广泛的范围内，田园城市不再是该协会成立的唯一原因，甚至不再是主要原因，而是留给霍华德和他的核心支持者们，让星星之火可以燎原。1910年，为了纪念已故的爱德华国王，把一个新的田园城市命名为爱德华国王镇（King Edward's Town）。但人们都知道，爱德华的继任者乔治五世（George V），却情愿看到更多的传统古迹。

直到第一次世界大战之后，正是由于霍华德的个人倡议和坚持不懈，第二次试验

* 向政府和公众施加影响的团体。——译者注

的土地才得到保障，这也就是后来广为人知的田园城市韦林。尽管当时政府发表了大 201
胆的声明，称将为归来的英雄建造家园。霍华德对此抱有清醒的怀疑态度："如果你等待政府去做，在他们动手之前，你将像麦修撒拉（Methusaleh）* 一样老"（Osborn，1970，p8）。虽然困难重重，韦林还是像莱奇沃思那样慢慢成形了，这在很大程度上是私营资本和无私奉献相结合的产物。与莱奇沃思一样，韦林吸引了大量的宣传和关注。有一段时间，它被称为"《每日邮报》小镇"（Daily Mail town），因为这家报纸决定在一年一度的理想家园展览（Ideal Home Exhibition）中，专门为韦林辟出一角。

1911年，埃比尼泽·霍华德在莱奇沃思为乔治五世举行的加冕典礼上发表讲话

园区道路，田园城市韦林。这张早期的照片出现在1946年出版的《绿篱城市》（Green Belt Cities）的封套上，作者是弗雷德里克·奥斯本

* 《圣经》创世纪第五章第二十七节。据传享年969岁之长者。——译者注

60 多年之后，韦林的园区道路

韦林带有一些激进的元素，访客们总是热衷于看到那些有时被误作集体所有权的
202 左 例子。他们流连在“田园城市韦林商店”（Welwyn Garden City Stores，参见本书第 101 页）和“樱桃树餐厅”（Cherry Tree Restaurant），阅读《田园城市韦林新闻报》（Welwyn Garden City News）；他们琢磨着相互矛盾的评论，评论要么认为韦林是社会主义的乌托邦，要么正好相反，是一个公司化的小镇。但是，如果他们对政治持怀疑态度，那么他们必须面对的就是，几乎不能错过的高质量住房的实景，以及妥善规划环境的诸多动人优势。与莱奇沃思相比，霍华德的理念还要淡化一些，不过，韦林依然是一个田园城市。建筑师路易·德·苏瓦松（Louis de Soissons）作的规划，布局组合（范围比
202 右 莱奇沃思更大）是现代和传统风貌的混合，深受早期居民的喜爱，而且远胜过当时在英格兰别处开发的那些平庸之作（Osborn，1970）。

20 世纪 30 年代，韦林的生活场景之一

虽然第二个田园城市成长缓慢，却是其成形时光岁月中的绝唱。1925 年，试图在格拉斯哥附近的一个遗址上建第三个田园城市，因为缺乏资金而搁浅。20 世纪 30 年代，在曼彻斯特南部的威森肖（Wythenshawe），一项雄心勃勃的计划带来了房产开发，却不是霍华德所倡导的那种均衡的社区（Deakin，1989）。事实是，规划方面的流行趋势正在发生变化，越来越倾向于政府更多地参与其中。即使在田园城市和城镇规划协会 [为了反映新的发展，1939 年更名为城乡规划协会（Town and Country Planning Association）] 内部，接受度也越来越高，未来的规划奠定了这一方向。

同时，在世界其他地方，《明日》一书的出版，引发了田园城市齐头并进的历史发展进程（Ward，1992）。从一开始，部分的由于田园城市协会在政治舞台上的成功，霍华德的理念在欧洲大陆和更远的地方引起了广泛的兴趣。来到田园城市协会办公室的访客常年络绎不绝，下一站就是奔赴莱奇沃思。他们回到自己的国家，热心地支持、鼓励适合他们特色的试点。1904 年，国际田园城市会议（International Garden City Congress）在伦敦召开，举行了第一次会议。主要代表团来自德国、法国（他们都有自己的田园城市协会）和美国，但也收到了来自布达佩斯、布鲁塞尔和斯德哥尔摩的支持信函。而且，与日本、澳大利亚和瑞士的热心者也有联系。几年之后，1913 年，该协会的主席指出，“这个理念，在我们自己国度之外的传播程度相当
令人吃惊……我们从俄罗斯，一直查到波兰和西班牙——在我们的无知中，这些国 203 左
家，我们认为在社会问题上有些落后——我们现在发现他们走到了田园城市运动的前面。”（Hardy，1991a，p94）

国际上的兴趣与落地的实践相符。例如，在法国，一些田园城市在巴黎郊区建造，像莱利拉（Les Lilas）和德朗西（Drancy）这样的小定居点，以及像沙特奈马拉布里（Châtenay-Malabry）和普莱西罗班松（Plessis-Robinson）这样的大定居点，但这些都只是部分的实验而已。尤其是后来的开发项目，既有公寓街区，也有更传统的村舍式住宅。让·皮埃尔·戈丹（Jean Pierre Gaudin）展示了这样的实验（两次世界大战期间，这种实验扩展到了法国的其他地区）。另外，一种对霍华德田园城市理念更广泛的兴趣，既吸引了资产阶级慈善家，也吸引了社会主义改革者（事实上，
这正是霍华德想要的）。虽然法国的田园城市，有时候看起来不太像莱奇沃思或韦林， 203 右
而更像一个井然有序的工业郊区，可是戈丹指出，这些实验的真正意义往往是一个更深远的改革项目，旨在促进公民权利和城市政治（Gaudin，in Ward，1992，p52—68）。霍华德也许会表示认同。

同样，在北欧，也有田园城市的实践落地。例如，在德国，社会住房的概念（social

第一次世界大战之前，田园城市和城市规划协会成员，访问斯图加特途中

housing）* 有着深厚的根基，事实上，德国是田园城市开发的先驱，甚至是一些英国改革者（如果不是霍华德本人的话）的灵感源泉。1902 年，德国田园城市协会成立，鼓励在田园城市 [Gartenstadt（德语），田园城市——译者注] 的名下，宽松地进行各种住房试验。其中，位于德累斯顿郊区的赫勒劳（Hellerau）引人瞩目（参见本书第 129 页）。虽然，更准确地说，它是一个花园郊区，到访者会注意到其规划的全面性，以及工艺美术运动（Arts and Crafts）的建筑品质。甚至比这更重要的是，在成立后的几年里，截至 1908 年，它包含了一个不少于 800 位艺术家、手工艺工人和知识分子的社区，以及一个著名的进步学校的实验（Buder，1990，p137）。从某种意义上说，它比莱奇沃思本身更有价值。

另一个著名的计划是在埃森（Essen）边缘的玛格丽特高地（Margarethenhöhe）的开发。田园城市的支持者交口称赞集聚区域的建筑质量和整洁的规划风貌，但在其他方面，可以发现它的血统谱系更多来自工业村落的榜样，譬如英国的阳光港（Port Sunlight）和伯恩维尔（Bournville）。尽管有这样的例子和德国早期的住房改革声誉，但是，德国的田园城市历史进程在第三帝国期间发生了截然不同的转折。在那个时代，纳粹的规划者们，从霍华德的广阔视野中，吸收提取了空间秩序的合理性思想，并制定了一项雄心勃勃的计划来重整（re-settle）被征服的波兰东部领土。他们推测，
204 田园城市将为真正的德国人提供一个理想的环境，使得这片陌生的土地“日耳曼化”（Germanize）（Fehl，in Ward，1992，p88—106）。

然而，纳粹滥用田园城市的理念是一个例外，在另外情形下，霍华德的理念都被应用在了社会改善的想法中。这种实验绝非仅限于欧洲。例如，日本的规划者早在莱奇沃思的初创期就来考察过了，带着田园都市（den-en toshi）的想法返回日本，大体

* 指由住房协会和地方政府提供的廉租房或廉价房，社会保障性质的住房。——译者注

上可翻译成田园牧歌式的城市（pastoral cities）。在实践中，这个想法导致了一些花园郊区，而不是自给自足的集聚区，最早的典型是1911年紧靠大阪周边的一些开发。在美浓电力铁路公司（Mino Electric Railway Company）的推动下，作为给自己创造未来客户的一种方式，结果是包装成田园城市的一片片花园郊区。这一模式在东京附近故伎重演，从1913年开始，一个极端厚颜无耻的公司，打着“田园都市”的幌子做生意，但在实践中建造了更多的花园郊区实例（Watanabe，in Ward，1992，p69—87）。

花园郊区在澳大利亚也有很多变体。20世纪20年代，澳大利亚开发了许多项目。其中，3个重要项目是悉尼的达斯维尔（Daceyville）、阿德莱德的莱特上校花园（Colonel Light Gardens）和墨尔本的田园城市。澳大利亚首都堪培拉也在更大的规模上，呈现展示了田园城市的影响力（Freestone，in Ward，1992，p107—126）。从一开始，田园城市协会就表现出特别的兴趣，想让霍华德的理念洒遍大英帝国。他们带着幻灯片和霍华德著作的复印件，四处游走，传播田园城市的福音。田园城市协会的中坚之一，威廉·戴威基（William Davidge），从这样一次的澳大利亚旅行回来，在新闻里这样描述，“在整个出差旅行期间，体验了极大的热情，而且报告和陈述所收到的反馈表明，许多长远的有益工作已经落实。”（Hardy，1991a，p100）

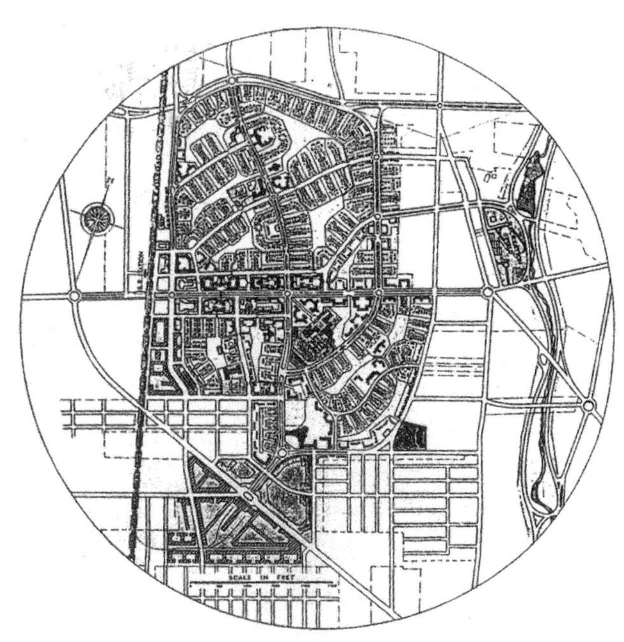

新泽西州拉德本镇规划

学校　公寓　住宅　剧院
商店　操场　公园　工业

克拉伦斯·斯坦（Clarence Stein）和亨利·莱特（Henry Wright）为新泽西州的拉德本（Radburn）所作的规划

205 左　同样，在美国，田园城市理念对 20 世纪初在该国建立集聚定居点的广泛计划产生了影响，尽管从未以最纯粹的形式出现。1910—1916 年间，以田园城市原则为基础的各种计划陆续落成，其中包括 1912 年纽约引人入胜的森林山花园（Forest Hills Gardens）（Buder，1988，p161）。然而，这种情况下，所谓的田园城市更像是一个花园郊区或标准的工业定居点（参见本书第 63 页）。

一个重要的转折点是 1923 年成立的美国区域规划协会（Regional Planning Association），这个组织倡导的目标是促进田园城市理念以更纯净形式的呈现（Schaffer，in Ward，1992，p127—145）。根据这个组织的英明牵头人刘易斯·芒福德（Lewis Mumford）的描述，一系列实验接踵而至，实际上，多亏有了建筑师克拉伦斯·斯坦（Clarence Stein）的创新和鼓励（Buder，1988，p166）。克拉伦斯·斯坦吸引了纽约的私人资本来支持城市住房公司（City Housing Corporation）的成立，这是一家股份有限公司，旨在实行田园城市建设计划。从 1924 年开始建设的阳光花园（Sunnyside Gardens）就是这样的一项实践，即便它在城市地界里建造成形，充其量只是一个花园郊区而非田园城市。几年以后，克拉伦斯·斯坦和他的建筑师同事亨利·莱特（Henry Wright）进行了一项大胆的实验，计划在新泽西州的拉德本（Radburn）建造一座田园城市。在他们的创新设计中，两位建筑师有效地结合了霍华德的一些想法来满足汽车族的新需求。他们至少在小范围内实现了“一个汽车时代的小镇，也是一个展现霍华德最初所追求的均衡和自足的地方”（Fishman，in Ward，1992，p149）。然而，在实践中，拉德本并没有像图纸上所设想的那样，发展为一个成熟完整的田园城市。

马里兰州的绿带：罗斯福新政早期建立的绿带小镇中最受欢迎的城市，田园城市森林环境中的现代主义建筑，但国会否决了该计划

在之后的 10 年里面，通过罗斯福总统新政中的绿带小镇（Greenbelt towns），美国
的田园城市理念有了新的动力。绿带小镇是由经济学家雷克斯福德·图格维尔（Rexford 205 右
Tugwell）倡导推动的。他在重申霍华德的基本观点时几乎没有浪费任何言语："我的想法是走到人口中心之外，获得便宜的土地，建立一个完整的社区，并吸引人们加入。然后回到城市，拆除整个贫民窟，把它们变成公园。"（Buder，1990，p76）图格维尔本打算创建 50 个绿带社区，但总共只建了 3 个：马里兰州的绿带（Greenbelt, Maryland）；辛辛那提北部的青山（Greenhills，north of Cincinnatti）；密尔沃基附近的格林代尔（Greendale，near Milwaukee）。

尽管各地的田园城市理念有了一定进步，但总体上，实践成果仍处于边缘化。20
世纪上半叶，新的开发建设大都是商业利益的产物，而不是基于社会原则的产物。越 206 左
来越明显的是，如果要在田园城市的直线线形上采取进一步的措施来建立经过规划的集聚区，光靠自愿的努力是不够的。为了实现这一目标，甚至霍华德自己的一些支持者也认为，可能必须舍弃田园城市最初的概念，取而代之的是一个更现代的环形。"新镇"（new towns）一词正好符合这个要求。

弗雷德里克·奥斯本（Frederic Osborn）在莱奇沃思开始了他的收租生涯，后来他
把大部分时间都花在了这项事业上。早在第一次世界大战的时候，他就意识到，只有
在国家的支持下，才能建成所需规模的新镇。在《战后新镇》[New Towns after the War，
1918 年以"新镇人"（New Townsmen）的笔名出版] 一书中，他为 100 个新镇呐喊（New 206 右
Townsmen，1918）。在某些方面，他的书实际上是对《明日》的重申和更新，但有一个重要的附带条件，即国家的参与是必不可少的。

弗雷德里克·奥斯本（Frederic Osborn，简称"FJO"），摄于 1956 年

虽然这种国家的支持并没有立即到来，但在20世纪20年代和30年代，奥斯本进行了一场持续的运动，赢得了两位高层朋友——未来的两位首相，内维尔·张伯伦（Neville Chamberlain）和拉姆齐·麦克唐纳（Ramsay Macdonald）在不同时期，总体上对韦林的开发和田园城市运动表现出浓厚的兴趣。后来，在20世纪30年代，奥斯本游说政治家的所有基调，都是试图让他们认同规划的优点。他还在凝聚专业人士的支持方面发挥了重要作用，当田园城市的一位前批判者，建筑师特里斯坦·爱德华兹（Trystan Edwards）以自己的方式为这项事业作出贡献时，他感到很高兴。此前，爱德华兹曾在两个方面指责原田园城市理念。其中之一是，霍华德主张的住房密度过低，这使得人们难以建立邻里关系，因为分散而导致路途遥远，而且对农田的威胁比集中式开发更大。另一个是，建筑风格既不是城市也不是乡村，而是两者的混合体。不过，爱德华兹在本质上不反对新的集聚定居点本身的想法，并在1933年，以“前服务生J47485”(Ex-Service man J47485)的笔名，出版了自己的著作《献给英格兰的100座新镇》（A Hundred New Towns for Britain）(Edwards，1933)。在这本书中，他提出了10年100个新镇的计划，每个新镇都有5万人口，密度比田园城市运动的要大。虽然跟田园城市有许多重要的不同之处，但新镇规划方案的基本理念，与奥斯本的主张并没有太大的不同。通过这样或那样的方式，从不同的方面对国家施加越来越大的影响，以便在建造经过规划的定居点方面发挥积极作用。

奥斯本在两次世界大战之间的岁月中孜孜不倦地工作，以便将计划纳入政治议
207左 程，并且在战争期间，他还努力确保刚刚赢得的承诺不会落空。1945年，英国工党当

英国斯蒂夫尼奇的新房子

局在引进全面的城乡规划制度的同时，提出了早期的立法［即《1946年新镇法》（New Towns Act，1946）］，专门用来建设新镇。它们是“工作和生活，均衡和自足的社区”（Aldridge，1979，p48）。对于那一代的活动家来说，这是一个重要的里程碑。尽管田园城市现在有了一个新名字，要是对它追根溯源的话，起源于一本很便宜的书和一位维多利亚时代晚期的“怪人”读者，以一项国家级议会法案（Act of Parliament）的地位与前景，新镇的方案立刻在全国遍地开花。

第一个新镇，英国斯蒂夫尼奇（Stevenage），在同一年，1946年被指定，这折射 207右
出当时住房情况的紧迫性。这是田园城市运动史上的一个开创性时刻，奥斯本本人作为最坚定的活动者，足以对他自己的贡献感到自豪。他如此干练地从霍华德手中接过接力棒：“我认为我个人一直是新镇政策演变的决定性因素，这一演变在历史上是极其重要的。我的意思是，没有我的狂热信念和坚持不懈的写作、演讲，尤其是游说，《1946年新镇法》无论如何都不会出现。”（Mumford and Osborn，1971，p327）

事实上，这一时期形成的新镇，已被证明是原来的田园城市理念的远亲：比起霍
华德所青睐的理想规模大得多，住房需求比选择在那里定居的人要多得多，有更大的 208左
商业因素（牺牲了公民），并将金融和其他东西的控制牢牢地掌握在政府机构手中。但连续几代新镇是战后建成的，虽然它们与田园城市截然不同，但是它们为拥挤的城市生活提供替代品，这一点足以自夸。在它们的第一个50年里，大约130万人在英国28个新镇找到了新的家园和工作（Hall and Ward，1998，p53）。如果你考虑已经居住在指定区域的人口数量，新镇人口大约高达200万。

1951年正在建设中的彼得利新镇（Peterlee）

从英国工党执政期间的1946—1950年开始，新镇开发的第一阶段是最集中的，总共不少于14个。其中8个新镇位于伦敦附近的圆环中，以解首都的燃眉之急。其余的新镇开发被划分在其他的重要城市范围之内，为经过规划的蔓延外拓，提供类似目的的机会[类似为格拉斯哥而建的东基尔布赖德（East Kilbride）]；而例如彼得利新镇（Peterlee），主要是为了把新的行业吸引到萧条衰退地区，或者例如科比（Corby）新镇的例子，选它是为了支持新钢厂的选址位置。这些都是在战后工党政府的勇敢新世界中进行的大胆实验，但从一开始他们就招致了批评。当第一位城乡规划大臣刘易斯·斯尔金（Lewis Silkin），在1946年4月参观了斯蒂夫尼奇的选址场地时，示威者们把火车站名改作了“Silkingrad”[斯尔金姓氏（Silkin）的变体——译者注]，以愤怒的声音叫他独裁者。从各种可能性而言，人们对规划的动机也深表怀疑。

事实上，有一些人对这个理念感到不快，而另一些人则指出了第一个新镇的缺
208右 点（尤其是与霍华德的理想相比），但是记录显示，在第一代新镇的土地上，一些实实在在的成就得以实现。例如，戴维·洛克（David Lock）在另一个靠近伦敦的先锋新镇哈洛（Harlow）所呈现的那样，深受居民欢迎。他把哈洛新镇的成功，归功于哈洛的主要设计者弗雷德里克·吉伯德（Sir Frederick Gibberd）爵士的一贯影响和承诺。吉伯德[跟昂温和帕克在莱奇沃思所发挥的作用很像]成功地将小镇的设计与起伏的景色结合在了一起。设计具有连贯性，从小镇的许多地方都可以看到醒目的小镇中心，另外，表达明确的社区结构，使得当地居民和游客都很容易“读懂”。不过，获得满意度最高的是住宅，有带质感的精致细节和完备的设施：“人们对它青睐有加。”（Lock，1983，p214）

20世纪50年代期间，只有一年（1950年——译者注）不是英国保守党执政，保守党对新镇项目的热情不高，只在名单上增加了一个坎伯诺尔德（Cumbernauld）。坎伯诺尔德被有意设计成一种更集中的城市形式，为从附近的格拉斯哥迁居过来的人们提供了熟悉感。在早期，当第一批居民可以把新环境和他们在格拉斯哥所知道的可怕环境进行比较时，他们对这个小镇的满意度很高。但是或许不可避免，一旦这座城市变得成熟，它就会像现代英国其他城市一样遭到批评（Middleton，1983，p218—231）。

接下来的10年中，特别是在1964年工党政府重新执政之后，新镇的第三阶段，又增加了13个。其中几个，例如斯凯尔默斯代尔（Skelmersdale），意在承接来自利物浦的外溢蔓延，是由即将离任的保守党政府发起的。后来的设置反映了更广泛的目标
209左 和更大的运作规模。其中包括标志性的新镇米尔顿凯恩斯（Milton Keynes），于1967

年设置，规划人口 25 万。也许，米尔顿凯恩斯比任何其他新镇都更代表了一种新的规划方式，它一方面应对汽车时代的挑战，另一方面，又寻求保留从一开始就构成新镇特色的邻里关系。米尔顿凯恩斯是一个人人都爱恨交加的地方，除了那些住在那里的人。它占地广袤，类似铁篦子的网格状道路系统让交通保持畅通，但失去了它的汽车游客，在寻求自我推销的过程中，它有时被外人视为过于花哨。批评人士很快就发现了问题，但在很多方面，这是一次出色的成功。它有效解决了早期新镇所遇到的大多数问题，它的尺度很大，使其能够提供特别高水平的设施。雷·托马斯（Ray Thomas）称，“米尔顿凯恩斯的规划，代表了专业精神的极致。”（Thomas，1983，p249）尽管取 209 右
得了成功，但发生剧烈变化的政策即将来临。

由于政策的 180° 大转弯，1973 年，位于格拉斯哥附近的斯通豪斯（Stonehouse）面临取消。新镇将逐步减少城市群的传统问题，是人们长久以来的一种期望。但是 20 世纪 70 年代的政治家被迫一点一点地面对这样一个事实，即这一现象没有出现。现在被称为“内城”（inner city）的问题不容忽视；此外，这并非仅仅是住房不足的问题，而是一个涵盖了高犯罪率、高于平均失业率、种族冲突威胁，以及后来被称为社会排斥（social exclusion）的整个问题。是时候把所有可用的资源都集中在日益衰败的内陆城市上了，1977 年，负责城市事务的时任国务大臣的彼得·索尔（Peter Shore）证实了这一决定：英国将不再建新镇。

自《1946 年新镇法》颁布，一晃 30 年过去了，在这期间，英国和海外的新镇建设如火如荼。自从第一个田园城市的试验以来，规划师和建筑师们就认可了英国的先

1979 年，新镇米尔顿凯恩斯（Milton Keynes）鸟瞰。新镇正在建设，不过，铁篦子一样的结构已经清晰可辨

锋角色，而其他国家由于种种原因，纷纷寻找新镇来满足自己的定居集聚区需求。荷兰和以色列，中国香港和日本，法国和芬兰，是为数不多的为新镇找到了安身之地的国家和地区。矛盾的是，虽然英国长期以来已经放弃了把新镇作为一项有效的政策，但这一想法仍然在其他地方吸引着活跃和持续的兴趣。

《明日》之今天

田园城市和新镇，现在好像理所应当的就是历史学家的研究对象，时尚的规划专
210左 家甚至认为它们应该被打入史册的冷宫。难道在摇摇欲坠的维多利亚时代的暮年，一
个速记员兼昔日发明家写的一本东西，在一个完全不同的时代，还值得一提吗？那么
多我们现在认为理所当然的东西，霍华德基本上都会认不出来。然而，值得注意的是，
就当时来说，田园城市的一些理念是一剂灵丹妙药，它有一种适应性，即便放到今天，
它的魅力丝毫不亚于100多年前第一次开出的药方。它是为特定的文化背景而设计的，
带有一种老派的古板，但事实证明，其中的一些元素既持久又能适用于广泛不同的环境。
210右 霍华德所倡导的人类住区尺度、城乡一体化、管理运营田园城市的独特方式，以及这
一思想内在的朴素简明，都经得起当代的审视。

多重景观，夜晚的米尔顿凯恩斯城市。2000年竣工，有购物中心、餐厅、多屏幕影院、保龄球馆和3个175米高的滑雪场和滑雪道

事实是，一旦新镇政策被弃之如敝屣，立马就会有恢复霍华德田园城市倡导的新尝试出现。1975 年的一篇论文“自助新镇”（The do-it-yourself new town）中，科林·沃德提出了建设社区的新概念，即居民自己将直接参与规划、设计和建设自己的住宅和街区。在城乡规划协会的鼓励下，人们广泛地讨论了他的想法。1979 年，正是这家机构（回归本源）发布了“第三批田园城市”（A Third Garden City）的大纲。这个摘要是为了建立一个新的社区：

> “人类的尺度；基本的合作经济；城市和乡村的联姻；由社区控制它自己的开发和它创造的土地价值，以及社会环境的重要性，使个人能够发展自己的思想，并与邻居合作共管自己的事务。”（TCPA，1979）

后面的 10 年间，有 3 次为《明日》一书的更新版本注入活力的试验。一个被称为绿色小镇（Greentown），位于新镇米尔顿凯恩斯指定区域内的一些未开发的土地上；第二个是新镇特尔福德（Telford）边界里的莱特摩尔（Lightmoor）。相比之下，伯肯黑德（Birkenhead）的康韦（Conway），才是振兴现有社区的一个真正的尝试。这些尝试与支持者的初衷相去甚远，这也许，不是他们的拥护者想要的结果，更多的是，由于受制于更广泛的政治和官僚体制的结果（Hardy，1991 b，p173—192）。然而，在某种程度上，这些不成功的尝试，重新上演了霍华德在田园城市形态中的基本思想，是城市规划新转折的前兆，在后来的岁月里渐成主流。

莱特摩尔（Lightmoor）：受城乡规划协会影响的自建社区，位于新镇特尔福德（Telford）里，创始人托尼·吉布森（Tony Gibson）在照片中的一侧

211 左 特别能引发现代城市规划者共鸣的，是来源于《明日》这本书的两个因素：一个是创建城市可持续发展的想法，另一个是确保这些城市得到公平和有效的治理。每一个现代规划者都采取了基本的可持续性理念，霍华德自己也会这样做。在这个语境中的可持续性，不仅仅意味着创建和管理城市，还要使今天所做的事情，不会损害明天将在其中生活的人的利益。这恰恰是当时田园城市的目的，也正是因为这个原因，最初的理念才不会是昙花一现。

目前，我们距离创造可持续城市似乎有一点远，其实这个概念非常简单。首先，
211 右 在人类尺度上规划城市是有意义的，这样一来，大多数人可以步行、骑车、通过良好
的公共交通网络或通过现代通信来获得基本的交易活动。霍华德没有解决私家车的问题，但如果他这样做了，他就可能看到需要改变他的田园城市的基本格局，那就是另一码事了。他当时所面临的问题是限制汽车的使用，就像现在一样，跟城市设计的关系不大，更多的是与政治意愿和社会行为有关——至于在《明日》一书中，则是通过他的社区治理理念来处理的。

霍华德也赞成小型集聚定居点，关于这事，可能有争论。人口 3 万左右的聚居点，放在当时也许是很不错的，但几乎不太适合现代世界。建筑师和规划师浪费了大量的时间来争辩一个理想的城市规模，除此之外一无所获。重要的是，在过去 100 年里发生的所有变化，人依然还是人，彼时和此时，人类的尺度差别不多。如果有的话，在现代社会其他方面的尺度更大的情况下，那么更小的地方更有价值；在全球网络的背景下，地方社区具有额外的意义。不同的是，现在有更多的选择来创建小的聚居点，无论是相对隔离，抑或把它们像积木一样搭起来，使其成为更大东西的一部分。在某种程度上，后者是新镇所做的，带有邻里关系或都市村庄，加上有机会获得更高级的服务；而现代通信增加了这种可能性。

同样，霍华德所强调的城乡结合的必要性，依然是一个永恒的理想——是对当下
理解可持续性的一个关键因素，就像原来的田园城市一样，它也并非无懈可击。当然，
212 右 田园城市本身是想为人们提供最好的城市和最好的乡村（如在评注中解释的那样）。这
些组合的特性列在了他著名的"三磁铁"图中。霍华德设计了许多方法来实现这一目标，
包括农业带的位置环绕建成区（许多环绕现代城市的绿带的前身），标示定居点的界限，
213 左 同时供应唾手可得的农产品。并不是说现在就容易复制，现代农业生产、消费者偏好
和国际贸易的格局已被严重扭曲。但至少开了一个头，而且农民的市场越来越受欢迎，
这是一个令人鼓舞的迹象，表明还有可能在更大范围内进行。

213 右 在不同的层次上创造有意义的场所，认同城市和乡村的一体性，这些目的仍然

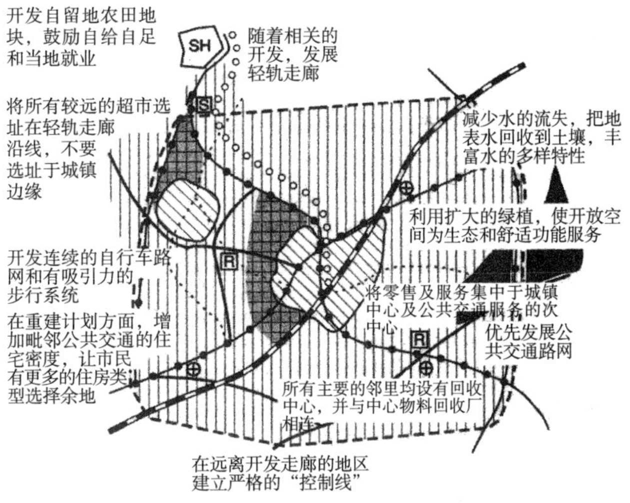

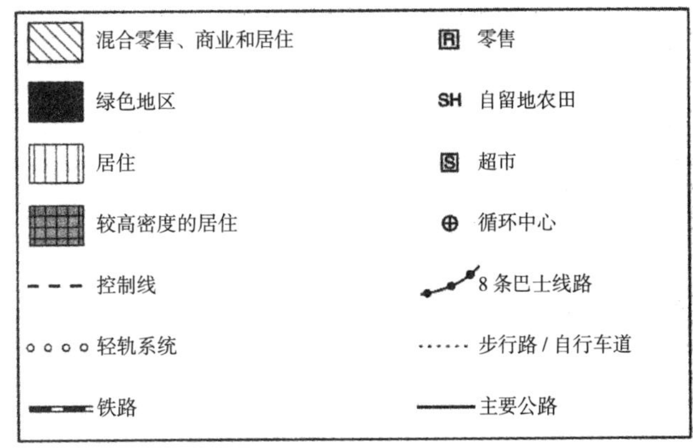

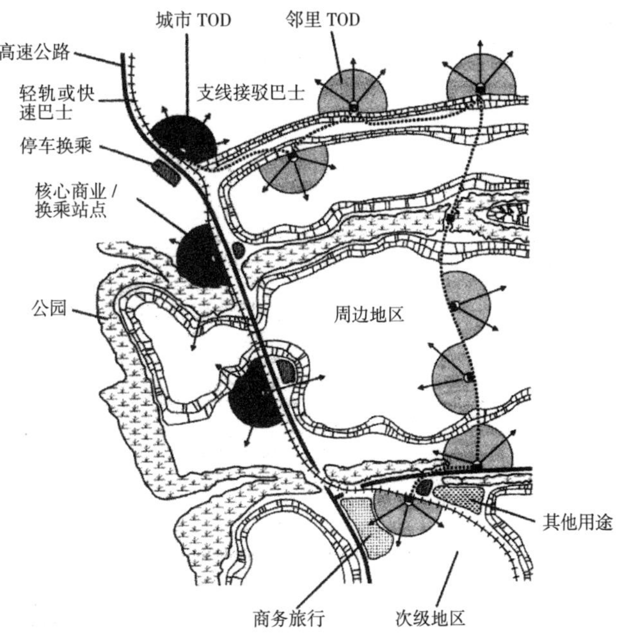

迈克尔·布雷赫尼（Michael Breheny）和拉尔夫·卢克伍德（Ralph Rookwood）的理念，即一个轨道交通连接的可持续的田园城市群，由城乡规划协会（TCPA）1993年在英国出版，而同年，彼得·卡尔索普（Peter Calthorpe）在加利福尼亚出版了他的以公共交通为导向的社区图示（TODs）。他们各自独立研究的成果，却表现出不可思议的相似之处。1998年，彼得·霍尔和科林·沃德发表了从伦敦出发的依靠轨道交通连接的50—90英里（80—140公里）范围的3个城市群概念；其中一个是麦西亚城（Mercia，见后页图），英国政府的2003年“可持续社区”提案，似乎有这条交通廊道的影子

是有魅力的理念——在当代的语境下，可以以各种方式看到。《可持续环境的规划》（Planning for a Sustainable Environment）（Blowers，1993）这份报告，众说纷纭，城乡规划协会（TCPA）对这场正在进行的辩论，适当地作出了自己的贡献。在这方面，为可持续发展确定了 5 项目标：保护土地和其他不可再生资源；开发建设与自然和谐；避免污染和其他方面的不健康环境；社会平等，以确保富裕国家的目标不是以贫穷国家为代价实现的；振兴社区和有效的政治参与。这些都是当代的目标，但每个目标都与霍华德本人的“真正改革的和平之路”产生共鸣。安德鲁·布洛尔斯（Andrew Blowers）点明了这一层意思，他在报告中承认，“可持续性所要求的更平衡和自理的城市地区，已经在某种程度上，被视作霍华德的田园城市和后来的那些新镇。”（Blowers，1993，p174）

215左 霍华德的理念也体现在其他有些颇为出人意料的地方。在实际的层面上，它是当代的新城市主义的源流之一。新城市主义者对田园城市遗产的某些方面带有批判，尤其是对其一些混合版本的过低密度（Garvin，1998），但在其他方面有共性。新城市主义起源于美国，它的兴起是对美国城市化的蔓延和分区法规带来的僵化所作的回应。拥护者把它描述为“创造和恢复多样性、步行、紧凑、充满活力、混合使用的社区……

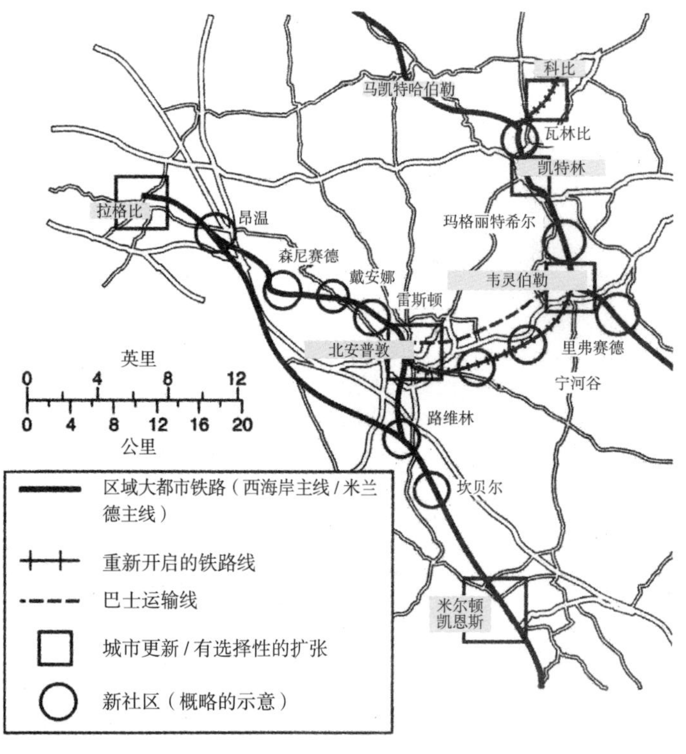

彼得·霍尔和科林·沃德在他们自己的著作《社会城市》（Sociable Cities）和本书的评注里，描述了现代版本的“社会城市”。他们断言“霍华德的百年老处方依然疗效非凡。”（Hall and Ward，1998，p209）他们认为，尤其是城乡磁铁的示意图和社会城市的概念，在现代完全适用。在满足英国东南部住房需求的背景下，他们提出了一些发展廊道——沿线将是一组定居点，每一个都由高速铁路与其他运输线路服务连接起来，两两之间有保护性的大片景观地块

214

莱奇沃思住房和高街今貌

（有）住房、工作场所、商店、娱乐场所、学校、公园和居民日常生活所必需的文娱设施，都在彼此方便的步行距离内。”（www.newurbanism.org）如果莱奇沃思是田园城市运动皇冠上的明珠，那么新城市主义者可以创造他们自己的典范——在佛罗里达海岸的滨海市（Seaside）。滨海市设计于20世纪80年代，建筑师是安德烈斯·杜安尼（Andres Duany）和伊丽莎白·普拉特–齐贝克（Elizabeth Plater–Zyberk），滨海市是一次重返老派小镇生活的价值的尝试。

也许，在回顾与当下最相关的内容时，很容易就会过度关注田园城市物质层面的魅力和后续的应用情形。这些都是重要的，但霍华德极其重要的才华肯定是在《明日》一书中经营土地价值和解决公共治理的字里行间。简而言之，通过田园城市，一代又一代的居民有机会享受土地增值的果实，而这些土地增值将保留在他们的共同所有权中。通过这种方式，他们的社会公共事业领域将永远都会有良好的捐助；实际上，每个田园城市都可以成为自给自足的福利国家。毋庸置疑，霍华德对这些想法进行了相当细致的研究，因为这些是《明日》一书中真正具有革命性的篇章。

尽管最初的概念曾经受到过质疑和曲解，只要造访一下现代的莱奇沃思，仍然可以说明这个简洁朴素的概念有多么强大。虽然，霍华德自己的总体利润分享计划，在一开始就被创始人否决了，但是双方达成了某种妥协，田园城市公司的股东获得一部
215右 分适度利润，另一部分利润返还社区，在两者的比例之间取得了平衡。从长远来看，唯一的问题是，田园城市公司的成功，让它向房地产投机者和开发公司的利益敞开了大门，这种情况在20世纪60年代达到顶峰，当时发生了一起涉及敌意收购的动荡事件。经过漫长的政治和法律纷争，才以莱奇沃思田园城市公司（Letchworth Garden City Corporation）的形式把它重新夺了回来。1995年，又改作了一个具有慈善身份的产业和互助会——莱奇沃思田园城市遗产基金会（Letchworth Garden City Heritage Foundation）（Hardy，2002）。

基金会有效拥有5300英亩莱奇沃思地产，还有9亿英镑的资产。尽管许多个人财产现在都是在永久保有的，但根据一个特殊的管理计划，莱奇沃思基金会仍然对可以做的事情保持直接控制。这个基金会所能施加的影响，就是它的工作可以与地方当局北赫特福德郡区议会（North Hertfordshire District Council）并驾齐驱。虽然后者是地方的规划当局，申请若提交给它，但假若没有事先征得基金会的同意，什么也做不成。通过有效的设计导则，基金会确保田园城市的所有优点都得到合理的保护。更甚的是，基金会每年将其持有收益中的一部分返还给社区，这一比例远远超过了任何地方当局对于这个规模的小镇通常能够支付的费用。

虽然莱奇沃思辜负了霍华德最初的愿景，但比起大多数（如果不是所有）其他规模大小差不多的地方，它仍然提供了一个更好的生活和工作环境。这一区别可以归因于对最初计划的眷顾，最重要的是，对集体所有权和累积财富的启发性思考。一个小镇信托的理念并不复杂，但可悲的是，它没有广泛地用在别的地方。

要说明这一点，不妨可以访问任何一个其他现代城市，它们都在讲述一个失去机 216左
会的故事。即使在英国里程碑式的新镇项目，事实证明也是一个远离霍华德简朴蓝图的世界。尤其是，国家不愿意与生活在其中的人有效地分享权力，或确保共同提高价值。事实上，越来越明显，新镇的资产（正如霍华德在田园城市所预期的那样）价值越是不断提升，累积的财富会被返还给社区的可能性反而越小。因此，在 1959 年，成立了新镇委员会（Commission for the New Towns），以便在最初的开发公司正式清盘时处理这些资产。大约 20 年后，当时的首相玛格丽特·撒切尔（Margaret Thatcher）指示委员会将剩余资产出售给私人买主，并将大部分收益归还国库。

在英国的其他地方，这个故事更令人沮丧。在过去的几年里，连续几届政府在行使权力时，权力变得越来越集中，削弱了地方政府的力量。就连新工党（New Labour）最近创立的城市市长制度，也在一开始就遭到破坏，因为不愿意让实际的预算或自由裁量权，交由地方一级作出真正重要的决定。地方政府软弱无力的结果是，社区得不到良好的服务：既没有强有力的区域领导或次级区域领导，也没有有效地在真正的地方一级提供基本服务的能力。

当然，霍华德撰写《明日》这本书的时候，伦敦和其他城市的情况比现在糟糕得多。在 19 世纪，几十年的快速增长并没有提供足够的住房和其他服务。这不是重点：事实
上，霍华德提出他的想法是为了解决当时的问题，也为了确保每个人的未来都更加光 216右
明。他是一个永远的乐观主义者，但也是一个现实主义者。霍华德说过，“在人类的计划中，一个人永远不应该过于现实”；但是，尽管有人批评他的著作过于乌托邦，事实是，它完全是实用的（Howard, in Beevers, 1988, p184）。他的计划是冷静的，并不古怪。在用到它们的地方，无论它们的作用有多么局部、多么有限，都能收到成效。可悲的是，完全明智的、高度可行的理念被如此广泛地摒弃埋没，不仅是在《明日》这本书刚刚出版发行的时候，而且在之后的岁月里都是如此。

1917 年，被誉为“当代奥斯本”的另一个田园城市活动家 C·B·普德姆（C. B. Purdom），表达了一些忿忿不平的情绪：“试想一下，这对英国意味着什么，如果没有盲目的建设和大城镇的增多，新的建设机会将是建造 50 个以上、人口超过 5 万的小镇（这个规模大于霍华德的理想），它们是公民意识和自豪感的聚集之地，可重塑地方生活和

风俗，使我们国家的生活丰富多彩。”（Purdom，1917，p17）

想象一下，这将意味着什么，在21世纪初，不仅是霍华德所在的英国，还有世界各地更多的国家在努力进行城市建设。如果他们能在某种程度上，适当地借鉴霍华德的出色成果所带来的品质：一个乌托邦式的愿景，一种全方位的、更美好的城市生活方式，再加上切实可行的常识，这一切就能够实现。也许，《明日》真正的遗产是告诉我们，如果我们这样想，把广阔的愿景和平凡的无数个细节、点点滴滴的小事情，踏踏实实地结合起来，就能真正地打造一个几乎超出我们现在想象的城市世界。

参考文献

Aalen, F.H.A. (1992) English origins, in Ward, S.V. (ed.) *The Garden City: Past, Present and Future*. London: Spon, pp. 28–51.

Aldridge, M. (1979) *The British New Towns: A Programme without a Policy*. London: Routledge & Kegan Paul.

Ambrose, P. and Colenutt, R. (1975) *The Property Machine*. Harmondsworth: Penguin Books.

Ashworth, W. (1954) *The Genesis of British Town Planning: A Study in Economic and Social History of the Nineteenth and Twentieth Centuries*. London: Routledge & Kegan Paul.

Bailey, J. (1955) *The British Co-operative Movement*. London: Hutchinson's University Library.

Barker, T.C. and Robbins, M. (1974) *A History of London Transport*. Vol. II. *The Twentieth Century to 1970*. London: George Allen and Unwin.

Beaufoy, H. (1997) 'Order out of chaos': The London Society and the planning of London 1912–1920. *Planning Perspectives*, **12**, pp. 135–164.

Beer, M. (ed.) (1920) *The Pioneers of Land Reform*. London: G. Bell and Sons.

Beevers, R. (1988) *The Garden City Utopia: A Critical Biography of Ebenezer Howard*. London: Macmillan.

Bendixson, T. and Platt, J. (1992) *Milton Keynes: Image and Reality*. Cambridge: Granta Editions.

Benevolo, L. (1967) *The Origins of Modern Town Planning*. Cambridge, Mass.: MIT Press.

Blatchford, R. (1976, 1893) *Merrie England*. London: Journeyman Press.

Blowers, A. (ed.) (1993) *Planning for a Sustainable Environment*. London: TCPA.

Breheny, M. and Rookwood, R. (1993) Planning the sustainable city region, in Blowers, A. (ed.) *Planning for a Sustainable Environment*. London: Earthscan, pp. 150–189.

Buckingham, J.S. (1849) *National Evils and Practical Remedies, with the Plan of a Model Town . . . Accompanied by an Examination of some important Moral and Political Problems*. London: Peter Jackson.

Buder, S. (1990) *Visionaries and Planners: The Garden City Movement and the Modern Community*. Oxford: Oxford University Press.

Bunker, R. (1988) Systematic colonization and town planning in Australia and New Zealand. *Planning Perspectives*, **3**, pp. 59–80.

Bunker, R. (1998) Process and form in the foundation and laying out of Adelaide. *Planning Perspectives*, **13**, pp. 243–256.

Calthorpe, P. (1993) *The Next American Metropolis: Ecology, Community, and the American Dream*. Princeton: Princeton Architectural Press.

Calthorpe, P. and Fulton, W. (2001) *The Regional City: Planning for the End of Sprawl*. Washington: Island Press.

Chase, S. (1925) Coals to Newcastle. *The Survey*, **54**, pp. 143–146.

Cherry, G.E. (1994) *Birmingham: A Study in Geography, History and Planning*. Chichester: Wiley.

Clark, C. (1951) Urban population densities. *Journal of the Royal Statistical Society A*, **114**, pp. 490–496.

Clark, C. (1957) Transport: maker and breaker of cities. *Town Planning Review*, **28**, pp. 237–250.

Clark, C. (1967) *Population Growth and Land Use*. London: Macmillan.

Darley, G. (1975) *Villages of Vision*. London: Architectural Press.

Deakin, D. (ed.) (1989) *Wythenshawe: The Story of a Garden City*. Chichester: Phillimore.

Douglas, R. (1976) *Land, People & Politics: A History of the Land Question in the United Kingdom, 1878–1952*. London: Allison & Busby.

Edwards, A. Trystan (1933) *A Hundred New Towns for Britain*. London: Simkin Marshall.

Evans, G.E. (1983) *The Strength of the Hills: An Autobiography*. London: Faber.

Fishman, R. (1977) *Urban Utopias in the Twentieth Century: Ebenezer Howard, Frank Lloyd Wright and Le Corbusier*. New York: Basic Books.

Garvin, A. (1998) Are garden cities still relevant? *Proceedings of the 1998 National Planning Conference*, AICP Press (http://www.asu.edu/caed/proceedings98/Garvin/garvin.html).

Girouard, M. (1985) *Cities and People: A Social and Architectural History*. New Haven: Yale University Press.

Graybar, Lloyd J. (1974) *Albert Shaw of the* Review of Reviews*: An Intellectual Biography*. Lexington, Kentucky: University of Kentucky Press.

Hall, P. (1974) England *circa* 1900, in Darby, H.C. (ed.) *A New Historical Geography of England*. Cambridge: Cambridge University Press, pp. 674–746.

Hall, P. (2002) *Cities of Tomorrow: An Intellectual History of Urban Planning and Design in the Twentieth Century*, 3rd ed. Oxford: Basil Blackwell.

Hall, P. and Ward, C. (1998) *Sociable Cities: The Legacy of Ebenezer Howard*. Chichester: Wiley.

Hardy, D. (1991*a*) *From Garden Cities to New Towns: Campaigning for Town and Country Planning, 1899–1946*. London: E and FN Spon.

Hardy, D. (1991*b*) *From New Towns to Green Politics: Campaigning for Town and Country Planning, 1946–1990*. London: E and FN Spon.

Hardy, D. (2000) *Utopian England: Community Experiments 1900–1945*. London: E and FN Spon.

Hardy, D. (2002) Letchworth: A ticket to utopia. *Town and Country Planning*, **72**, pp. 76–77.

Hardy, D. and Ward, C. (1984) *Arcadia for All: The Legacy of a Makeshift Landscape*. London: Mansell.

Hoggart, R. (1958) *The Uses of Literacy: Aspects of Working-Class Life with Special Reference to Publications and Entertainments*. Harmondsworth: Penguin Books.

218 Howard, E. (1902) *Garden Cities of To-Morrow: being the Second Edition of 'To-morrow: A Peaceful Path to Real Reform'*. London: Swan Sonnenschein.

Howard, E. (1946) *Garden Cities of To-Morrow*. Edited, with a Preface, by F.J. Osborn. With and Introductory Essay by Lewis Mumford. London: Faber and Faber.

Howard, E. (1985) *Garden Cities of To-Morrow*. New Illustrated Edition, with an introduction by R. Thomas. Builth Wells: Attic Books.

Hughes, M.R. (ed.) (1971) *The Letters of Lewis Mumford and Frederic Osborn*. Bath: Adams and Dart.

Jackson, A. (1993) 'Sermons in brick': Design and social purpose in London Board Schools. *The London Journal*, **18**, pp. 31–44.

Jackson, F. (1985) *Sir Raymond Unwin: Architect, Planner and Visionary*. London: Zwemmer.

Jahn, M. (1982) Suburban development in Outer West London, 1850–1900, in Thompson, F.M.L. (ed.) *The Rise of Suburbia*. Leicester: Leicester University Press, pp. 93–156.

Keynes, J.M. (1933) Alfred Marshall, in *Essays in Biography*. London: Macmillan, pp. 150–266.

Kropotkin, P.A. (1899) *Fields, Factories, and Workshops*. London: Hutchinson.

Kropotkin, P. (1985) *Fields, Factories and Workshops*. New annotated edition edited by Colin Ward. London: Freedom Press.

Krugman, P. (1991) *Geography and Trade*. Leuven and Cambridge, MA: Leuven University Press and MIT Press.

Krugman, P. (1995) *Development, Geography, and Economic Theory*. Cambridge, MA: MIT Press.

Lock, D. (1983) Harlow: The city better. *Built Environment*, **9**, pp. 210–217.

Marshall, A. (1884) The housing of the London poor. I. Where to house them. *Contemporary Review*, **45**, pp. 224–231.

Marshall, A. (1920, 1890) *Principles of Economics*. London: Macmillan.

MacKenzie, N. and MacKenzie, J. (1977) *The First Fabians*. London: Weidenfeld and Nicolson.

Meller, H.E. (ed.) (1979) *The Ideal City*. Leicester: Leicester University Press.

Meyerson, M. (1961) Utopian traditions and the planning of cities. *Daedalus*, **90**, pp. 180–193.

Middleton, A. (1983) Cumbernauld: Concept, compromise and organizational conflict. *Built Environment*, **9**, pp. 218–231.

Miller, M. (1989) *Letchworth: The First Garden City*. Chichester: Phillimore.

Mullin, J.R. and Payne, K. (1997) Thoughts on Edward Bellamy as city planner: the ordered art of geometry. *Planning History Studies*, **11**, pp. 17–29.

Mumford, L. (1946) The Garden City idea and modern planning, in Howard, E., *Garden Cities of Tomorrow*, London: Faber and Faber, pp. 29–40.

Mumford, L. and Osborn, F.J. (edited by Hughes, M.R.) (1971) *The Letters of Lewis Mumford and Frederic J. Osborn: A Transatlantic Dialogue 1938–70*. Bath: Adams and Dart.

New Townsmen (1918) *New Towns after the War*. London: Dent.

New Urbanism (http://www.newurbanism.org)

Osborn, F.J. (1946) Preface, in Howard, E., *Garden Cities of Tomorrow*. London: Faber and Faber, pp. 9–28.

Osborn, F.J. (1950) Sir Ebenezer Howard: The evolution of his ideas. *Town Planning Review*, **21**, pp. 221–235.

Osborn, F.J. (1970) *Genesis of Welwyn Garden City: Some Jubilee Memories*. London: TCPA.

Owens, S.E. (1986) *Energy, Planning and Urban Form*. London: Pion.

Perkin, H. (1989) *The Rise of Professional Society: England since 1800*. London: Routledge.

Plowden, W. (1971) *The Motor Car in Politics 1896–1970*. London: The Bodley Head.

Purdom, C.B. (1917) *The Garden City after the War*. Letchworth.

Putnam, R.D. (2000) *Bowling Alone: The Collapse and Revival of American Community*. New York: Simon and Schuster.

Reid, A. (2000) *Brentham: A History of the Pioneer Garden Suburb 1901–2001*. Ealing: Brentham Heritage Society.

Reiner, T.A. (1963) *The Place of the Ideal Community in Urban Planning*. Philadelphia: University of Pennsylvania Press.

Reiss, R.L. (1918) *The Home I Want*. London: Hodder and Stoughton.

Richardson, B.W. (1876) *Hygeia: A City of Health*. Reprinted (1998) in LeGates, R. and Stout, F. *Selected Essays (Early Urban Planning 1870–1940*, Vol. I), n.p. London: Routledge.

Robson, E.R. (1874) *School Architecture. Being Practical Remarks on the Planning, Designing, Building, and Furnishing of School Houses* . . . London: John Murray.

Saiki, T., Freestone, R. and van Rooijen, M. (2002) *New Garden City in the 21st Century?* Kobe: Kobe Design University.

Scott, A.J. (1986) Industrial organization and location: Division of labor, the firm and spatial process. *Economic Geography*, **62**, pp. 215–231.

Scott, A.J. (1988*a*) *Metropolis: from the Division of Labor to Urban Form*. Berkeley: University of California Press.

Scott, A.J. (1988b) Flexible production systems and regional development: The rise of new industrial spaces in North America and Western Europe. *International Journal of Urban and Regional Research*, **12**, pp. 171–186.

Scott, A.J. and Storper, M. (ed.) (1986) *Production, Work, Territory: The Geographical Anatomy of Industrial Capitalism*. Boston: Allen and Unwin.

Shaw, Albert (1895*a*) *Municipal Government in Great Britain*. New York: Century Company.

Shaw, Albert (1895*b*) *Municipal Government in Continental Europe*. New York: Century Company.

Shaw, G.B. (1919) *Heartbreak House. Great Catherine. O'Flaherty V.C. The Inca of Perusalem. Augustus does his Bit. Annajanska, the Bolshevik Empress*. London: Constable.

Skilleter, K.J. (1993) The role of public utility societies in early British town planning and housing reform, 1901–36. *Planning Perspectives*, **8**, pp. 125–165.

Stern, R.A.M. (1986) *Pride of Place: Building the American Dream*. Boston: Houghton Mifflin.

Stone, P.A. (1959) The economics of housing and urban development. *Journal of the Royal Statistical Society A*, **122**, pp. 417–476.

Stone, P.A. (1973) *The Structure, Size and Costs of Urban Settlements*. Cambridge: Cambridge University Press (National Institute of Economic and Social Research, *Economic and Social Studies, XXVIII*).

Tarn, J.N. (1973) *Five per cent Philanthropy: An Account of Housing in Urban Areas between 1840 and 1914*. Cambridge: Cambridge University Press.

Thomas, R. (1983) Milton Keynes: A city of the future. *Built Environment*, **9**, pp. 245–254.

Thomas, R. (1996) The economics of the new towns revisited. *Town and Country Planning*, **65**, pp. 305–308.

TCPA (1979) A Third Garden City Outline Prospectus. *Town and Country Planning*, **48**, pp. 226–235.

Wakefield, E.G. (1849) A View of the Art of Colonization, with Present Reference to the British Empire; in Letters between a Statesman and a Colonist. Edited [or rather written] by E. G. W. London: n.p.

Ward, C. (1989) *Welcome, Thinner City*. London: Bedford Square Press.

Ward, C. (ed.) (1993) *New Town, Home Town: The Lessons of Experience*. London: Gulbenkian Foundation.

Ward, S.V. (ed.) (1992) *The Garden City: Past, Present and Future*. London: E and FN Spon.

Wells, H.G. (1902) *Anticipations of the Reaction of Mechanical and Scientific Progress upon Human Life and Thought*. London: Chapman and Hall.

索　引 219

本索引列出的页码均为原版书页码。为方便读者检索，已将原书页码作为边码附在中文版相应句段左右两侧。

注：图片（与图注）页码用斜体字表示

H= 埃比尼泽·霍华德（Ebenezer Howard）

E

F

G

H

R

S

T

U

W

附　《明日的田园城市》后记[*]

《明日的田园城市》这本书，实质上是1898年底出版的《明日——真正改革的和平之路》(以下简称《明日》)一书的修订再版。到目前为止，一直关注我的读者，可以有兴趣来了解一下，为实现当时提出的计划，已经做了什么，以及打算做什么。我会尽量回答这些问题。

首先，我察觉到的第一件事，是要让这个项目广为人知——这个城市在我自己的脑海里栩栩如生，那么或多或少，也必须在别人那里栩栩如生，在渴望把它孵化培育出来之前，要创建一个步骤，才能明智地把这个项目落地成型。我完全意识到，摆在面前的任务是一项最艰巨的任务，需要从事过形形色色人类活动的男女老少的通力合作[1]；要把其中的许多人都招募参与进来。城市建设，作为一项要深思熟虑的事业，确实是一门失传的艺术，至少在英国是这样的，这种艺术不仅要复兴，而且要解决一些更细微的问题，超过先前干过这一行的人所能想象的。像亚历山大大帝(Alexander)和腓力二世(the Great and Philip Ⅱ)这样的独裁者，能够根据深思熟虑的成熟计划建设城市，因为他们可以用武力来实现自己的意愿。但是，在一群自治的民众里面，一个表面上露出渴望以求确保所有居民最大利益的城市，只能多些耐心和持久努力才能开花结果。另外，第一次建设这样的城市，肯定涉及各行各业的合作，而且以一种未经尝试的方式；何况，由于要保护个人自由和社区利益，所以要做大量的工作，以便为成功开展这一实践铺平道路。

我的任务——几乎都不是我自己强加的，因为当我许多年前开始调查的时候，做梦也想不到它们会把我带去哪里。由于我的职业性质而变得步履维艰，可这是我不会放弃的，因此，我只能把零碎的时间和精力用在这项工作上。幸运的是，我并不是没有得到帮助。首先媒体来帮助我。《明日》一书引起了广泛的注意。在种类繁多的

* 本文是霍华德为1902年版《明日的田园城市》所作的(Ebenezer Howard. *Garden Cities of To-morrow*，London: Swan Sonnenschein Co. & LTD.，1902，p161—167)。属于公有版权，为译者所加。——译者注

1 女性的影响常常被忽视。当田园城市建成时(不久就会建成)，女性在工作中的份额将会很大。妇女是我们最活跃的传教士之一。

期刊上，许多书都会获得更全面的书评，但很少会受到关注，但《明日》却获得了好评。除了伦敦和各省的日报、周报外，这个项目还在持不同观点的各种期刊上得到了好评。我顺带提一下，只是为了说明这一点：《商业》(Commerce)、《乡村绅士》(Country Gentleman)、《旁观者》(Spectator)、《闲暇时光》(Leisure Hour)、《法院通告》(Court Circular)、《号角》(Clarion)、《建筑工人杂志》(Builder's Journal)、《联邦》(Commonwealth)、《青年》(Young Man)、《议员和监护人》(Councillor and Guardian)、《女士画报》(Ladies' Pictorial)、《公共卫生工程师》(Public Health Engineer)、《市政杂志》(Municipal Journal)、《阿尔戈斯》(Argus)、《素食主义者》(Vegetarian)、《煤气照明杂志》(Journal of Gas Lighting)、《劳工合作伙伴关系》(Labour Copartnership)、《医院》(Hospital)、《兄弟情谊》(Brotherhood)、《市政改革者》(Municipal Reformer)。

这种引起各界兴趣的原因也不难理解。事实上，这个项目涉及生活的每一个方面，一旦实施，将是一个实物教学，一定会产生深远而有益的结果。

虽然我的目标得到了普遍认可，但是人们经常对它们的可读性表示怀疑，尤其是在最初的时候。对于这一点，《泰晤士报》说："行政、税务等方面的细节工作都做得很完善。唯一的困难是创建城市，但这对乌托邦主义者来说是一件小事。"如果是这样的话，那么，从《泰晤士报》自身的表现来看，我并不是一个乌托邦主义者，因为对我来说，创建城市是我长期以来的目标，对我来说也并非"小事"。不过，几个月后，《煤气照明杂志》非常有力地阐述了我的观点："为什么城镇的创建是一个无法克服的困难？根本不是这样。目前，在伦敦有大量的素材，可以试探性地实现霍华德的理想城市。一次又一次的有消息说，伦敦的一些公司因为商业原因把他们的工厂迁到了拉格比(Rugby)、邓斯特布尔(Dunstable)或海威科姆(High Wycombe)。要使这一运动系统化，并带给这个古老的国家一些新城镇，让有智慧的设计来指导经济力量的社会运行，应该是可行的。"

我在业余时间宣讲田园城市，《明日》出版之后的第一次演讲，是1898年12月，在教区路公理教会(Rectory Road Congregational Church)，北斯托克纽因顿(Stoke Newington, N.)，主席是英国精算师学会(Institute of Actuaries)前任会长杨先生(T. E. Young)，我也获得了伦敦郡议会委员福尔曼医生(Dr. Forman, A. L. C. C.)、伦敦郡议会委员弗莱明·威廉姆斯牧师(Rev. C. Fleming Williams, A. L. C. C.)、伦敦郡议会成员詹姆斯·布朗奇先生(Mr. James Branch, L. C. C.)和伦敦郡议会成员兰帕德先生(Mr. Lampard, L. C. C.)等人的支持。当地一家杂志对这个讲座做了很好的报道，我很快发现，通过讲座，可以扩大人们对这个项目的兴趣，因为这个主题"很好复制"。

因此，我总是尽可能地应邀去演讲，在伦敦、格拉斯哥、曼彻斯特和许多省城演讲过。朋友们也开始提供帮助，J·布鲁斯·华莱士牧师（Rev. J. Bruce Wallace，M. A.）的兄弟会教堂（Brotherhood Church）是第一个就这个项目发表演讲的教堂；我永远也不会忘记，当我听到他简单而有力的阐述时所感到的快乐。

《明日》出版后不久，我开始收到许多信件，而且常常是商人写来的。其中一位是W·R·布特兰先生（W. R. Bootland），他住在沃灵顿（Warrington）附近纽彻奇（Newchurch）的黛西·班克·米尔斯山（Daisy Bank Mills），他热情地称赞该项目是"稳健的业务"，但也可能带来巨大的公共利益。

这样断断续续地工作几个月后，我咨询了一个朋友，F·W·费莱尔先生（F·W·Flear），我们决定最好是成立一个协会，以确保支持者以更系统的方式，制定更完整的计划。因此，1899年6月10日，几个朋友在芬斯伯里路（Finsbury Pavement）70号，注册会计师亚历山大·W·佩恩先生（Alexander W. Payne）的办公室里见面，坦布里奇韦尔斯（Tunbridge Wells）的主教弗雷德先生（Fred），担任田园城市协会的主席——佩恩先生是第一任名誉财务主管，大律师F·W·斯蒂尔先生（Steere）是第一任名誉秘书，他曾为《明日》一书的用途写过一篇很有用的摘要。同月21日，在美国东卡罗来纳州法灵顿街的纪念堂（Memorial Hall，Farringdon Street，E. C.）举行了一次公开会议，会议由立法会议员约翰·冷爵士（Sir John Leng，M. P.）主持。他在很短的时间内，就给了我一个饶有意味的项目大纲，并敦促在场的人支持我完成这项艰巨的任务。在这次会议上成立了一个理事会，在该机构的第一次会议上，资深伦敦郡议会成员（J. P.，L. C. C.）伊德里斯先生（T. H. W. Idris）当选主席。后来，由于身体状况不佳，他辞去了主席一职。不过，他仍然像以往一样坚信田园城市的构想是健全的。

现在，宣讲者开始在全国各地演讲，幻灯片和图表也给他们带来了额外的兴趣。协会稳步发展，成立三个月后，我给"公民"写信："协会成员来自制造商、合作伙伴、建筑师、艺术家、医务人员、金融专家、律师、商人、宗教部长、伦敦郡议会成员，温和派和进步派；社会主义者和个人主义者，激进分子和保守派。"

然而，我们的会员费很少。为了民主，我们把费用降到最低，这样一来不会把任何人拒之门外，但是，遗憾的是，有些人本来可以承担得起更多的会员费。从协会成立直至1901年8月13日——差不多2年多一点，协会的会员费总额才只有241英镑13先令9便士。

田园城市协会突然起了变化。1901年初，当我得知拉尔夫·内维尔先生（Ralph Neville）在《劳资伙伴关系》（Labour Copartnership）一书中表达了他对田园城市项目基本原则的充分认同，我去拜访他时，他马上同意加入我们的委员会，不久，他就被一致推选为主席。大约在同一时间，虽然我们的经济状况不允许我们这样做，但我们有了自己的办公室，雇了一个带薪的秘书，他同意把他的全部时间都用在这项工作上。

田园城市协会非常幸运，吸引了年轻的苏格兰人托马斯·亚当斯（Thomas Adams）一起来打拼。他活跃、精力充沛、足智多谋，去年9月在卡德伯里先生（Cadbury）秀丽的伯恩维尔村（Bournville）举行的一次会议，就是根据他的建议召开的。伯恩维尔村远胜于田园城市协会的其他项目和公开项目，给了我们的会员眼见为实可行性的证明。它令人震撼的成功策划，很多方面像我们自己所做的。[1]

自我们去年12月举行年会以来，我们的成员已从530人增加到1300人，这主要是由于各成员的特别努力。我们的许多朋友，为急于对项目早日进行实验体验，捐助了可观的资金，成立了一家有限股份公司，称作田园城市先锋公司（Garden City Pioneer Company）。一小部分资本约20000英镑，打算用来买地，并准备向公众展示一个完整的场地开发计划，从而可以作出选择——这一方案将符合本书提出的一般原则，但当然在许多细节上有所不同。当然，这个初创公司的认购人将面临相当大的风险。而且，由于利润，即使是在最彻底的成功的情况下，也只是名义上的，将只针对那些对该项目感兴趣的具有公益精神的公民。田园城市协会的秘书将提供这方面的最新信息，并将很高兴地接纳成员。

如果一个人有热切希望实现的理想，并且发现别人帮助他把仅仅作为一种思想而存在的东西表现出来，那么他就不可能比这个人承担更大的责任。我欠着最大的情。写作、讨论、举办公开会议和客厅会议；建议、鼓励和忠告；秘书及其他工作；让他们的朋友知道这个项目；为宣传工作筹集经费。现在，许多人提出捐助相当多的款项来采取实际步骤，他们帮助了我，而且正在帮助我，如果没有他们的帮助，这肯定是不可能的。他们使我的力量倍增一千倍；我从心底感谢他们，他们的努力给我带来了迅速成功的保证。不久，我相信我们将在田园城市见面。

1 由于利华兄弟（Lever Brothers）的好意，今年7月将在柴郡（Cheshire）规划得最为完美的工业村阳光港（Port Sunshine）召开一次会议。

译　跋

霍华德（1850—1928 年）1898 年出版的这本书 *，基于一个社区和经济的模型，尽管书中的很多观点都曾被论述（Howard, 1898, pp103—104），但是，霍华德将其糅合，“发明”了“田园城市”（伦理基础，导言与第 1 章），阐述经营土地价值（第 2 章—第 5 章）和解决公共治理的方法（第 6 章—第 9 章），提出了具体的战略和路径（第 10 章—第 12 章），并试图解决困扰土地改革者多年的难题——如何建设一个理想的社区（愿景，第 13 章—附录），而且，霍华德以插图的方式，希望解释和普及这些观点。

本书试图还原霍华德初版的原貌，并辅以三位城市研究者的评述，但以下几个论题有必要作进一步补充。书中的这些原理在今天仍然具有现实意义。

“万能钥匙”一词在书中只出现一次（Howard，1898，p5），霍华德最初想用它作为书名，他制作了一个扉页，上面有他自己的名字和图解，说明了钥匙及其功能，但是从来没有出版、发表过。霍华德解释，“我冒昧地把我的书叫作‘万能钥匙’，之所以用这个书名，并不完全在于恰好可以用图的形式来表示一把钥匙，设计这把钥匙的目的是打开很多锁，揭开现代的宝藏。”（Beevers，1988，pp40）

如本书彩图 16 所示，霍华德思想体系的核心是科学和宗教的统一，这是他发自内心的追求。可以说，科学和宗教将共同推动一种机制，从而在一片新的土地上，通过“实验或实物教学方法”建设“城乡一体”的新城市，田园城市将和宗教的教义协调一致，因为呼唤的是“社会之爱，自然之爱”，主张“自由结合，土地公有”，推进健康、娱乐、教育方面的改良事宜，既不妨碍自由，也不过分集权，还不侵犯既得利益，所以是真正改革的和平之路。同时，它是独一无二的，没有任何不科学的地方，霍华德解释：

“我认为，相反，所有爱思考的人都会要求它必须完全符合一系列的科

* Ebenezer Howard，To-morrow – a peaceful path to real reform. London：Swan Sonnenschein Co. & LTD.，1898；初版原著再版载于：Original edition with commentary by Peter Hall，Dennis Hardy & Colin Ward，London & New York：Routledge，2003.

学——科学范畴的社会学、伦理学、经济学、卫生学和物理学；艺术范畴的建筑学和工程学，还有绘画和雕塑、景观和农业、音乐和诗歌等，都必须在规划中依次体现，各得其所。因此，这个实践项目在唤起我们天性中宗教的一面和利他主义的同时，也唤起我们对美的爱，甚至唤起我们与生俱来的对物质进步和个人进步的渴望。”（Beevers，1988，pp40—42）

“万能钥匙”这张图及其文字内容，清楚地揭示了田园城市的哲学基础、城镇的土地伦理和社会经济概念的真正含义，以及霍华德实现它的逻辑方法。

针对 19 世纪末伦敦和英国的诸多问题，霍华德的对策方案之一，就是他在“三磁铁”图（见彩图 2 和彩图 3）提出的打造一个新的生活和工作方式：即城乡融合的第三极磁铁“田园城市”。田园城市的理论基石是——“城市生活所有的最有生机和活力的优势，和乡村生活所有的欢愉和美景，也许可以完美结合。”（Howard，1898，p7）

“田园城市”一词的来源有一个漫长的酝酿过程（Beevers，1988，pp40—54），霍华德最初把他的方案称作“新耶路撒冷”（new Jerusalem），可是在推敲、斟酌了“Rurisville”（乡村之城）和“Unionville”（协和之城）两个名字后，最终选定了“Garden City”（田园城市），因为它“在政治上是中立的，但在画面感上是打动人的”。随后，霍华德为了为这一实践铺平道路，开始宣传“田园城市的福音”（Gospel of the Garden City），演讲标题为“理想城市的可行性”（The Ideal City Made Practicable）。

田园城市是一种“自治政区”（commonwealth），类似于托马斯·莫尔（Thomas More）的乌托邦——人口平均分布在一些有管理运营的城镇中，这些城镇有精致的建筑和迷人的花园，周围环绕着一片绿带。这些城镇会把住宅和产业相融合、协调。

更重要的是，这些田园城市，不是一个个孤立的城镇，当第一个城镇达到设定的规模极限时，另一个城市将在不远的地方启动；随着时间的推移，一个由田园城市组成的经过规划的网络将遍布全英国，每一个城市之间都有城际铁路相连，连成一个广袤的多中心的城镇簇群，霍华德把这种愿景称为“社会城市”，社会城市的背景是一个完全开放的乡村。从彩图 14 和彩图 15 中，我们可以看到霍华德的意图是围绕城市的一种区域性合作方法：

1）有一系列的田园城市，与主要城市相连，但每个城市都有自己的身份；

2）随着人们搬入新的规划定居点，这将导致内城地区的复兴；

3）田园城市都有工作机会，但主要的中心城市也有；

4）粮食生产和其他活动可以在开放的乡村和田园城市进行；

5）田园城市有一定的规模限制——建议是 32000 人，以此来防止城市的扩张。

霍华德的田园城市将取代资本主义，成为“自治政区”。全书开篇的第一个注释，就解释“municipality”一词的意思（本书译作“市政自治机构”），不是技术层面上使用的含义，并无建制的含义（This word，‘municipality’，is not used in a technical sense）。霍华德的基本宗旨是通过将土地所有权转移给社区来消灭私人土地所有者；土地租金将为道路、医院、图书馆和学校提供资金，而不是让富人中饱私囊。简而言之，通过田园城市，居民世世代代有机会享受土地增值的果实，而这些土地增值将保留在他们的共同所有权中。

田园城市的核心是城镇市政自治机构对土地的所有权，两者永远不可分割，城镇市政自治机构作为唯一的土地所有者，通过土地的租赁为社区争取到土地的自然增值——即租金——来支付城市和社会服务。通过这种方式，霍华德所提倡的“天然气和水的社会主义”，即由城镇提供非营利性公用事业，永远会有充分的保障；实际上，每个田园城市都可以成为自给自足的一方福利国家。因此，在这个层面上，花园郊区或卫星城，不是自给自足的集聚区，根本不是霍华德所设想的自治田园城市。

网络状“社会城市”中的“田园城市”，不仅是一种新的定居方式，而且是一种新的生活方式的基础。而这种新的生活方式，以“三磁铁”图最下面一行的两个词为基础：自由和合作。自由和合作的基础则是信任，乃至宗教，根本不是农业推动人类出现宗教和社会，而是宗教推动了农业的出现——因为有了共同信仰，没有亲缘关系的人之间才能相互信任，而信任是共同耕作、分享收获的前提。换言之，人类可能先是宗教动物，然后才成为社会动物。

田园城市的每个人自由地生活，但也会自愿在和平的社会合作中走到一起，制定自己的健康和福利计划，为穷人、老人和有需要的人提供服务。而社会城市的发展所创造的土地增值，将为这些行动提供支持，因此而逐步实现土地国有化，并且不会威胁到维多利亚时代资产阶级的利益和信心，是“真正改革的和平之路”。

虽然，田园城市的原则有：本地工作、交通、休闲、文化，可承受的住房、带庭院的住房、绿地空间、自留耕地、亲近乡村、精心设计、本地食物供应等，但是，其中最重要的是长期管理模式和社区资产所有权——允许为当地社区的利益获取土地价值。

霍华德真正原创的成就之一是把新的城镇类型和常见的土地所有权两者，不仅作为控制最初的规划和未来经济增长的一种途径，而且作为保护居民财富的一种来源，并作为人人得以享有未来收益和福祉的一种分配机制。土地价值的经营和市政自治是霍华德“田园城市”的开创性内容之一，是霍华德的“社区的崇高愿景”，是理解霍华德最终方案特征——具体物质形式及其创新模式的线索。

可是，1903 年动工的莱奇沃思在建设过程中，辜负了霍华德最初的合作愿景。这种愿景不仅取决于公民之间的合作，而且还取决于私营部门的参与，私营部门的工厂将提供就业机会。在莱奇沃思，合作契约很快就破裂了。1904 年，因为企业主不同意支付土地租金的上涨部分，而土地租金的上涨是支持地方福利发展所必需的，动摇了霍华德田园城市的运营基石。20 世纪 40 年代，当英国政府以举国之力实施其“新城镇”计划时，它是通过与霍华德的设想截然不同的集权的国有企业来推进的。1962 年，议会通过一项法案，将 1903 年成立的第一田园城市有限公司（First Garden City Ltd.）的资产、角色和责任转让给一家公共部门的组织——莱奇沃思田园城市公司托管。33 年之后，1995 年，议会又通过了一项法案，最终将莱奇沃思田园城市公司的遗产移交给了莱奇沃思田园城市遗产基金会。该基金会是自我运营的公益性组织，把长期收益持续投资于莱奇沃思，为社区提供资金扶持和策划活动等支持，让居民和社区受益；它实际上执行了信托的角色，也就是霍华德在本书第 1 章“城镇 – 乡村磁铁”中提到的“通过信托的方式对土地代为监管”（Howard，1898，p13）。

萧伯纳在霍华德去世后不久写道，霍华德是一个“英勇的傻瓜”。这个修辞很贴切，因为霍华德似乎同时集几对矛盾于一身。他被公认为城市规划的创始人，但是被排除在英国先驱者的万神殿之外（Beevers，1988，pp181—182）。他时而被誉为平衡城市环境的缔造者（Mumford，1965），时而被斥为反城市者（Jacobs，1961）。他既是一个乌托邦梦想家，又是一个务实的发明家，或者用芒福德的话来说，“一个务实的理想主义者……在霍华德看来，田园城市首先是一座城市……正是由于它的城市性，而不是它的园艺性，让田园城市和原有的规划与建设模式一刀两断。”（Lewis Mumford，1965，p520）

霍华德晚年对国际听众说，“在人类的计划中，一个人永远不应该过于现实，困难总是太多，实现的目标只占很小的比例。因此，我们的愿望总该深远一点，以便必要时能打消其中一些愿望；因为大的收获是可望不可即的。损失的百分比只取决于承担损失的理想主义者的热情、精力和毅力。”（Beevers，1988，pp184）

翻译过程中，经过反复商议，仍沿用了约定俗成的“田园城市”译法；个别词汇统一译法如下：“town”（城镇），“landlord”（土地所有者、地主），“municipality”（市政自治机构）。

吕曦、伍梦瑶、杨晓萱、唐华燕、孙亚梅、单月娇、程荣参加了初期的翻译工作，张佳澄协助制作了中文版插图。本书翻译工作得到了国家自然科学基金（课题号 51608184）的资助。

彩色插图

埃比尼泽·霍华德
（Ebenezer Howard，
1903 年）

伊丽莎白·安妮·霍华德
（Elizabeth Ann Howard，
1903 年）

彩图 1

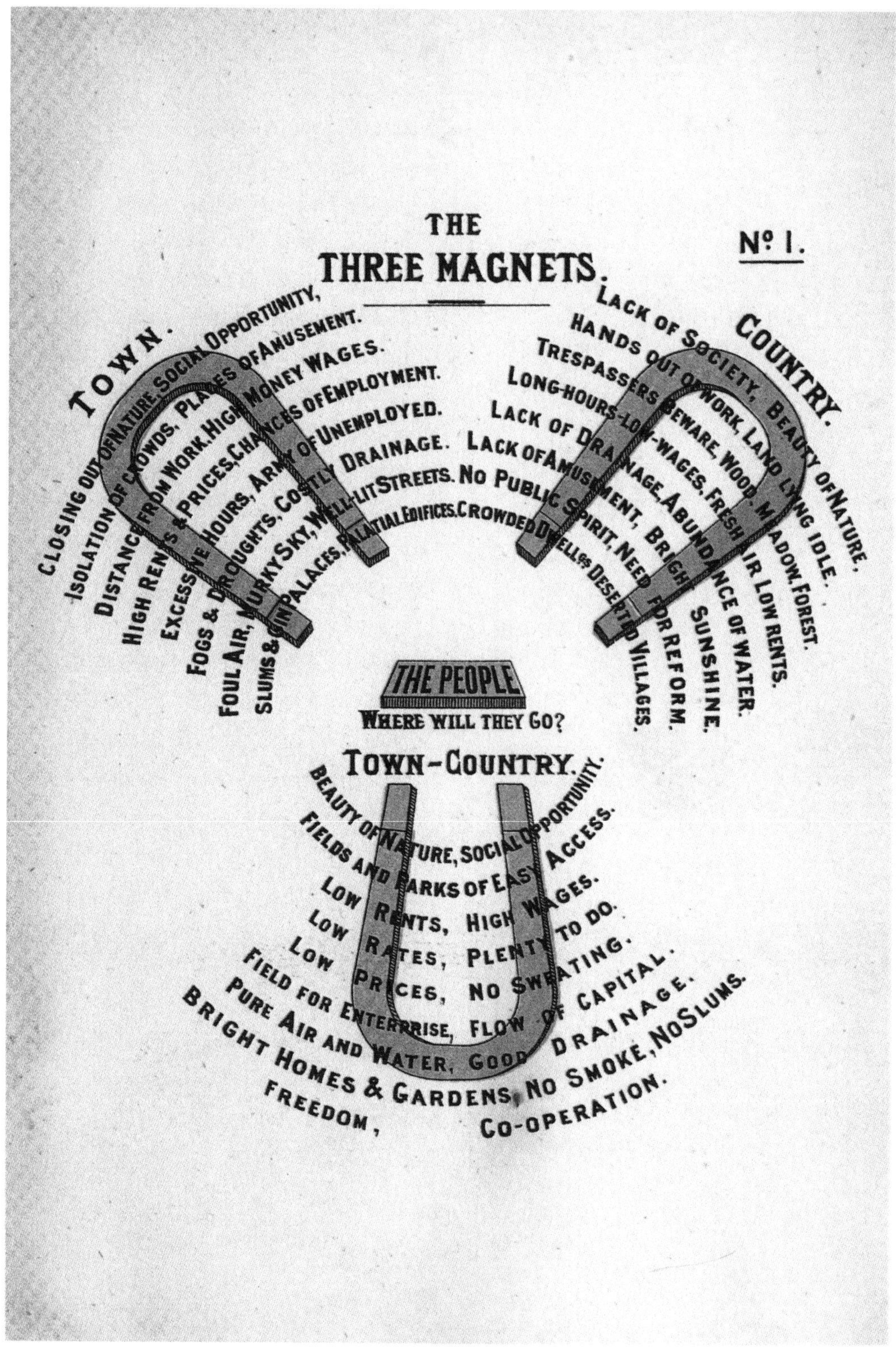
THE
THREE MAGNETS.
Nº 1.
TOWN.
CLOSING OUT OF NATURE, SOCIAL OPPORTUNITY,
ISOLATION OF CROWDS, PLACES OF AMUSEMENT.
DISTANCE FROM WORK, HIGH MONEY WAGES.
HIGH RENTS & PRICES, CHANCES OF EMPLOYMENT.
EXCESSIVE HOURS, ARMY OF UNEMPLOYED.
FOGS & DROUGHTS, COSTLY DRAINAGE.
FOUL AIR, MURKY SKY, WELL-LIT STREETS.
SLUMS & GIN PALACES, PALATIAL EDIFICES.
COUNTRY.
LACK OF SOCIETY, BEAUTY OF NATURE.
HANDS OUT OF WORK, LAND LYING IDLE.
TRESPASSERS BEWARE, WOOD, MEADOW, FOREST.
LONG HOURS-LOW WAGES, FRESH AIR LOW RENTS.
LACK OF DRAINAGE, ABUNDANCE OF WATER.
LACK OF AMUSEMENT, BRIGHT SUNSHINE.
NO PUBLIC SPIRIT, NEED FOR REFORM.
CROWDED DWELLINGS, DESERTED VILLAGES.
THE PEOPLE
WHERE WILL THEY GO?
TOWN-COUNTRY.
BEAUTY OF NATURE, SOCIAL OPPORTUNITY.
FIELDS AND PARKS OF EASY ACCESS.
LOW RENTS, HIGH WAGES.
LOW RATES, PLENTY TO DO.
LOW PRICES, NO SWEATING.
FIELD FOR ENTERPRISE, FLOW OF CAPITAL.
PURE AIR AND WATER, GOOD DRAINAGE.
BRIGHT HOMES & GARDENS, NO SMOKE, NO SLUMS.
FREEDOM, CO-OPERATION.

彩图 2

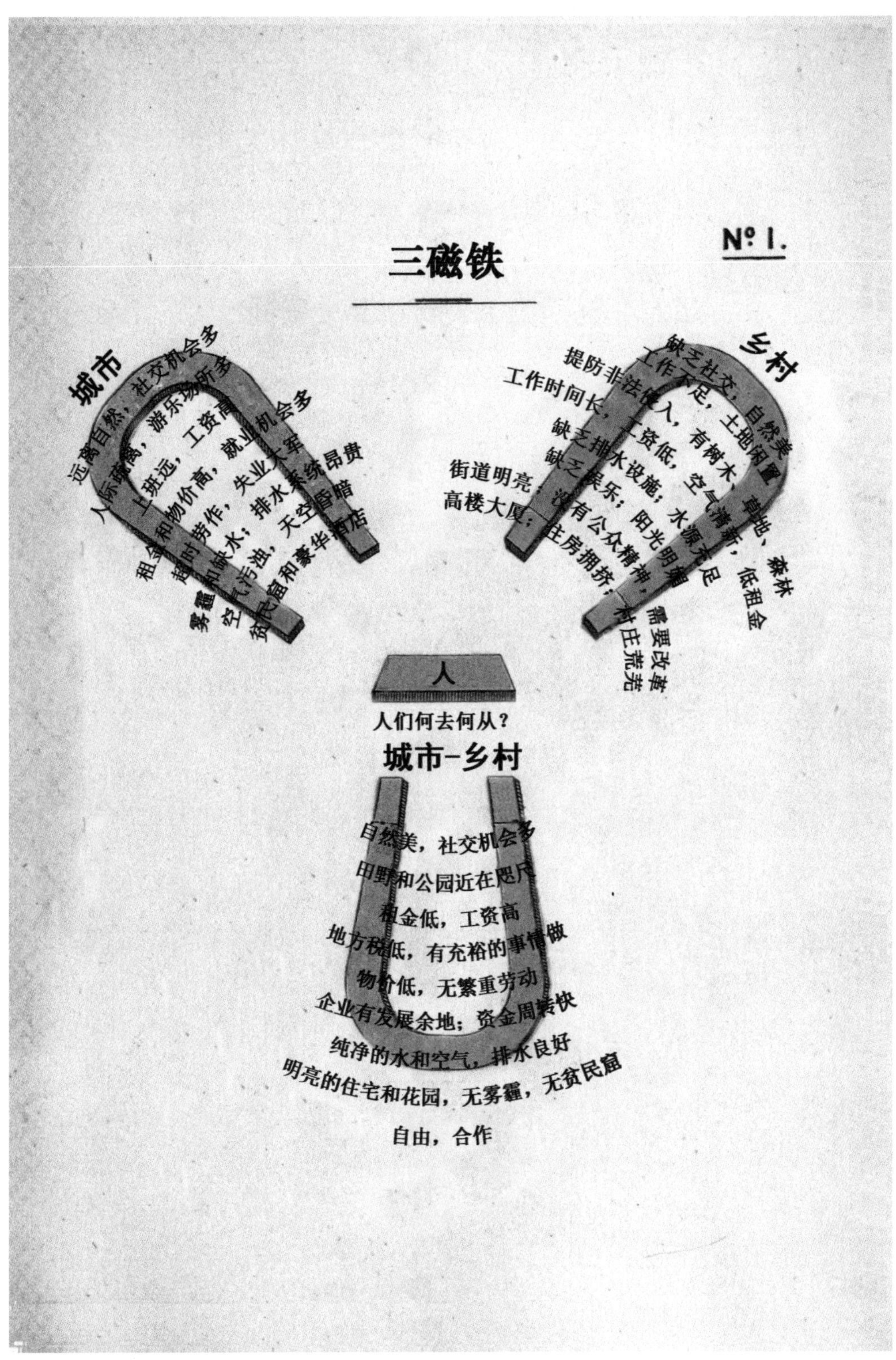
三磁铁
No. 1.
城市
远离自然，社交机会多
人际疏离，游乐场所多
上班远，工资高
租金和物价高，就业机会多
超时劳作，失业大军
雾霾和缺水；排水系统昂贵
空气污浊，天空昏暗
贫民窟和豪华酒店
乡村
缺乏社交，自然美
工作不足，土地闲置
提防非法侵入，有树木、草地、森林
工作时间长，工资低，空气清新，低租金
缺乏排水设施，水源充足
缺乏娱乐；阳光明媚
没有公众精神，需要改革
住房拥挤，村庄荒芜
街道明亮；
高楼大厦；
人
人们何去何从？
城市-乡村
自然美，社交机会多
田野和公园近在咫尺
租金低，工资高
地方税低，有充裕的事情做
物价低，无繁重劳动
企业有发展余地；资金周转快
纯净的水和空气，排水良好
明亮的住宅和花园，无雾霾，无贫民窟
自由，合作

彩图 3

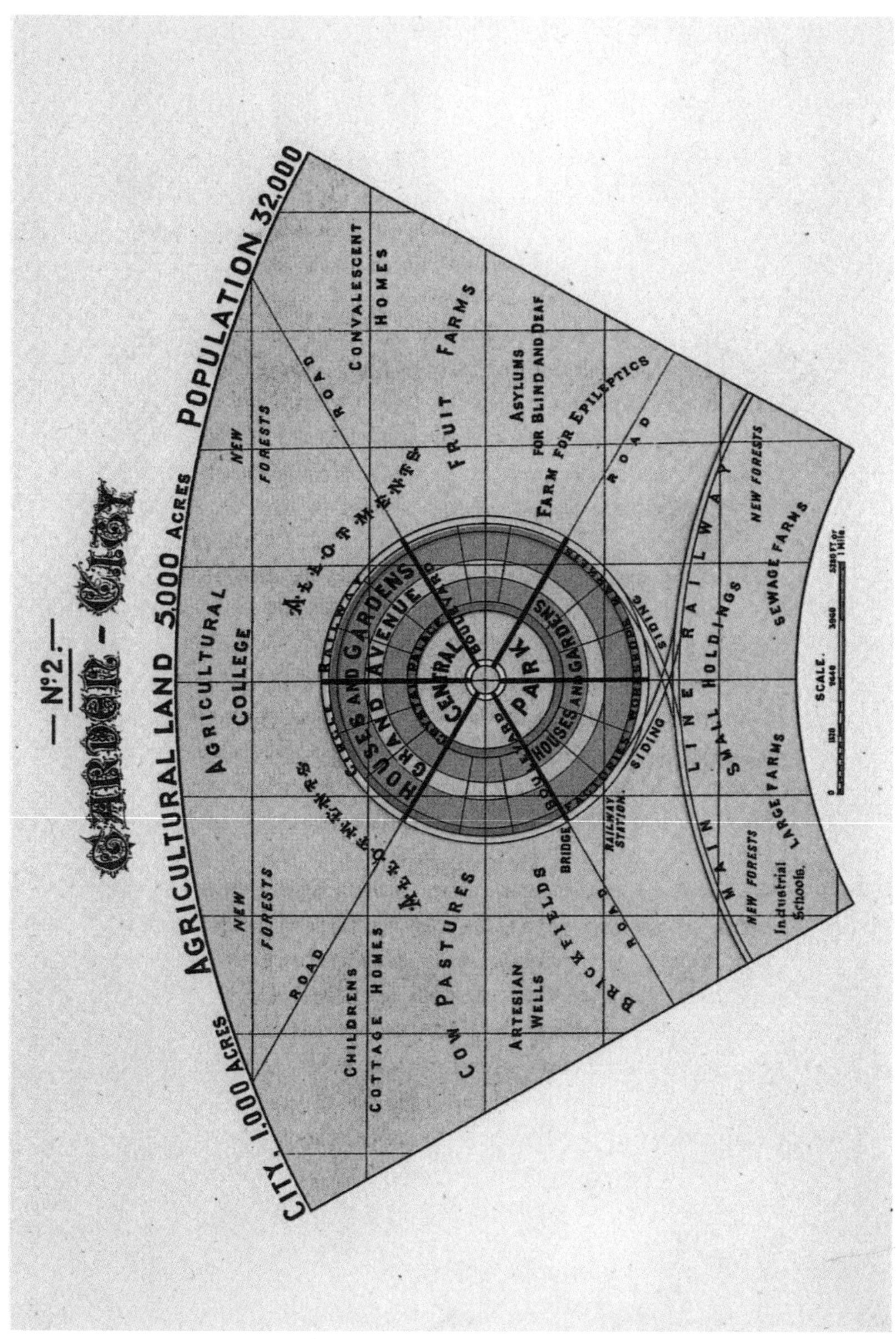
No. 2.
GARDEN - CITY
CITY, 1,000 ACRES
AGRICULTURAL LAND 5,000 ACRES
POPULATION 32,000
NEW FORESTS
AGRICULTURAL COLLEGE
ALLOTMENTS
ROAD
CONVALESCENT HOMES
FRUIT FARMS
ASYLUMS FOR BLIND AND DEAF
FARM FOR EPILEPTICS
CHILDRENS COTTAGE HOMES
COW PASTURES
ARTESIAN WELLS
BRICKFIELDS
BRIDGE
RAILWAY STATION
HOUSES AND GARDENS
GRAND AVENUE
CENTRAL PARK
BOULEVARD
SIDING
MAIN LINE RAILWAY
SMALL HOLDINGS
NEW FORESTS
SEWAGE FARMS
LARGE FARMS
Industrial Schools.
SCALE.

彩图 4

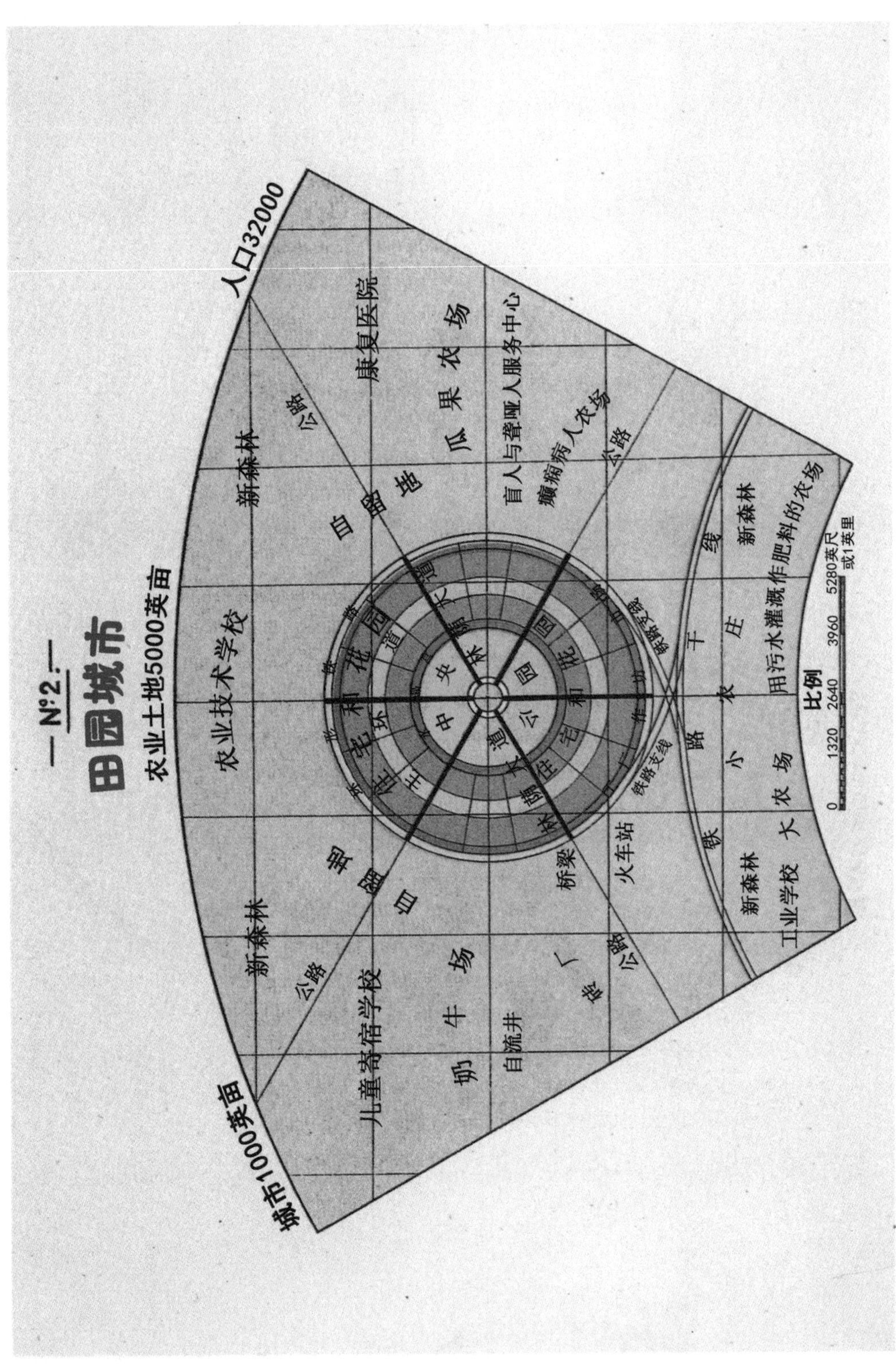
No.2
田园城市
农业土地5000英亩
人口32000
城市1000英亩
新森林
农业技术学校
儿童寄宿学校
奶牛场
自流井
康复医院
瓜果农场
盲人与聋哑人服务中心
癫痫病人农场
公路
火车站
桥梁
中央公园
铁路支线
铁路干线
小农庄
大农场
工业学校
用污水灌溉作肥料的农场
比例
0 1320 2640 3960 5280英尺
或1英里

彩图 5

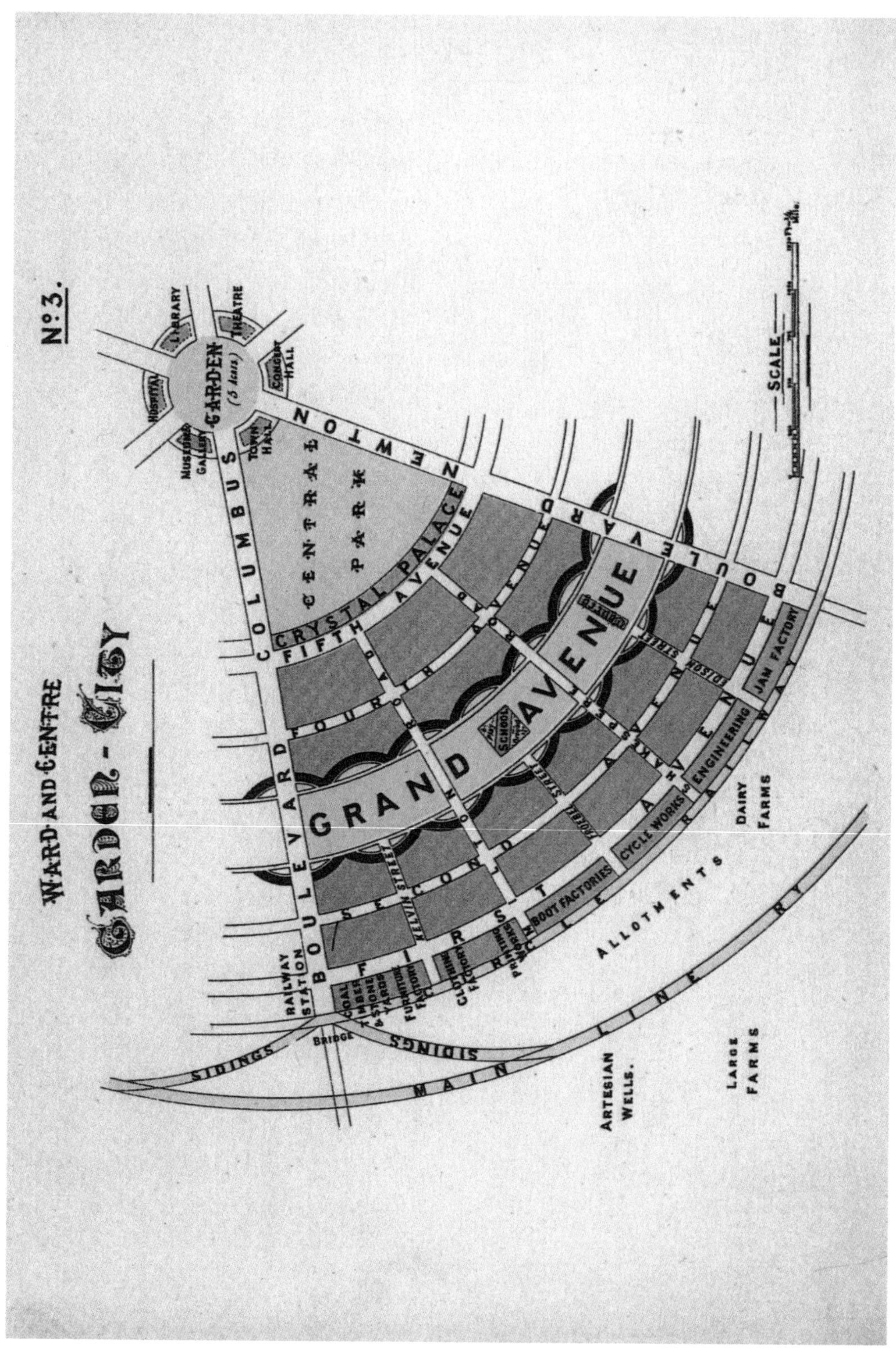
No 3.
WARD AND CENTRE
GARDEN - CITY
GARDEN (5 Acres)
LIBRARY
THEATRE
CONCERT HALL
HOSPITAL
TOWN HALL
CENTRAL PARK
CRYSTAL PALACE
COLUMBUS
NEWTON
FIFTH AVENUE
FOURTH AVENUE
GRAND AVENUE
SCHOOL
BOULEVARD
KELVIN STREET
RAILWAY STATION
BOOT FACTORIES
CYCLE WORKS
ENGINEERING
JAM FACTORY
FURNITURE FACTORY
CLOTHING FACTORY
PRINTING WORKS
DAIRY FARMS
ALLOTMENTS
SIDINGS
BRIDGE
MAIN LINE RY
ARTESIAN WELLS.
LARGE FARMS
SCALE

彩图 6

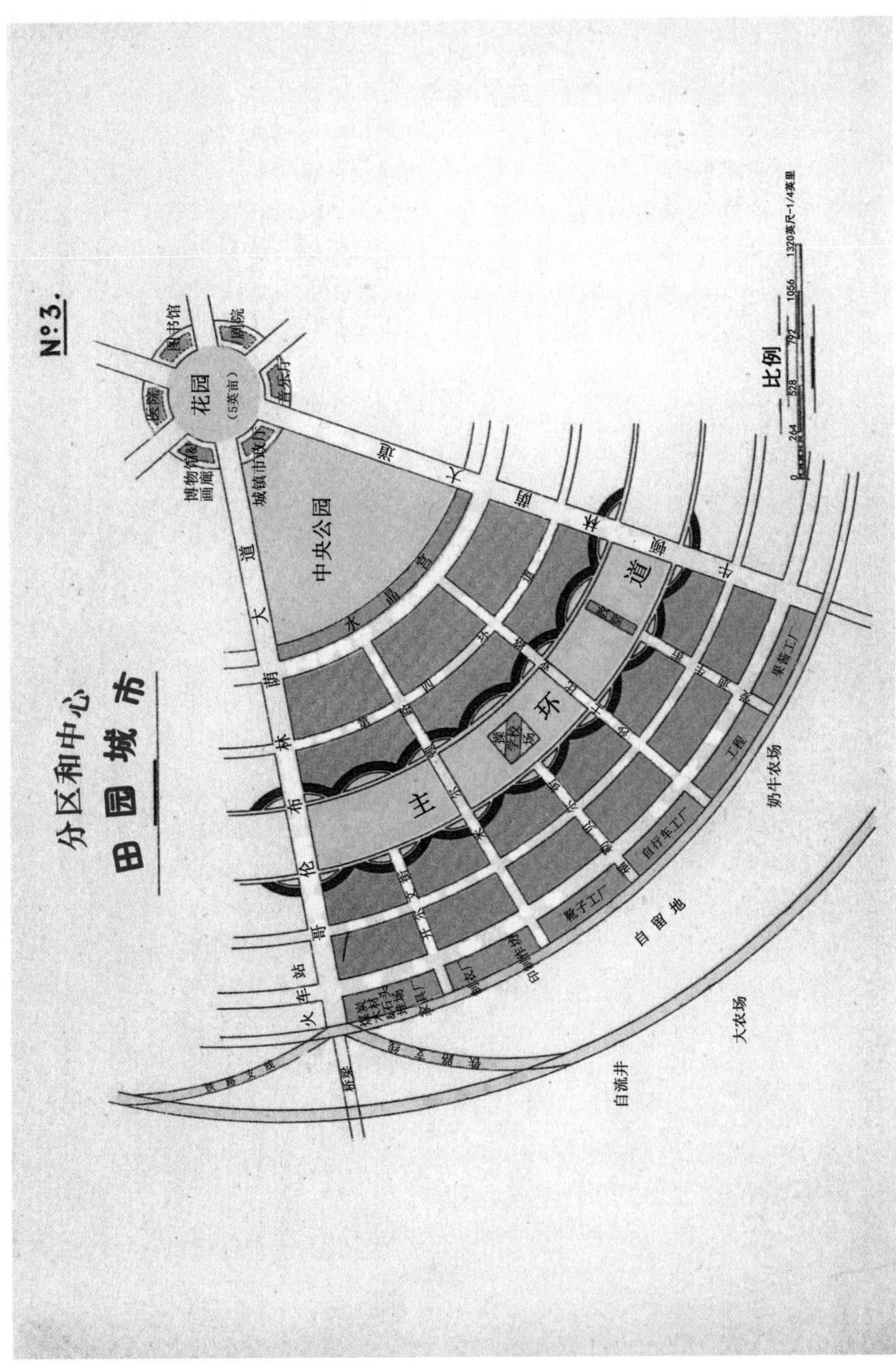
分区和中心
田园城市
N°3.
花园
(5英亩)
图书馆
剧院
音乐厅
城镇市政厅
博物馆&画廊
医院
中央公园
水晶宫
学校操场
教堂
果酱工厂
工程
自行车工厂
靴子工厂
制衣厂
家具厂
火车站
奶牛农场
自留地
大农场
自流井
比例
0
264
528
792
1056
1320英尺-1/4英里

彩图 7

No. 4.
The Vanishing Point of Landlord's Rent.
Rent & Local Rates
of an average population
equal to that of
Garden-City
working under present
conditions are about
Available for
Landlord's
Rent
£80,000.
Municipal Purposes £64,000.
£144,000
per annum
being £4.10s per
head of population, and
with a constant
tendency to rise.
By migrating to Garden City
rents and rates are at once reduced to
£2 per head,
out of which a
Sinking-fund
is provided
for the gradual
extinction of
Landlord's
Rent.
This end being
On Completion.
Available for
Sinking Fund
Landlord's Rent
Municipal Purposes
£44,000
After 10 Years.
Available for
Sinking Fund
Landlord's Rent £7,486.
£6,514.
Municipal Purposes
£44,000.
After 20 Years.
Available for
Sinking Fund
Landlord's Rent
£9,625.
Municipal Purposes
£44,000.
Landlord's Rent £200.
After 25 Years.
Available for
Sinking Fund
£11,730.
Municipal Purposes
£44,000.
30th Year.
Available for
Sinking Fund
£13,800
Municipal Purposes
£44,000.
Thence-Forward
Available for
Old-Age
Pension Fund
£14,000
Municipal Purposes
£44,000.
attained, all
the funds
hitherto devoted
to that purpose
may be applied
municipally,
or to the
provision of
Old Age Pensions.

彩图 8

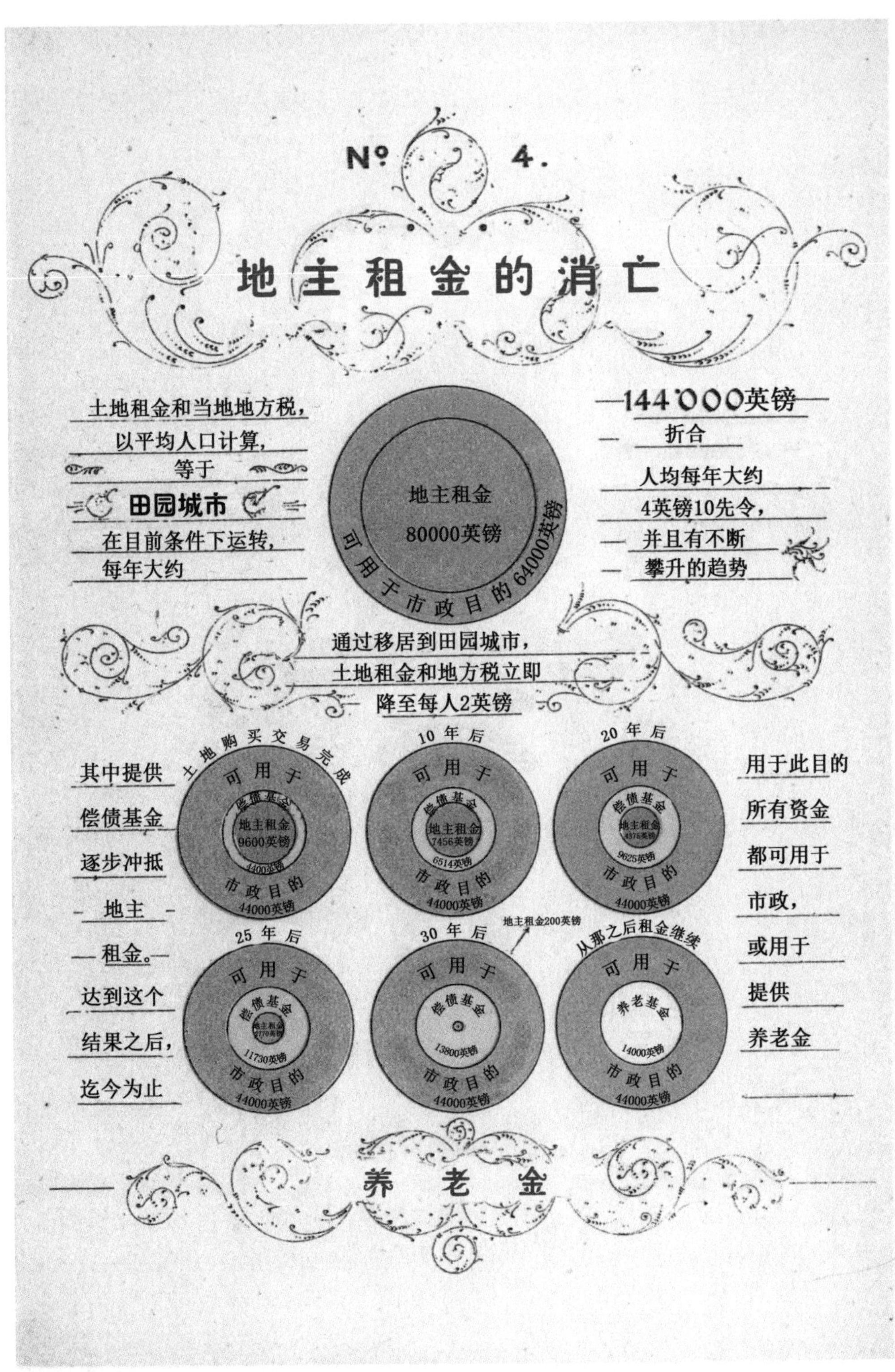
No. 4.
地主租金的消亡
土地租金和当地地方税，
以平均人口计算，
等于
田园城市
在目前条件下运转，
每年大约
地主租金
80000英镑
可用于市政目的64000英镑
144'000英镑
折合
人均每年大约
4英镑10先令，
并且有不断
攀升的趋势
通过移居到田园城市，
土地租金和地方税立即
降至每人2英镑
其中提供
偿债基金
逐步冲抵
地主
租金。
达到这个
结果之后，
迄今为止
土地购买交易完成
可用于
偿债基金
地主租金
9600英镑
4400英镑
市政目的
44000英镑
10年后
可用于
偿债基金
地主租金
7456英镑
6514英镑
市政目的
44000英镑
20年后
可用于
偿债基金
地主租金
4375英镑
9625英镑
市政目的
44000英镑
用于此目的
所有资金
都可用于
市政，
或用于
提供
养老金
25年后
可用于
偿债基金
地主租金
2770英镑
11730英镑
市政目的
44000英镑
30年后
地主租金200英镑
可用于
偿债基金
13800英镑
市政目的
44000英镑
从那之后租金继续
可用于
养老基金
14000英镑
市政目的
44000英镑
养老金

彩图 9

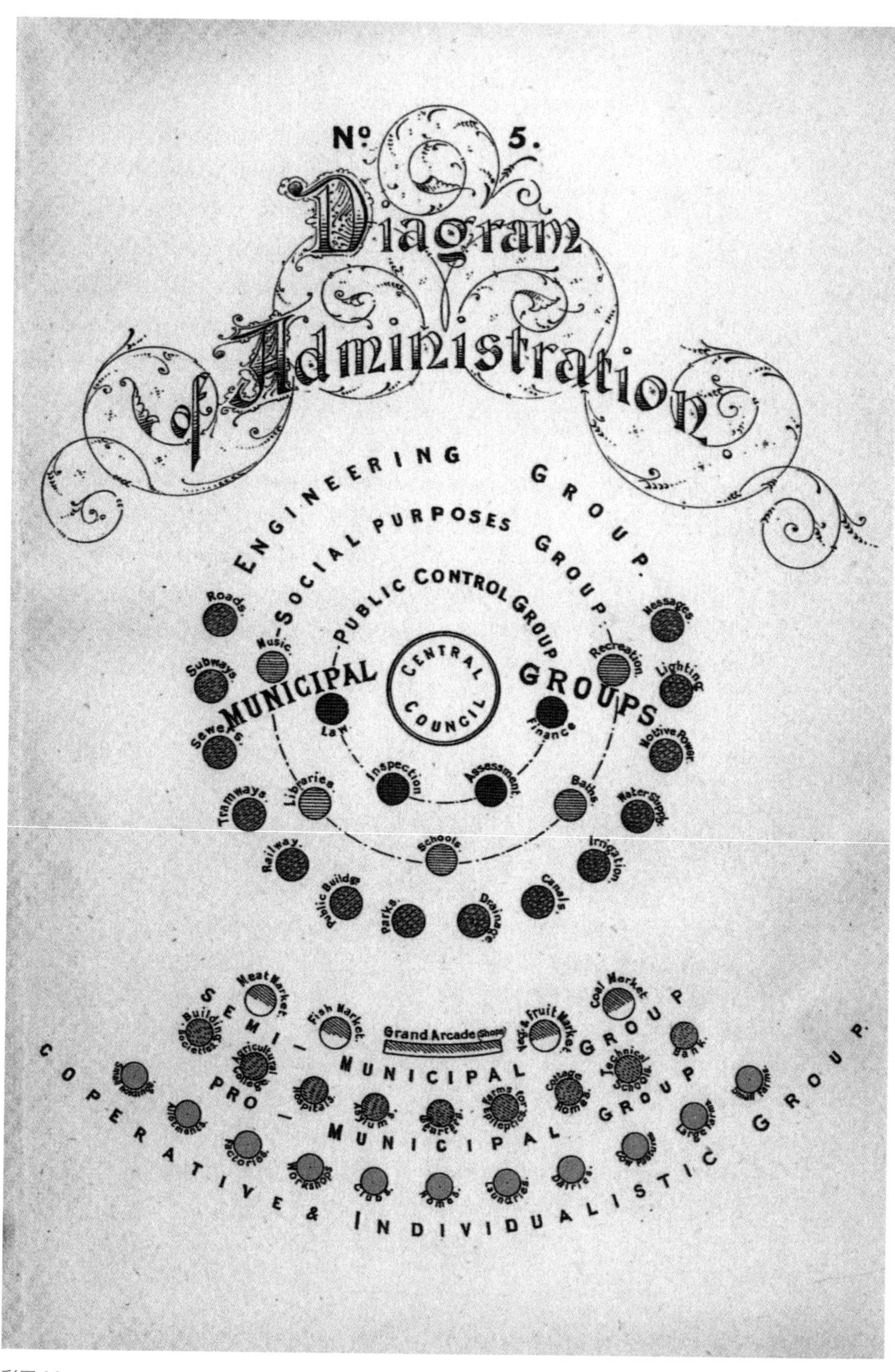
No. 5.
Diagram of Administration
ENGINEERING GROUP.
SOCIAL PURPOSES GROUP.
PUBLIC CONTROL GROUP
CENTRAL COUNCIL
MUNICIPAL GROUPS
Roads.
Subways.
Sewers.
Tramways.
Railway.
Public Buildgs.
Parks.
Drainage.
Canals.
Irrigation.
Water Supply.
Motive Power.
Lighting.
Messages.
Music.
Recreation.
Libraries.
Schools.
Baths.
Law.
Finance.
Inspection.
Assessment.
SEMI-MUNICIPAL GROUP
Building Societies.
Meat Market.
Fish Market.
Grand Arcade (Shops)
Veg. & Fruit Market.
Coal Market.
Bank.
PRO-MUNICIPAL GROUP
Agricultural College.
Hospitals.
Asylums.
Cottage Homes.
Technical Schools.
COPERATIVE & INDIVIDUALISTIC GROUP.
Allotments.
Factories.
Workshops.
Clubs.
Homes.
Laundries.
Dairies.
Cow Pastures.
Large farms.
Small farms.

彩图 10

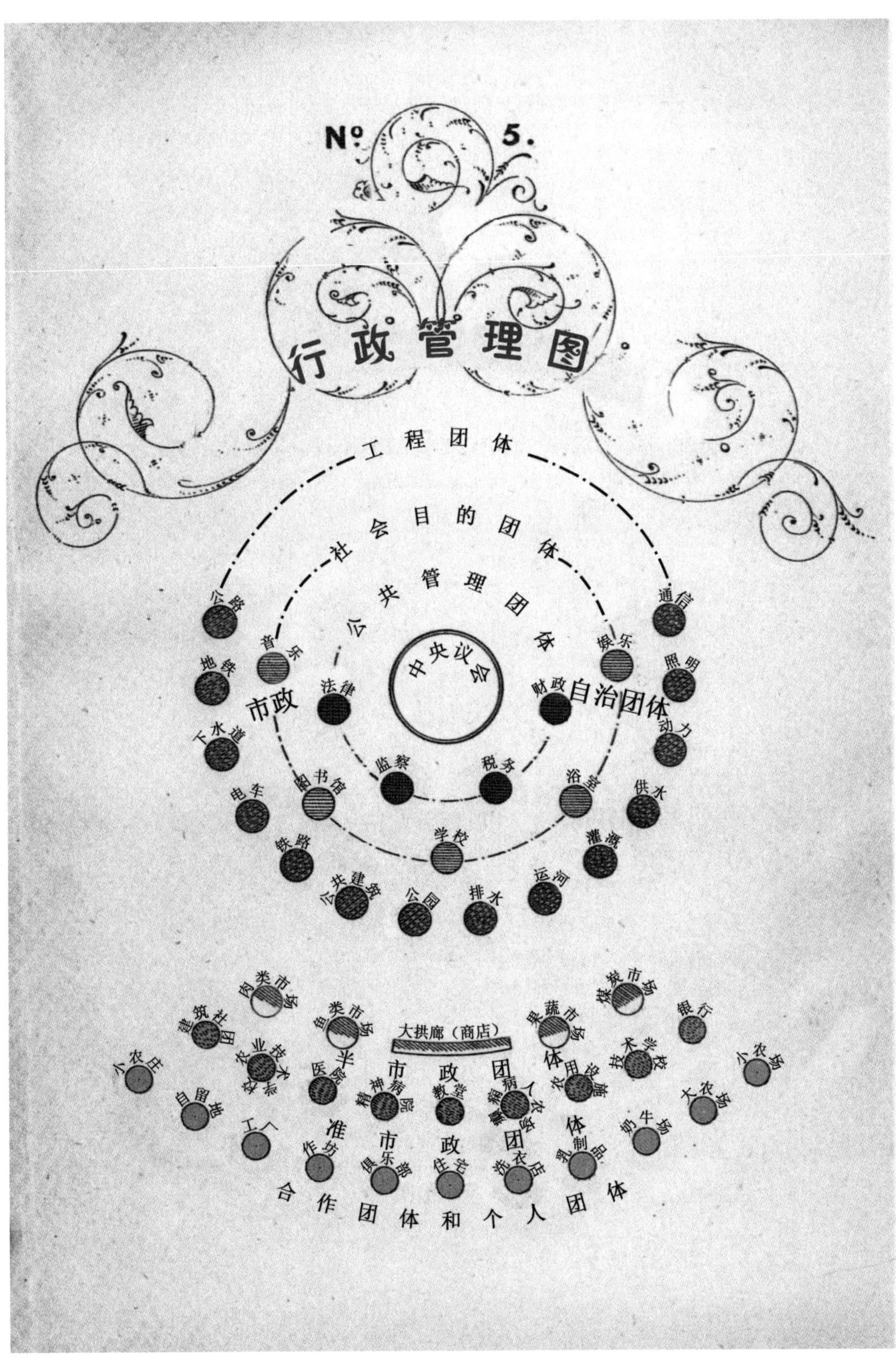

No. 5.
行政管理图
工程团体
社会目的团体
公共管理团体
中央议会
市政
自治团体
公路
地铁
下水道
电车
铁路
公共建筑
公园
排水
运河
灌溉
供水
动力
照明
通信
音乐
法律
图书馆
学校
浴室
娱乐
财政
监察
税务
肉类市场
鱼类市场
果蔬市场
煤炭市场
建筑社团
农业技术学校
医院
大拱廊（商店）
半市政团体
精神病院
教堂
癫痫病人农场
农用设施
技术学校
银行
小农庄
自留地
工人
准市政团体
作坊
俱乐部
住宅
洗衣店
乳制品
奶牛场
大农场
小农场
合作团体和个人团体

彩图 11

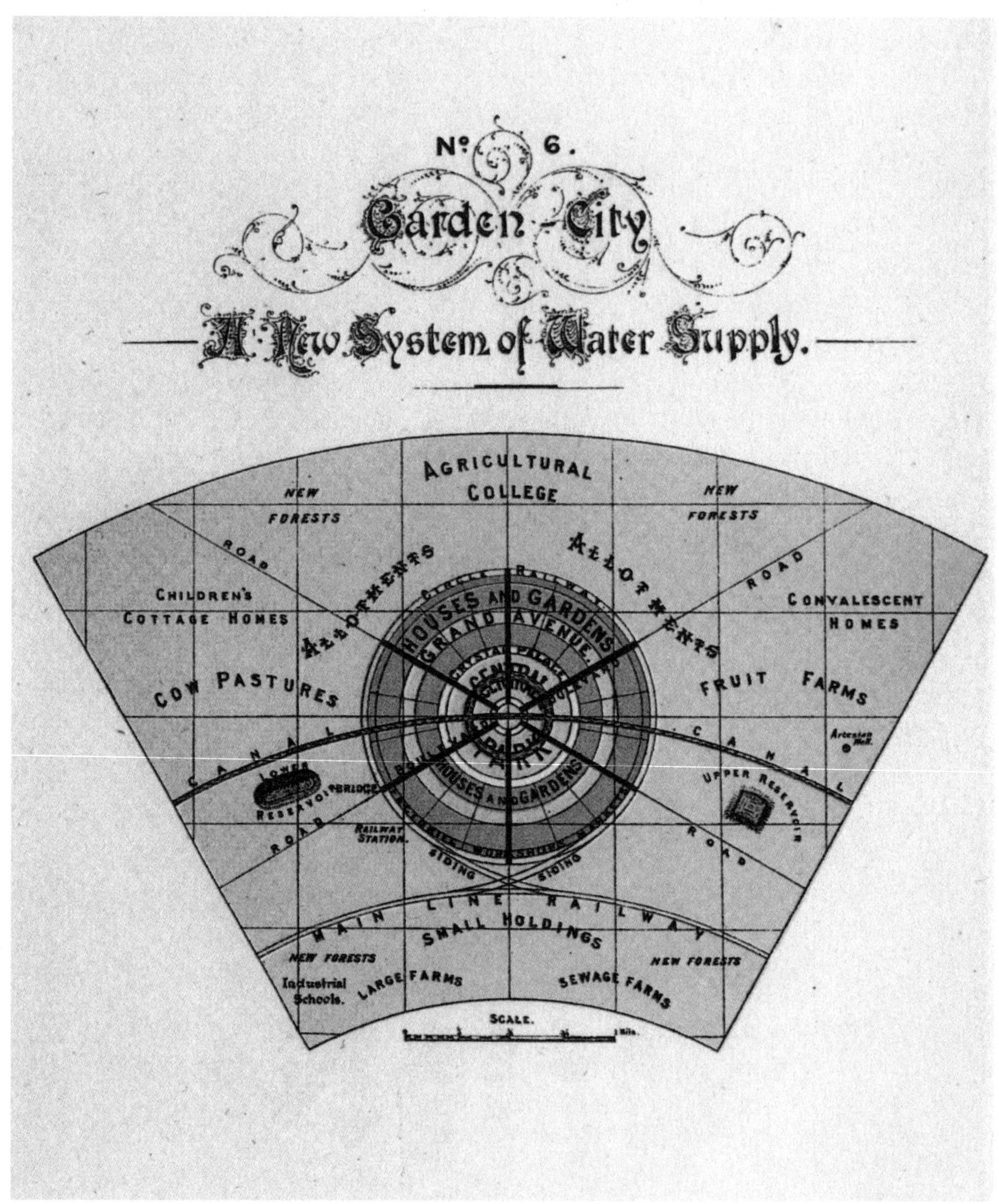
No. 6.
Garden-City
A New System of Water Supply.
AGRICULTURAL COLLEGE
NEW FORESTS
NEW FORESTS
ROAD
CHILDREN'S COTTAGE HOMES
CONVALESCENT HOMES
ALLOTMENTS
ALLOTMENTS
HOUSES AND GARDENS
GRAND AVENUE
CENTRAL PARK
HOUSES AND GARDENS
COW PASTURES
FRUIT FARMS
Artesian Well.
CANAL
CANAL
LOWER RESERVOIR
BRIDGE
UPPER RESERVOIR
ROAD
ROAD
RAILWAY STATION.
SIDING
SIDING
MAIN LINE RAILWAY
SMALL HOLDINGS
NEW FORESTS
NEW FORESTS
Industrial Schools.
LARGE FARMS
SEWAGE FARMS
SCALE.

彩图 12

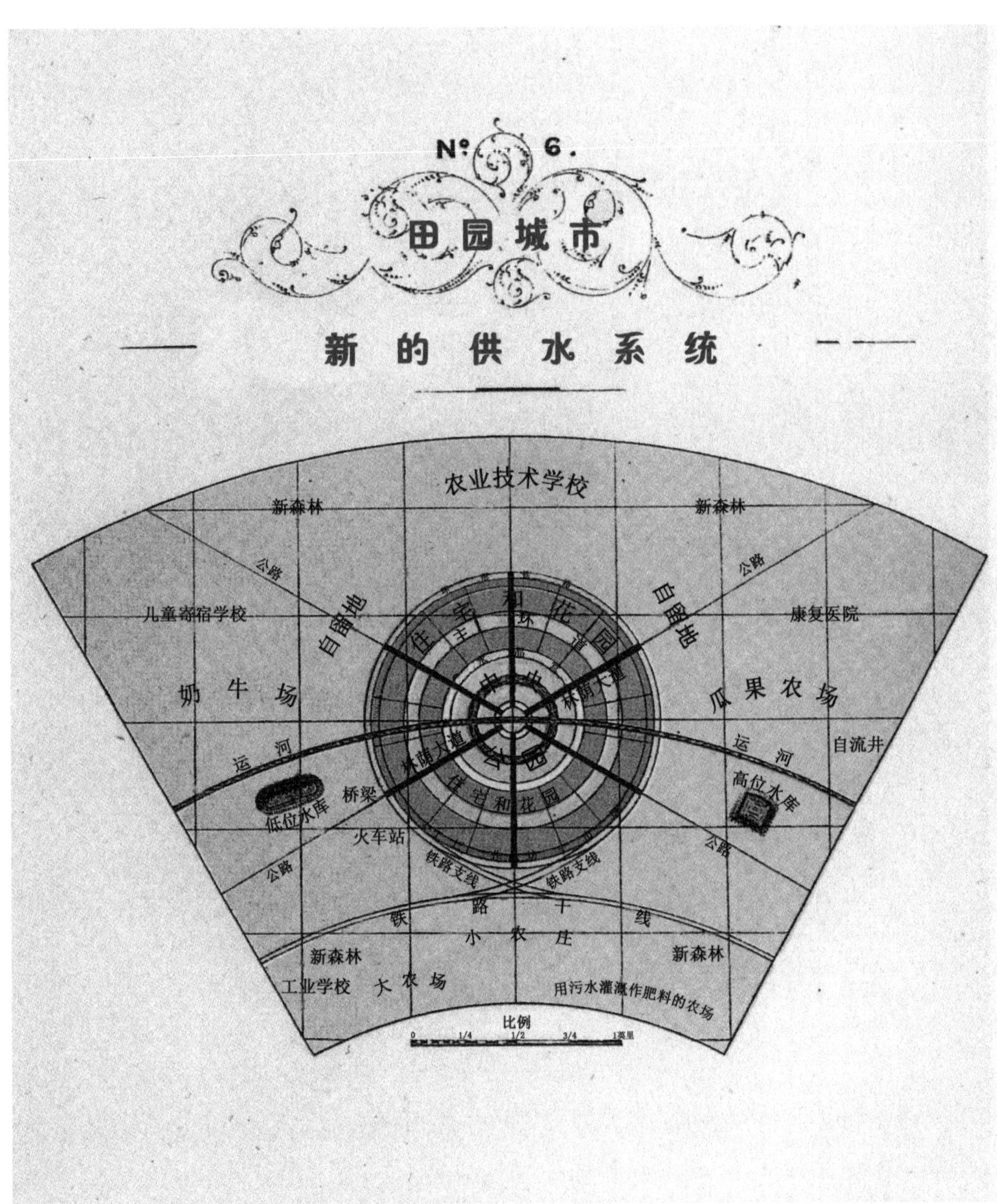

No. 6.
田园城市
新的供水系统
农业技术学校
新森林
新森林
公路
公路
儿童寄宿学校
康复医院
自留地
自留地
住宅和花园
奶牛场
瓜果农场
运河
运河
自流井
林荫大道
林荫大道
公园
住宅和花园
低位水库
桥梁
高位水库
火车站
公路
公路
铁路支线
铁路支线
铁路干线
小农庄
新森林
新森林
工业学校
大农场
用污水灌溉作肥料的农场
比例
0 1/4 1/2 3/4 1英里

彩图 13

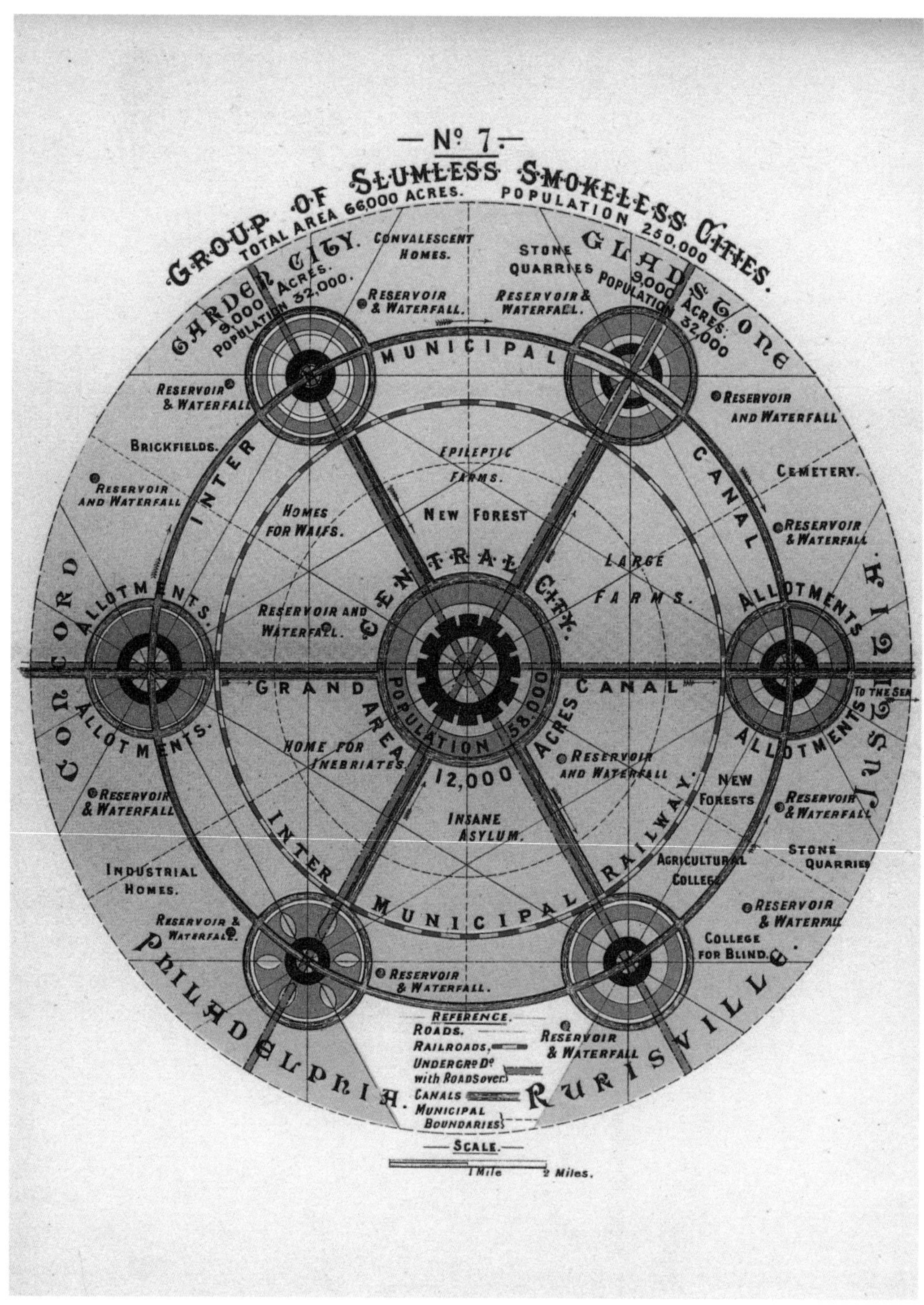
— Nº 7. —
GROUP OF SLUMLESS SMOKELESS CITIES.
TOTAL AREA 66,000 ACRES. POPULATION 250,000
GARDEN CITY. 9,000 ACRES. POPULATION 32,000.
GLADSTONE 9,000 ACRES. POPULATION 32,000
CONCORD
JUSTICE
PHILADELPHIA.
RURISVILLE.
CENTRAL CITY. AREA 12,000 ACRES POPULATION 58,000
INTER MUNICIPAL RAILWAY.
GRAND CANAL
ALLOTMENTS.
CONVALESCENT HOMES.
STONE QUARRIES
RESERVOIR & WATERFALL.
BRICKFIELDS.
CEMETERY.
EPILEPTIC FARMS.
NEW FOREST
HOMES FOR WAIFS.
LARGE FARMS.
HOME FOR INEBRIATES.
INSANE ASYLUM.
NEW FORESTS
INDUSTRIAL HOMES.
AGRICULTURAL COLLEGE
COLLEGE FOR BLIND.
TO THE SEA
REFERENCE.
ROADS.
RAILROADS.
UNDERGRD Dº with ROADS over
CANALS
MUNICIPAL BOUNDARIES
SCALE.
1 Mile 2 Miles.

彩图 14

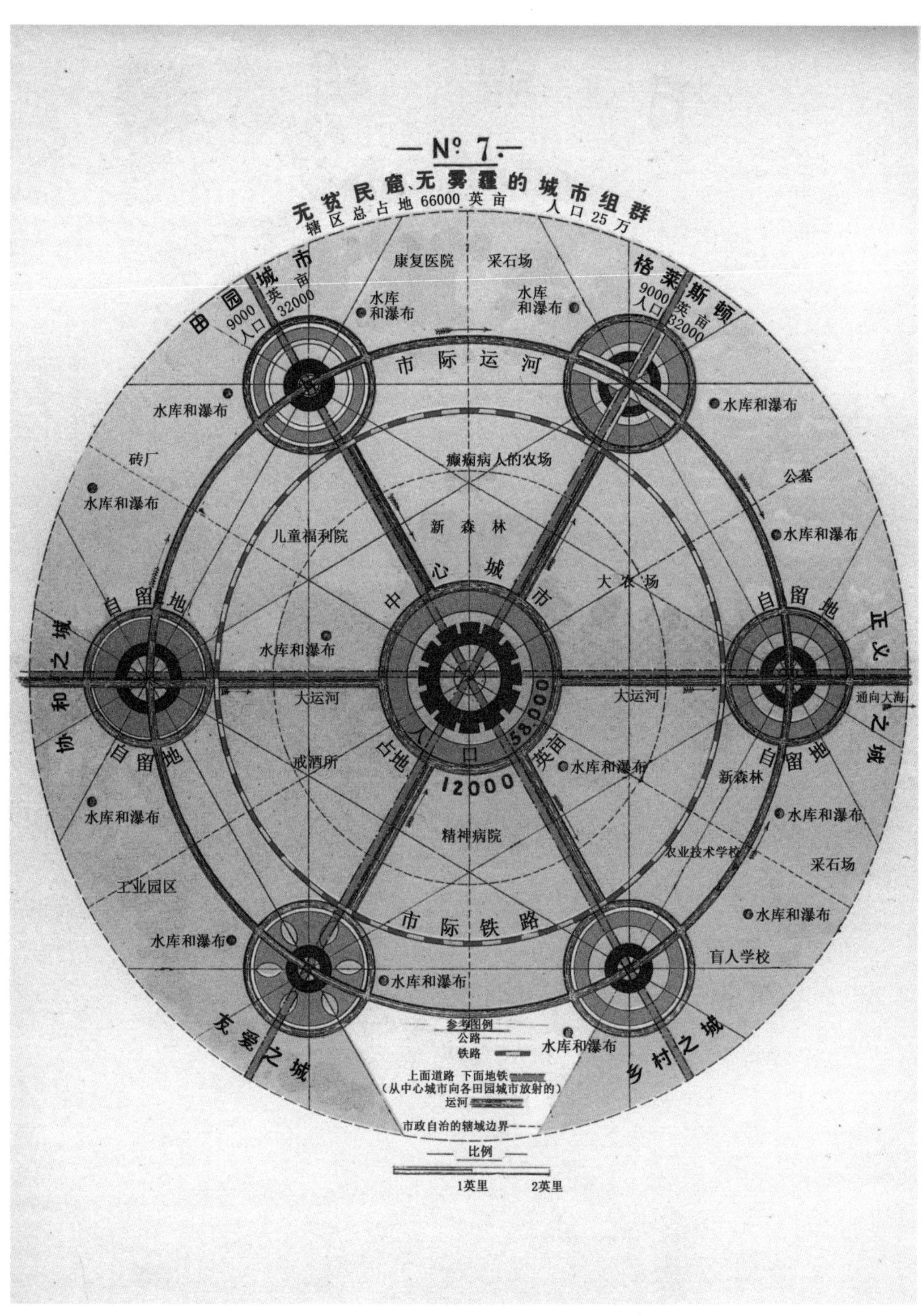

—№ 7.—
无贫民窟、无雾霾的城市组群
辖区总占地66000英亩 人口25万
康复医院
采石场
田园城市
9000英亩
人口32000
格莱斯顿
9000英亩
人口32000
水库和瀑布
市际运河
砖厂
公墓
癫痫病人的农场
新森林
儿童福利院
中心城市
大农场
自留地
协和之城
正义之城
大运河
通向大海
占地12000英亩
人口58000
戒酒所
新森林
精神病院
农业技术学校
采石场
工业园区
市际铁路
盲人学校
友爱之城
乡村之城
参考图例
公路
铁路
上面道路 下面地铁
（从中心城市向各田园城市放射的）
运河
市政自治的辖域边界
比例
1英里
2英里

彩图 15

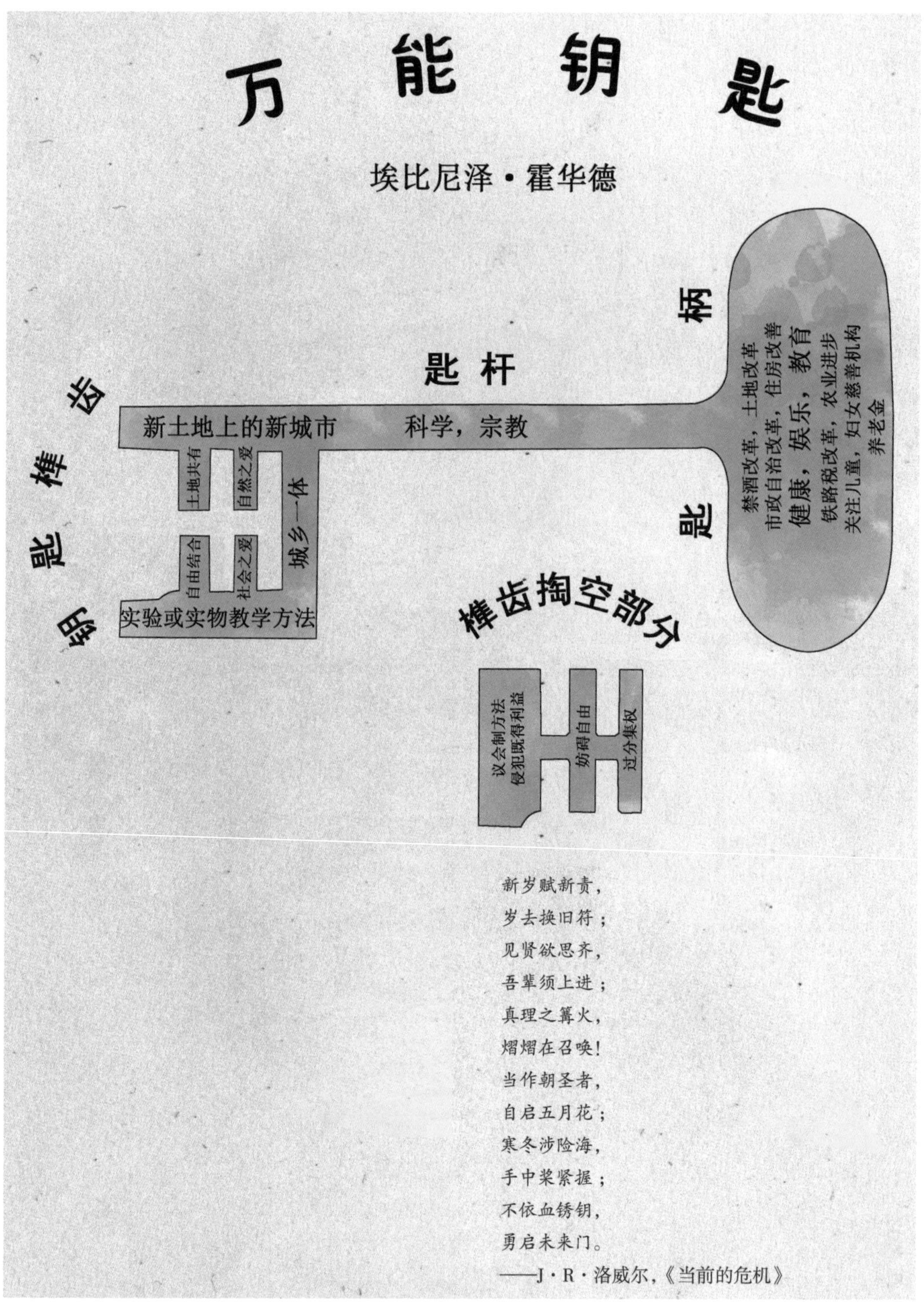

彩图 16（此图的英文原图参见本书第 29 页。——译者注）